Praxisbuch IT-Karriere

Svenja Hofert

Praxisbuch IT-Karriere

Berufsorientierung, Karriereplanung
und Bewerbung

berufsstrategie

 Eichborn

Svenja Hofert arbeitet seit Jahren erfolgreich als Autorin, Karriereberaterin und Coach in Hamburg und Köln.
Bei Eichborn sind u.a. erschienen: Jobsuche und Bewerbung im Web 2.0, Praxisbuch für Freiberufler, Praxisbuch Existenzgründung, Praxismappe für die perfekte Internet-Bewerbung und Bewerben ohne Bewerbung.

1 2 3 4 10 09

1. Auflage, Februar 2009

© Eichborn AG, Frankfurt am Main, Februar 2009
Umschlaggestaltung: Christina Hucke
Satz: Fotosatz Reinhard Amann, Aichstetten
Druck und Bindung: Fuldaer Verlagsanstalt, Fulda
ISBN 978-3-8218-5970-5

Eichborn Verlag, Kaiserstraße 66, D-60329 Frankfurt am Main
Mehr Informationen zu Büchern und Hörbüchern aus dem
Eichborn Verlag finden Sie unter www.eichborn.de

Inhalt

Vorwort

Liebe Leserin und lieber Leser,

immer mehr Jobs verschmelzen mit der IT. Einkauf, Controlling, Marketing, Logistik – kein Prozess kommt mehr ohne Informationstechnologie aus. IT ist das Lebenselixier für viele Karrieren.

Dieses Buch ist das passende Kompendium für alle, für die die IT wichtig ist. Ob Sie als Schüler oder Student vor der ersten oder als berufserfahrener Leser vor der zweiten oder auch dritten Berufsentscheidung stehen, ob Sie sich verändern oder weiterentwickeln wollen, einen Job suchen und sich bewerben oder im Vorstellungsgespräch bestehen möchten: Mein Ratgeber beantwortet Fragen rund um die Karriere mit speziellem IT-Fokus. Sehr konkret, praxisnah und mit vielen Links. Einen besonderen Schwerpunkt lege ich auf Karriereplanung und Weiterbildung – und damit verknüpft auf die Frage: Wie sehen die richtigen nächsten Schritte für Sie aus?

Die Themen sind breit gefächert: Berufseinstieg, Ausbildung, Studium/ MBA, Weiterbildung, Zertifizierungen, Arbeit als Freelancer, Jobsuche, Bewerbung, Vorstellungsgespräch und (Online-)Assessment Center – immer unter dem besonderen Aspekt von IT, Technik und digitalen Medien. Auf alle Fragen dazu gibt es hier eine Antwort, die auf Ihre Lebenssituation zugeschnitten ist. Mit vielen Beispielen, Interviews, Checklisten, Übersichten und Mustern. Das letzte Kapitel rundet die Informationen mit Karrieretipps von A bis Z ab.

Ich habe dieses Buch für »reine« ITler geschrieben, die in den IT-Abteilungen oder in der IT-Branche arbeiten. Ganz besonders möchte ich aber auch alle diejenigen ansprechen, die in IT-Mischberufen tätig sind: als Berater, Online-Vermarkter, Projektmanager oder in anderen »Sandwichpositionen«.

Warum ein spezielles Buch? In meiner mehr als zehnjährigen Beratungspraxis sehe ich täglich, dass Karriere in der IT speziell und anders ist. Zu mir kommen, sicher aufgrund meines eigenen IT-Backgrounds und meiner Leidenschaft für moderne Technikthemen, viele Ratsuchende aus der IT-Branche, es sind etwa 60 Prozent meiner Kunden, zählt man die Sandwichberufe dazu. Ich weiß: In dieser immer noch jungen Branche herrschen andere Regeln und Anforderungen, die sich deutlich von anderen Bereichen und Branchen unterscheiden. Zudem bin ich überzeugt davon, dass die IT Taktgeber und Trendsetter für den gesamten Arbeitsmarkt ist und dass sich hier alle anderen viel abschauen können.

Liebe Leserin, wenn ich in diesem Buch überwiegend die männliche Form wähle, dann zur Vereinfachung und zugunsten der Kürze. Ich danke für Ihr Verständnis.

Ich wünsche Ihnen viel Spaß beim Stöbern in diesem Handbuch und freue mich, wenn es alle Ihre Fragen beantwortet!

Herzliche Grüße
Svenja Hofert

Was ist für ITler in Sachen Karriere anders?

Mein erstes Erlebnis mit der Andersartigkeit von »IT-Leuten« datiert vom Anfang der 1990er. Da stellte ich mich, frisch studiert und noch wenig berufserfahren, in einem Softwarehaus vor. Mir gegenüber saß jemand in kniekurzen, bunten Boxershorts. Ich selbst trug einen grauen Anzug und kam mir irgendwie blöd vor. Anstatt Fragen nach Stärken und Schwächen zu beantworten, sollte ich einen Test machen und aus dem Inhaltsverzeichnis eines Programmierbuchs einen Buchrückentext schreiben. Seitdem ist eine Menge passiert, und die kurzen Blumenhosen begegneten mir sieben Jahre später am Casual Friday in der Kantine des amerikanischen Unternehmens wieder, für das ich dann arbeitete. In der IT jedoch verschwanden sie, jedenfalls aus den meisten Abteilungen.

Was ist so besonders an der IT-Karriere, dass ein spezielles Buch dafür nötig ist? Und zwar ein Buch nicht nur für ein kleines Nischensegment, sondern für den populären Ratgebermarkt – denn dafür schreibe ich. Ich denke: So ziemlich alles. Klassische Berufs- und Bewerbungsratgeber werden zumeist an der IT-Zielgruppe vorbeigeschrieben, weil die Menschen und die Branche einfach anders sind. Die Gründe dafür werde ich Ihnen gern erläutern:

▸ Der Arbeitsmarkt im Bereich der IT ist erstens riesig und zweitens sehr speziell. In der IT gibt es virtuelle Teams, einen hohen Anteil von Freelancern, sehr viele Nischen und in anderen Bereichen unbekannte Jobpositionen.
▸ Die Laufbahn in der IT unterscheidet sich sehr von einer »normalen« Karriere und muss ganz anders geplant werden, damit ein IT-Mitarbeiter nicht mit 40 vor dem Karriere-Aus steht. Das Anhäufen von Macht und unternehmensinternem Wissen, in vielen anderen Bereichen immer noch ein Karriereschlüssel, funktioniert hier deutlich weniger gut.
▸ Die Jobsuche läuft fast ausschließlich über das Internet sowie über spezielle Agenturen. Eine Selbstpräsentation im Netz und Web 2.0-Kompetenz ist für ITler deshalb noch wichtiger als für andere.

▸ Die Bewerbungsverfahren in der IT unterscheiden sich. In aller Regel sind Personaler gar nicht in der Lage, IT-Lebensläufe zu interpretieren. Deshalb entscheiden Fachleute, Tests und Praxisbeweise über eine Einstellung – seltener Gespräche. Auf jeden Fall aber laufen diese anders ab.

▸ Die Bewerbungsunterlagen müssen deutlich umfangreicher sein. Um das eigene Wissen zu erläutern, sind zusätzliche Seiten nötig, z. B. ein Skill-Level-Profil oder eine Projektübersicht.

▸ Das IT-Gehalt ist ganz anderen Gesetzmäßigkeiten und viel größeren Schwankungen unterworfen. Sie können, wenn Sie seltene Qualifikationen haben, hoch pokern – aber auch eine Menge verspielen. Die IT hat Gehalts-berge und -täler, die nur wenige Gehaltsstudien angemessen spiegeln.

▸ Die Vorstellungsgespräche konzentrieren sich kaum auf die üblichen Fra-gen wie beispielsweise die berühmt-berüchtigte nach den Stärken und Schwächen. Außerdem wird anders gefragt. Und oft ist der Fragensteller nicht der Personaler.

Gründe genug für dieses Buch, nicht wahr?

Unser gemeinsamer Nenner – eine Definition von IT

Was ist denn jetzt IT? Bezieht man sich auf die Definition der Bitkom, das ist der Bundesverband Telekommunikationswirtschaft und neue Medien e.V., schließt IT die Telekommunikation mit ein. Digitale Medien zählen allerdings nicht dazu, obwohl es eigentlich auch »neue« Medien sind. Hierfür hat sich eine andere Lobby etabliert: der Bundesverband digitaler Wirtschaft BVDW e.V. Die Grenze zwischen beiden Verbänden wird vor allem auch durch die Unterneh-mensgröße definiert. Der Bitkom sind zahlreiche Konzerne angeschlossen, der BVDW fühlt sich vor allem den »Digitalen«, den Agenturen und der Internet-wirtschaft verpflichtet. Letztendlich arbeitet man aber in beiden Bereichen tech-nik- und IT-nah, es gibt inhaltlich zahlreiche Überschneidungen. Zahlen wer-den aber immer nur für die jeweils eigenen Bereiche erhoben. Und so kommt es, dass der eine den anderen oft nicht sieht.

Nicht gesehen werden oft auch die »da draußen«. In anderen Branchen, sei es Gesundheitswesen, Bau oder Handel, gibt es immer auch eine IT-Abteilung, außerdem zahlreiche Schnittstellenpositionen. Schauen Sie etwa in das Lager eines produzierenden Konzerns, sehen Sie in die Logistik. Dort ist jeder Vorgang von der IT bestimmt. Geschäftsprozessoptimierung heißt dort längst nicht mehr, händische Abläufe effizienter zu gestalten, sondern hier geht es darum, IT-Prozesse zu optimieren. Begriffe wie Packaging – elektronische Verpackung – sind bei näherer Betrachtung IT-Begriffe.

»Draußen«, außerhalb des Lobby-Gesichtsfelds, stehen Menschen in IT-Mischberufen. Diese arbeiten weder in einer IT-Abteilung noch in der IT- oder Telekommunikations-Branche. Ich nenne sie Sandwich-ITler, weil sie genau dazwischenstecken: Sie sind keine Techniker, aber spezialisiert in ihrem Ursprungsbereich. In ihren Arbeitsverträgen steht IT-Einkaufsleiter, Personalmanager für die IT-Mitarbeiter, Projektmanager in der Logistik oder Suchmaschinenmarketing-Manager. Wenn ich von IT spreche, meine ich auch sie.

Die IT in diesem Buch ist also »größer« als das, was von Bitkom oder BVDW definiert wird. Dieses Buch spricht über die klassischen IT- und Telekommunikationsgrenzen hinweg damit alle an, deren Arbeit in irgendeiner Form von Technik und IT geprägt wird. Und natürlich all jene, die sich für diesen Bereich im Rahmen ihrer Berufswahl interessieren.

Wege in die IT

Meinen ersten PC, einen Schneider Tower AT, kaufte ich mir 1988. Die Festplatten waren noch externe Peripheriegeräte, und die riesige Platte fasste die winzige Datenmenge von 10 Megabyte. Auf meinem Schneider schrieb ich meine Seminararbeiten, unter anderem zur Geschichte des Computers, und war ein ziemlicher Exot zwischen lauter Schreibmaschinentätern. Computer befanden sich auch zum Ende meines Studiums 1991 an meiner Fakultät in Köln, damals ganze sechs Stück in einem von studentischen Hilfskräften bewachten Raum. Meine Nächte verbrachte ich in dieser Zeit damit, zu verstehen, wie das Computer-Ding funktionierte und was es wissen musste, damit es auf einem 24-Nadel-Gerät Seiten ausdruckte.

Computer gibt es zwar schon, seit Konrad Zuse 1941 den Z3 entwickelte, relevant wurde die IT aber erst in den späten 80er Jahren, und so richtig Fahrt nahm sie erst Ende der 1990er auf. Ich erinnere mich, dass der inzwischen zerschlagene Gerling-Konzern, bei dem mein Vater arbeitete, noch 1998 Akten per Hand zog. Es dauerte eine Woche, bis man eine Auskunft zu seinem Versicherungsfall bekam. Heute schaut man in Datenbanken. Das dauert Sekunden.

Vor diesem Hintergrund ist es offensichtlich, warum die IT bis heute von Quereinsteigern geprägt ist. Es gab niemanden, der sich von Haus aus damit auskannte. Folglich engagierte man die, die etwas Ahnung hatten und bereit waren, sich den Rest im »learning by doing« anzueignen. Als der Bedarf hoch war, holte man sich Menschen mit »fremder« Qualifikation. Softwarefirmen warben Schüler ab, boten ihnen Jahresgehälter von 80.000 DM (was früher viel war) und hielt sie so vom Studieren ab. Ich kenne viele solcher Karrieren, die dann später leider fast immer brüchig wurden, als 2001 eine der großen Abbauwellen begann und zugleich mehr Konkurrenz mit Studium die Firmen eroberte.

Der Quereinstieg

Sabine hatte nach zwei Jahren als Lehrerin genug von erziehungsresistenten Teenagern und ließ sich in den späten 80er Jahren zur Organisationsprogrammiererin ausbilden. Peter befasste sich als Bürokaufmann als Erster in seinem Unternehmen mit der IT. Man übertrug ihm Projekte, und heute arbeitet er erfolgreich mit einer eher seltenen Kombination von Kenntnissen in Lotus-Notes-Programmierung und SAP. Viele Wege führen und führten in die IT.

Es gibt Bankkaufleute, Geisteswissenschaftler, Physiker und sogar Leute ganz ohne Ausbildung, die es weit gebracht haben. In der IT ist es nach wie vor so, dass überall dort, wo Spezialistenwissen gefragt und vorhanden ist, der Ausbildungsweg mehr oder weniger gleichgültig ist. Doch das wird sich ändern: Da die IT so neu ist, erst in den 80er und 90er Jahren eine breitere Bedeutung bekam, konnte sie nur Sammelbecken für Quereinsteiger sein. Das Sammelbeckenphänomen entsteht überall dort, wo keine Ausbildungswege da sind, wenn ein Bedarf (plötzlich) entsteht – oder wo sich die Technik in einem derart schnellen Tempo entwickelt, dass Ausbildungs- und Studiengänge in dem Moment veraltet sind, in dem das Curriculum geschrieben ist.

Ein Auffangbecken ist derzeit das Online-Marketing, das in einer Sandwichposition zwischen Marketing und IT steht. Es ist weniger Teil der IT als vielmehr der Medien, oder wie man so schön sagt, der »digitalen Wirtschaft«, und nimmt seit etwa drei Jahren enorm Fahrt auf. Die Budgets der Firmen verlagern sich ins Internet, es ist effektiver, online zu werben als in Zeitungen, Zeitschriften und Fernsehsendungen, die die Zielgruppe nicht mehr liest und die die Elite verschmäht. Ausgebildete Online-Marketer gibt es jedoch keine. Der Stoff, der zum Beispiel im Rahmen eines Betriebswirtschaftsstudiums gelehrt wird, ist oft ein Jahr, nachdem er niedergeschrieben worden ist, veraltet. Diese schnellen Drehungen bieten auch viele Chancen für internetbegeisterte Geisteswissenschaftler und Menschen anderer generalistisch geprägter Disziplinen, die nicht in eine geradlinige Karriere münden.

Auch in anderen Bereichen gibt es nach wie vor zahlreiche Quereinsteiger, vor allem in den Schnittstellenpositionen, die ursprünglich nichts mit der IT zu tun hatten. Viele Kaufleute entdeckten über die effektive Gestaltung von Geschäftsprozessen die Faszination der IT, oft schon im Studium. Auch die klassische IT, etwa im Bereich ihrer Infrastruktur – dem Regierungszentrum des Unternehmens – ist noch zugänglich für begabte und begeisterte Quereinsteiger mit Weiterbildungszertifikaten. Hier, in der Netzwerk-, Datenbank- und Systemadministration, sind die meisten Mitarbeiter beschäftigt, es ist der zahlenmäßig größte Kern-IT-Bereich. Wer schon als Schüler in eine bestimmte Szene, etwa in die SMS-Szene oder in eine Web 2.0-Community, gerutscht ist und dort durch eigene Mitarbeit Fuß gefasst hat, braucht nach wie vor kein Informatikstudium, sondern lebt von Praxis und Können. Aber: Dort, wo es um Strategie und Konzept geht, wird es mit der Zahl der akademisch ausgebildeten ITler schwieriger für jene, die diese Ausbildung nicht haben. Die Chancen in diesen Bereichen schmelzen für die breite Masse der Quereinsteiger.

Die Einstellungspraxis folgt dabei einem simplen Gesetz: Der Bewerber mit den besten Qualifikationen oder der besten Fähigkeit, diese zu verkaufen, und gleichzeitig mit den günstigsten Gehaltsvorstellungen wird genommen – alles andere sind romantische Illusionen. Wenn nicht zusätzlich noch Kontakte im Spiel sind, was das berufliche Fortkommen sowieso stark erleichtert. Da aber Informatiker oder Wirtschaftsinformatiker auch gerne mal harte strategische Nüsse knacken wollen, fühlen sie sich als Administrator oft unterfordert. Was wiederum Platz macht für die Quereinsteiger, und was ihnen aus meiner Sicht dort auch dauerhaft Raum verschafft.

Doch das auch nur, wenn sie clever sind und nicht stehen bleiben. Die Quereinsteiger der ersten Generation und vor allem des Hypes um das Jahr 2000 sind jetzt Mitte 30, 40, 50 – also immer noch fern vom Rentenalter – und haben es mitunter schwer, sich gegen den meist besser und einschlägiger ausgebildeten Nachwuchs zu behaupten. Weiterbildung und -entwicklung ist und bleibt in der IT deshalb ein sehr wichtiges Thema. Leider gibt es immer noch zu viele Menschen, die von ihrer Kompetenz sehr überzeugt sind, dabei aber nicht bemerkt haben, dass sie jahrelang bei einem Arbeitgeber auch nur eine Seite mitbekommen und geprägt haben und den Anforderungen einer anderen Stelle nicht (mehr) ausreichend entsprechen.

Die IT-nahen Bereiche, also die Sandwich-Berufe, werden sich weiterhin überwiegend Menschen aus fachfremden Gebieten erschließen. Parallel dazu werden mehr Spezialisten auf den Markt strömen, und am Ende muss sich zeigen, ob Praxis oder frühe theoretische Spezialisierung siegt. Deutlich ist hier der Trend zur Differenzierung. Immer mehr Studiengänge mit spezieller Ausrichtung etablieren sich. An der FH Salzgitter gibt es einen Bachelor-Studiengang für Logistik- und Informationsmanagement, um nur ein Beispiel zu nennen.

Klar ist, dass die Spezialisierung den kurzfristigen Einstieg erleichtert. Doch die Praxis beweist, dass man mit Breite, also ohne Spezialisierung, langfristig genauso weit – und manchmal sogar weiter – kommt. Je nach Lebensentwurf und Persönlichkeit ist Letzteres der bessere Plan. Der Nachteil der Nische liegt auf der Hand: Spezialisierung bedeutet auch, nur schwer aus der einmal gewählten Ecke wieder herauszukommen.

Studiengänge werden, das ist ein weiterer und gegenläufiger Trend, mehr und mehr als »Enabler« gesehen werden, also als Ausbildungen, die in die Lage versetzen, komplexe Zusammenhänge zu verstehen und sich das nötige Wissen selbst anzueignen. Frühe Festlegung auf ein berufliches Ziel – z. B. Logistik und IT – erleichtert sicher (derzeit) den Einstieg, erschwert aber den späteren Umstieg. Späte Festlegung erschwert (derzeit) den Einstieg, lässt aber viel mehr Entdeckungsspiel- und -freiräume. Letztendlich ist die Entscheidung also persönlichkeitsbezogen. Wer früh weiß, wo er oder sie hin will, soll auch dorthin gehen. Wer erst einmal seinen Horizont erweitern und sich mit einem Thema beschäftigen möchte, das ihn persönlich interessiert, tut gut daran, auf die innere Stimme zu hören. Und besser nicht auf allwissende Berufsberater, Eltern und Professoren, die den Zwang zur Spezialisierung predigen. Denn den gibt es nicht.

Auch im engeren Technikumfeld wird es weiterhin begabte Quereinsteiger geben, die besser programmieren oder sehr viel mehr Spezial-Know-how haben als Absolventen. Diese Schülertalente werden es aber oft auch gar nicht nötig haben, in den auf lange Sicht besser bezahlten Bereich der Planung, Konzeption und des Managements durchzustarten, denn sie werden sich vielfach – und das ist der nächste Trend – schon früh selbstständig machen.

Wie leicht ist Quereinsteigen?

Regina Oswalds (44) Lebenslauf ist bunt wie ein Gemüsegarten. Nach der Ausbildung zur Gärtnerin, Schwerpunkt Gemüse, lernte sie die Webprogrammierung. Und dabei blieb sie fast sieben Jahre. Inzwischen betreibt sie mit Ihrem Partner einen eigenen Internetshop.

Du hast einen bunten Lebenslauf...
Ja, nach der Lehre habe ich Landespflege studiert und schließlich entdeckt, dass das nichts für mich ist. Dann war ich einige Jahre mit der Pflege von Hydrokulturen selbstständig. Damals dachte ich noch, dass der PC und ich überhaupt nicht zusammenpassen. Das hat sich allerdings geändert, als ich entdeckte, wie toll man mit dem Computer gestalten und Werbebroschüren erstellen kann. Da habe ich Feuer gefangen.

Es folgte eine Ausbildung zur Webmasterin 2000.
Richtig. Damals war das Internet gerade sehr angesagt, und es war genau das
Richtige für mich. Direkt nach der Ausbildung fand ich Jobs. Beim zweiten
blieb ich sieben Jahre. Ich arbeitete mich in die Programmierung ein und war
bald Spezialistin für die Verarbeitung elektronischer Rechnungen. Dabei kam
ich auch mit SAP in Berührung.

Fanden die Kunden es seltsam, dass du Quereinsteigerin bist?
Nein, da hat keiner nachgefragt. Solange du es gut machst, ist das alles in
Ordnung. Und ich war gut.

Besser als Uni- oder FH-Absolventen?
Ja, was die Praxiserfahrung angeht, auf jeden Fall. Ich habe mich in unheim-
lich viele Bereiche einfach reingestürzt. Einmal fragte mein Chef, ob ich Perl
beherrsche. Ich habe da mal drei Tage reingeschaut, antwortete ich. Okay,
mach das Projekt, sagte er. Und ich habe mich da reingefuchst. Ich denke,
mein Vorteil ist, dass ich mich sehr schnell in neue Aufgabenfelder einarbeiten kann. Die haben andere oft nicht, die sind spezialisierter.

   Andererseits, das muss man mal ganz offen so sagen, fehlt mir das Fundament. Ich habe alles selbst gelernt. Im Nachhinein denke ich, dass auch
viel hätte schiefgehen können. Ich hatte einfach auch Dusel. Mit einem Studium ist das sicher einfacher.

Glaubst du, du könntest jetzt wieder einen Job finden?
Wenn ich wollte, sicher. Ich hatte immer genug Möglichkeiten. Aus meiner
Sicht hängt das klar mit der inneren Einstellung zusammen. Wenn du gut
drauf bist und bereit bist, etwas zu leisten, kommen die Jobs. Egal, ob Quereinsteiger oder nicht.

Spielt das Alter eine Rolle?
Eindeutig. Schon vor 10 Jahren galt ich als eine der Älteren in der Firma, da
war ich Anfang 30. Mit dem Alter ist man auch nicht mehr so leistungsfähig.
Außerdem magst du nicht mehr 36 Stunden durchprogrammieren. Ich finde,
irgendwann ist es Zeit, sich umzuorientieren. Das mache ich ja gerade.

Mit IT- oder Medien-Ausbildung

Ich muss gar nicht auf das Geburtsdatum schauen: Schon an der Verwendung der Begriffe im Lebenslauf erkenne ich die Generationen. Erfahrene Cobol-Programmierer schreiben in ihr Profil gern »EDV-Erfahrung seit«, bei Informatikern oder Wirtschaftsinformatikern lese ich Wortschöpfungen wie »IT-Skills«. Die Wahrnehmung hat sich verändert. EDV meint das Bodenständige, den Computer, die Hardware, Windows und all das. IT klingt schicker und moderner: Es ist das Größere, Komplexere, Prozessorientierte.

Die aktuellen Ausbildungsberufe symbolisieren diesen Begriffswandel. Früher gab es den Datenverarbeitungskaufmann. Per Umschulung wurden Nicht-EDVler zum Organisationsprogrammierer. Das war's. Zu wenig geeigneter Nachwuchs, jammerte die Wirtschaft. Seit 1997 gibt es deshalb verschiedene Ausbildungsberufe, die direkt in die IT führen (genau, IT, denn niemand sagt zu den neuen Berufen noch EDV). Als 2001 das Internet erstmals boomte, haben sich einige Berufe im IT-nahen Medienumfeld dazugesellt, etwa die Mediengestalter.

Das Besondere an den IT-Ausbildungen ist, dass 60 Prozent der Ausbildungsinhalte gleich sind, egal welche Lehre absolviert wird. Das sind die Grundlagen. Die übrigen 40 Prozent bilden die Kernkompetenz aus, die mal eher technisch, mal eher kaufmännisch gelagert ist. Die bekannteste technische Ausbildung ist die des Fachinformatikers. Den gibt es in zwei Richtungen: Als Fachinformatiker Anwendungsentwicklung und als Fachinformatiker Systemintegration. Der erste Zweig ist in der Praxis meist den Abiturienten vorbehalten – mit Realschulabschluss ist es sehr schwer, hereinzukommen. Für Abiturienten steht natürlich immer auch die Entscheidung an, ob Lehre, Studium oder duales Studium. Das sollte man sich rechtzeitig überlegen: Ein Studium im Anschluss an eine Ausbildung, so meine Erfahrung, bringt sicher Vorteile. Aber ob eine Ausbildung als Ergänzung zum Studium wirklich ihre zwei oder drei Jahre »wert« ist, vor allem langfristig, da habe ich meine Zweifel. Auf das Gehalt nach dem Studium hat eine Ausbildung zuvor jedenfalls nur einen unwesentlichen Einfluss.

Nach der Ausbildung in einem IT-Beruf können Sie überall arbeiten: in Unternehmen, Agenturen, Systemhäusern, bei Beratungsunternehmen. Sie konkurrieren allerdings mehr und mehr mit der wachsenden Zahl an Bachelorabsolventen, etwa aus der Wirtschaftsinformatik. Die Praxis zeigt auch, dass es die Absolventen eines Ausbildungsberufs schwerer haben aufzusteigen. In einigen

Unternehmen ist sehr strikt geregelt, dass nur Hochschulabsolventen bestimmte Managementstufen erreichen können.

Die IT-Ausbildungsberufe konkurrieren mit dem kurzen Bachelorstudium:
Was karrieretechnisch langfristig die bessere Variante ist, wird sich erst noch
zeigen. Eine weitere Alternative könnte auch ein duales Studium sein, das oft
mit einem doppelten Abschluss endet: dem Bachelor, z. B. der Wirtschaftsinformatik, und dem Abschluss als Industriekaufmann/-frau.

Etwas anders stellt sich das in den Medienberufen dar. Viele ausgebildete Mediengestalter arbeiten später inhaltlich, also z. b. im Bereich des Screendesigns.
Hier ist ihr Können entscheidend, die Ausbildung eher die Basis. Absolventen
von Bachelorstudiengängen wie Mediendesign ohne Praxiserfahrung haben es
dagegen schwerer, in den Hoheitsgebieten der Mediengestalter, in den Agenturen, Fuß zu fassen. Das gilt vor allem, wenn nicht durch Praktika und Projekte
das Können bewiesen worden ist.

Bezahlt werden Bachelorabsolventen wie Mediengestalter ähnlich lausig, da
die Hauptarbeitgeber, die Agenturen, nicht tarifgebunden sind und sich nicht
scheuen, studierte Junioren mit 20 000 Euro brutto Jahresgehalt einzustellen.
Die Ausgangslage der Praktiker mit Lehre ist somit oft besser. Da Agenturen im
Allgemeinen jedoch sehr offen sind, hat jeder mit entsprechendem Ehrgeiz gute
Aufstiegschancen. Was man dabei allerdings auch bedenken muss: Jobs in Agenturen sind selten für das gesamte Arbeitsleben bestimmt. Dies liegt an den oft
unregelmäßigen Arbeitszeiten und dem vergleichsweise hohen Stresspegel, der
oft nicht zu einer mittleren Lebensphase passt. Dann muss man einen der wenigen Jobs in einem Unternehmen suchen – oder freiwillig oder gezwungener-
maßen selbstständig arbeiten.

Ausbildungs-beruf	Inhalt	Voraus-setzung*	Verdienst/Tarif	Arbeitsplatz	Perspek-tiven
Fach-informatiker Anwendungs-entwicklung	Schwerpunkt Programmierung und Arbeit im Software-Umfeld	De facto meist Abitur, bei kleineren Unternehmen selten Realschule	622 (1. Jahr) bis 755 Euro (3. Jahr)	Bei Unternehmen und in Systemhäusern	****
Fachinformatiker Systemintegration	Schwerpunkt IT-Systeme, Netzwerktechnik etc.	Realschule	622 (1. Jahr) bis 755 Euro (3. Jahr)	Bei Unternehmen und in Systemhäusern	***
Informatik-kaufmann	Schwerpunkt Einkauf von IT-Dienstleistungen	Realschule	622 (1. Jahr) bis 755 Euro (3. Jahr)	Unternehmen	***
IT-System-elektroniker	Schwerpunkt Planung und Inbetriebnahme von IT-Systemen	Realschule	622 (1. Jahr) bis 755 Euro (3. Jahr)	Unternehmen, Elektrobetriebe	***
Mediamatiker/Schweiz	Verknüpft Kaufmännisches mit Technik, für Allrounder	Volksschule, Test Sigmedia	622 (1. Jahr) bis 755 Euro (3. Jahr)	Unternehmen	****
Mediengestalter Digital und Print und Mediengestalter Bild und Ton	Kreative Ausbildung mit dem Schwerpunkt Gestaltung und/oder Projektmanagement im Bereich Design von Webseiten, CDs und Druckerzeugnissen	2/3 haben Abitur	520 bis 683 Euro	Agenturen, Druckereien, seltener Unternehmen	***
Mediengestalter Bild und Ton	Kreative Ausbildung mit dem Schwerpunkt Gestaltung und/oder Projektmanagement im Bereich Foto, Film, Video, Audio	2/3 haben Abitur	520 bis 683 Euro	Agenturen, Produktionsfirmen	**
IT-System-kaufmann	Schwerpunkt Projekte zur Einführung und Erweiterung der IT und Telekommunikation	Realschule	660 bis 757 Euro	Unternehmen	***

* Es gibt keine gesetzlich vorgeschriebene Einstellungsvoraussetzung. Insofern ist jede Ausbildung theoretisch mit jedem Abschluss zugänglich. In der Praxis hat sich aber unter dem Druck von Angebot und Nachfrage herausgestellt, dass Arbeitgeber für einige Berufe sehr hohe Zugangsvoraussetzungen verlangen können, etwas für den Fachinformatiker. In der Tabelle sind die Zugangsvoraussetzungen aufgeführt, die sich auf dem Arbeitsmarkt durchgesetzt haben.

Infos zu den IT-Ausbildungen:

▸ IT-Berufe.de (www.it-berufe.de): Zahlreiche Informationen plus Tagesablauf für die einzelnen Berufe

▸ Mediengestalter.info (www.mediengestalter.info): Portal für Mediengestalter

▸ planet-beruf.de (www.planet-beruf.de): Entscheidungshilfe für die
Berufswahl von der Bundesagentur für Arbeit

Mit anderer Ausbildung

»Ich möchte unbedingt ins Online-Marketing«, schrieb mir die junge Bürokauffrau. »Während meiner Ausbildung habe ich gemerkt, wie sehr mich dieser
Bereich fasziniert, und jetzt habe ich ein erstes Konzept für eine suchmaschinen-
optimierte Seite selbst erstellt.« So etwas passiert häufiger: Erst in der Ausbildung wird Menschen so richtig klar, welche Bereiche sie wirklich faszinieren.
Das ist ja auch ganz logisch: Vorher ist Arbeit etwas sehr Abstraktes, und was die
Abteilungen eines Unternehmens so machen, kann man sich nicht wirklich vorstellen.

Wenn man nicht weiß, wo man hin will, steigt man besser in einen Bus, der
verschiedene Stationen abfährt, als in den ICE, der nur zwei Mal hält. Es ist dann
besser, sich für eine »breite« Basis zu entscheiden, die möglichst viel noch offen
lässt. Bürokauffrau ist so eine breite Basis, von der aus sich die junge Dame gut
weiterentwickeln kann. Natürlich wäre die Kauffrau für Marketingkommunika-
tion (ehemals Werbekauffrau) etwas spezifischer gewesen, wäre die Medienge-
stalterin vielleicht eine bessere Ausgangsbasis in die Agenturszene (allerdings
nur, wenn sie ein kreatives Händchen hätte).

Von einer breiten Ausbildung aus kann es an die Spitze gehen. Zahlreiche
Industriekaufleute oder Bürokaufmänner und -frauen sind in IT und Medien
unterwegs. Im Finanzbereich haben sich einige Bankkaufleute früh für IT-Prozesse interessiert und spezielle Kenntnisse erworben. Ähnlich bei Versicherungen oder in der Logistik. Das Branchenwissen sichert Prozesskenntnisse und
Wissen über die Besonderheiten, das IT-Wissen kommt durch die Praxis einfach
so dazu.

Oft ist dieses Praxiswissen genauso viel und manchmal sogar noch mehr
wert als eine einschlägige IT-Ausbildung: Banken werden eher einen Bankkaufmann mit Spezialkenntnissen einstellen als einen IT-Systemkaufmann aus der

Nahrungsmittelbranche. Denn während der Bankkaufmann die Prozesse in einer Bank hautnah erlebt hat, müsste der Systemkaufmann sich in eine komplett neue Welt einarbeiten.

Vor allem für Menschen, die sich nicht früh auf einen Berufsweg festlegen möchten (und das sind eine Menge!), ist eine gute Grundlagenausbildung deshalb die beste Basis für weitere Schritte.

Tipps für die Ausbildungswahl

▸ Informieren Sie sich beim Berufenet der Arbeitsagentur (www.berufenet. de) über die verschiedenen Ausbildungen.

▸ Machen Sie sich klar, dass eine branchenbezogene Ausbildung Sie auch festlegt. Versicherungskaufleute werden nicht ohne Weiteres im Handel eingestellt. Nicht branchenbezogen arbeiten z.b. Industriekaufleute und Bürokaufleute.

▸ Prüfen Sie, ob eine duale Berufsausbildung (Studium und Lehre) für Sie in Frage kommt.

▸ Wenn Sie sich nicht entscheiden können, sprechen Sie mit Personalern und anderen, die so eine Lehre durchlaufen haben.

▸ Schauen Sie sich Lebensläufe von Menschen an, die »Ihre« Lehre absolviert haben, z.B. via Xing.

Mit Studium

Hannes erzählt: »Ich habe ein Technikstudium absolviert, obwohl ich in der Schule eine absolute »Mathenull« war. Im Grundstudium wurden, zumindest zu Anfang, all die Themen umrissen, die ich in der Schule nie kapiert hatte. Und auf einmal platzte der Knoten. Ich verstand die Formeln und konnte damit umgehen. Ich glaube, dass die andere Art des Erklärens an der Uni mir dabei gelegen hat. Später habe ich sogar den jüngeren Semestern Nachhilfe gegeben.«

Informatiker sind halbe Mathematiker, sagt man. Das führt dazu, dass viele angehende Studenten sich gegen das Studium entscheiden – oder frühzeitig abbrechen. Mit 30 bis 70 Prozent Abbrecherquote, je nach Uni, hat die Informatik eine der höchsten Abbrecherquoten überhaupt. Dabei ist es anhand der Schulnoten schwer zu sagen, ob sich jemand im Studium bewähren wird. Es gibt Kandidaten, die haben mit einem 3,6er-Abitur später nur Einsen im Studium und andersherum. Klar ist allerdings, dass eine totale Ablehnung von Algebra und Logik als ein Indiz gegen Informatik gewertet werden sollte. Ausnahme: Die Abneigung ist Resultat eines schlechten Unterrichtsstils am Gymnasium. Mathe und Formeln spielen auch bei der Elektrotechnik eine wichtige Rolle – dafür ist E-Technik ein Studium mit Arbeitsplatzgarantie. Allerdings gibt es hier je nach Uni auch unterschiedliche Ausrichtungen. Grundsätzlich wird an den Fachhochschulen weniger theoretisch und intensiv Mathe gepaukt.

Die Wirtschaftsinformatik hat oft weniger mathematische Inhalte, wobei hier die Unterschiede je nach Uni oder Fachhochschule besonders groß sind. So pflegt die FU Furtwangen einen guten Ruf, beschränkt die Matheinhalte aber trotzdem auf eine Prüfung in Statistik und konzentriert sich ansonsten auf die praktische Informatik.

Medieninformatik spricht meist Menschen an, die einen kreativeren Bezug zur Technik haben und das Internet und digitale Medien lieben. Auch hier wird allerdings Mathe vermittelt, im Gegenzug aber ebenso die Gestaltung digitaler Medien. In den letzten Jahren sind einige internetnahe Studiengänge entstanden, die das akademische Pendant zur Ausbildung des Mediengestalters sind. Wer sich für das Management von Online-Medien interessiert, findet im Studiengang Online-Medien der Fachhochschule Furtwangen eine Bachelor-Variante, die zudem in der Branche anerkannt (und akkreditiert) ist. Der Master kann dann als »Computer Science in Media« nach weiteren drei Semestern erlangt werden.

Über ein Studium der Betriebswirtschaft oder Volkswirtschaftslehre kann ebenfalls der Weg in die IT oder in eine Schnittstellenposition führen. Empfehlenswert ist das vor allem für jene, die sich nicht ganz sicher sind, in welchem Bereich sie später durchstarten möchten. Ein allgemeines Studium ist für spätere Umorientierungen auch meist die bessere Basis. Ich habe jedenfalls in der Beratung die Erfahrung gemacht, dass Absolventen spezialisierter Studiengänge zwar leichter einen Einstieg fanden, sich aber sehr viel schwerer in andere Bereiche und Branchen umorientieren konnten.

Bachelor und Master

Längst haben die ersten Bachelors und Masters die Universitäten, Fachhochschulen und Privatakademien verlassen. Für ihren Abschluss ist es dabei gleich, wo er erworben worden ist: Formal sind alle Bachelor- und Masterabschlüsse gleich. So muss kein FH-Absolvent lebenslang bei jeder Nennung seines Titels darauf hinweisen, dass er »nur« die Fachhochschule besucht hat, wie bisher etwa die Kaufleute und Ingenieure mit Diplom (FH). Alle Abschlüsse sind auch untereinander kompatibel. Wenn Sie Ihren Bachelor an einer Fachhochschule gemacht haben, können Sie den Master gern an der Uni absolvieren, wenn diese Sie aufnimmt. Eine kleine Einschränkung gibt es aber: Wer seinen Bachelor an einer Berufsakademie abgelegt hat, muss prüfen lassen, ob er für einen Masterstudiengang geeignet ist.

Viel neue Freiheit also – in gewissen Grenzen sogar, was die Fächerwahl angeht. An der FOM (Fachhochschule für Oekonomie und Management in Essen und an weiteren Standorten) kann beispielsweise ein Master in IT-Management mit einem beliebigen Vorstudium sowie Berufserfahrung erworben werden. Wirtschaftswissenschaftliche Kenntnisse müssen nachgewiesen werden, doch in welcher Art und Weise, das wird offen gehandhabt.

Der Bachelor war dabei ursprünglich als berufsqualifizierendes vollwertiges Studium der ersten Stufe gedacht. Eine Art Studium für Praktiker, das den sofortigen Berufseinstieg ermöglichen sollte. Das klappt auch, obwohl Bachelor-Absolventen oft noch als »Schmalspur-Akademiker« gelten und für höhere Positionen eher selten vorgesehen werden. Um karrieretechnisch weit(er) zu kommen, empfiehlt es sich oft, auch noch die zweite Studienhürde zu nehmen und den Master zu machen. Die ursprüngliche Idee der Bologna-Tüftler – also der europäischen Kultusminister, die in Italiens Stadt Bologna das neue Studiensystem bei uns erfanden – war allerdings, dass nur etwa 20 Prozent der Studenten diese Hürde auch nehmen. Das sollten diejenigen sein, die sich für eine wissenschaftliche Laufbahn und das theoretischere Lernen im Masterstudiengang eignen. Also die Besten.

Bachelor und Master – was ist was?

Abschluss	Abkürzung	Fächer
Bachelor of Arts/Bachelor of Fine Arts, Bachelor Music	B.A. B.F.A B.Mus.	Geisteswissenschaften, künstlerische Studiengänge, oft auch Betriebs- oder Volkswirtschaftslehre (hier werden B.A. oder B.Sc. verliehen)
Bachelor of Education	B.Ed.	Abschluss für das Lehrerstudium (1. Staatsexamen, danach folgt Referendariat), befähigt aber noch nicht zur Lehre. Wird als 2-Fach-Bachelor studiert.
Bachelor of Science	B.Sc.	Naturwissenschaften, auch Psychologie und Informatik
Bachelor of Engineering	B.Eng.	Ingenieurwissenschaften
Bachelor of Laws	LL.B.	Rechtswissenschaften
Bachelor with Honors	B.A. (hons.) – nur in einigen Ländern als eine Art »Bachelor plus«, der teilweise auf den Master angerechnet wird	Eigener Bachelorabschluss, kombinierbar mit allen Fächern
Master of Arts/Master of Fine Arts, Master Music	M.A. M.F.A. M.Mus.	Geisteswissenschaften, künstlerische Studiengänge, oft auch Betriebs- oder Volkswirtschaftslehre (hier werden M.A. oder M.Sc. verliehen)
Master of Education	M.Ed.	Voraussetzung, um als Lehrer zu arbeiten
Master of Science	M.Sc.	Naturwissenschaften, auch Psychologie und Informatik
Master of Engineering	M.Eng.	Ingenieurwissenschaften
Master of Laws	LL.M.	Rechtswissenschaften
MBA	Master of Business Administration	Weiterbildungsstudiengang in Management

Typische Fragen zu Studium und Ausbildung

Ich	Rat	Beachten
... bin ein Praktiker, es fällt mir schwer, Theorie zu lernen.	Ideal ist ein duales Studium, alternativ ein Bachelor-Studiengang an der FH.	Ein späteres Studium erfordert meist einen größeren Kraftakt, und in manchen Karrieren passt es dann nie mehr rein.
... will sofort arbeiten und Geld verdienen.	Überprüfen Sie diese Motivation. Vielleicht doch lieber neben dem Studium Geld verdienen? Sonst Lehre.	Ein späteres Studium erfordert meist einen größeren Kraftakt, und in manchen Karrieren passt es dann nie mehr rein.
... glaube nicht, dass ich die viele Mathematik in Informatik schaffe.	Testen Sie es, indem Sie sich mit einem Informatiker zusammensetzen, der die Anforderungen mit Ihnen durchspricht.	Oft ist die Abneigung gegen ein Fach durch den »falschen« Lehrer bestimmt.
... habe keine Ahnung, was ich später machen will.	Investieren Sie in einen Potenzialanalysetest (z. B. Geva-Institut, www.geva-institut.de) und beschäftigen Sie sich mit Ihren Talenten. Gehen Sie zu einem Karriereberater, hospitieren Sie oder absolvieren Sie Praktika.	Lieber ein halbes Jahr überbrücken, als sich durch das falsche Studium quälen.
... möchte das studieren, was mir die größten Karrierechancen bietet.	Die größten Karrierechancen haben Sie dort, wo Ihre Talente liegen. Entscheiden Sie sich nicht aus vermeintlichen Sicherheitsgründen, dafür ist die Arbeitsmarktlage viel zu unberechenbar.	Wer sich trotz Abneigung für ein Studium entscheidet, wird dies in aller Regel entweder nicht durchhalten oder nur mit mittleren Noten bewältigen.
... will XY werden, weiß aber nicht, was der beste Weg dahin ist.	Schauen Sie sich bei www.xing.de Lebensläufe von Menschen an, die das machen, was Sie machen wollen. Konsultieren Sie einen Karriereberater.	Information ist das A und O.

Berufschancenspiegel

Welche Chancen bietet die IT? Viele, sagt die Wirtschaft, so viele wie in kaum einer anderen Branche, betont etwa der Branchenverband Bitkom. Ich habe mich dem Thema ganz praktisch genähert und über die Metajobsuchmaschine *Kimeta* verglichen: Welche Jobs wurden am meisten gesucht? Der Test fand im August 2008 statt.

Ausbildung/Studium	Wie oft Einstellungsvoraussetzung?
Fachinformatiker Anwendungsentwicklung	1.060
Fachinformatiker Systemintegration	945
Fachinformatiker egal, beide Richtungen	3.600
Systemelektroniker	758
Informatikkaufleute	1.387
IT-Systemkaufleute	412
Diplom-Informatiker	713
Wirtschaftsinformatiker/Wirtschaftsinformatik	12.886
Wirtschaftsingenieur	3.585
Diplom-Ingenieur	9.135
Gesamt	34.461
Zum Vergleich	
Industriekaufmann	4.115
Bürokaufmann	5.007
Betriebswirt	7.137
Diplom-Kaufmann	536

Duales Studium

Wenn Sie ein duales Studium nach der Schule in Betracht ziehen, sollten Sie diesen Weg mit einem Universitäts- oder Fachhochschulstudium vergleichen. Was spricht für das duale Studium, was dagegen? Orientieren Sie sich an der Tabelle auf Seite 28. Ausschlaggebend für die Entscheidung pro oder contra ist aus meiner Sicht vor allem die Persönlichkeit. Duale Studiengänge sind etwas für Menschen, denen eine Lehre zu »wenig« ist, die zugleich aber vor der Uni-

Theorie zurückschrecken. Sie absolvieren dieses Doppelpack aus Lehre und Studium (alternativ auch langes Praktikum/Volontariat und Studium) an einer Fachhochschule oder privaten Berufsakademie.

In meiner Beratung interessieren sich vor allem junge Menschen, die Schwierigkeiten mit anonymem Theorielernen haben, für so ein duales Studium. Für sie ist Praxis extrem wichtig, außerdem fühlen sie sich gern in ein soziales Netzwerk eingebettet. Das muss man sich an der Uni erst einmal erschließen, und manch einer erleidet nach der kuscheligen Gymnasial- oder Gesamtschulatmosphäre an den Unis einen Kulturschock. Im dualen Studium haben Studenten dagegen »ihre Firma«. Sie gehen mit Gleichgesinnten dorthin und haben einen festen Plan.

Viele duale Studiengänge beinhalten eine Doppelqualifikation. Am Ende lockt sowohl ein Bachelor als auch ein anerkannter Lehrabschluss, etwa als Industriekaufmann/-frau oder, bei einem Ingenieurstudium, als Facharbeiter. Das Studium ist dann auch eine Kombination aus Lehre und Studium und hat insgesamt einen hohen Praxisbezug. Ein Master kann später ebenfalls absolviert werden. Die Absolventen dieser wirtschaftsnahen Studiengänge sind heiß begehrt. Nachteil ist allerdings, dass durch den jeweiligen Arbeitgeber auch eine Prägung entsteht. Wer beispielsweise bei einem Mittelständler im B2B-Bereich gearbeitet hat, wird nach seinem Abschluss nicht so leicht bei einem Bankkonzern unterkommen. Überhaupt ist das Studium eher dazu gedacht, eigenen Nachwuchs heranzuziehen, als für eine unabhängige Karriere auszubilden. Wer sich also nicht so gern auf ein Unternehmen oder eine Branche festlegen mag, sollte sich die Entscheidung gut überlegen. Auch Menschen, die ein festes Berufsziel haben, die beispielsweise unbedingt später als Key Account Manager oder als Personalentwickler arbeiten wollen, sollten andere Wege beschreiten.

Zudem werden hier Praktiker ausgebildet. Von Universitätsabsolventen erwartet man eher den übergreifenden Blick und die Fähigkeit, sich in viele Sachverhalte einzuarbeiten. Auch Selbstmotivation bringen Uni-Absolventen eher mit. Die Chancen auf die ganz große Karriere sind damit aus meiner Erfahrung trotz des tollen Rufs vieler Akademien insgesamt geringer als bei klassischen Uni-Abschlüssen – jedenfalls, wenn man nicht in seinem ausbildenden Unternehmen bleibt.

Die Kosten für das Studium trägt beim dualen Studium als Erstausbildung der Arbeitgeber. Später hängt es von dessen »Goodwill« und Fördermotivation ab. Selbstzahler müssen je nach Studiengang und Schule mit rund 295 Euro (FOM) bis 495 Euro (FHDW) im Monat rechnen. Hinzu kommen einmalige Einschreibungs- und Prüfungsgebühren.

Duales Studium

Pro	Contra
Praxisnah, man sieht, wie es im Betrieb läuft.	Reduktion der wissenschaftlich-theoretischen Studienanteile
Meist gibt es eine tarifliche oder frei verhandelbare Ausbildungsvergütung.	Oft fordern Arbeitgeber im Gegenzug, dass Sie sich für eine gewisse Zeit ans Unternehmen binden.
Man lernt verschiedene Abteilungen kennen und kann sich so erst mal orientieren.	Wer ein klares Berufsziel hat, profitiert nicht davon.
Nach dem Studium hat man recht sicher einen Job.	Oft entstehen Berufswünsche erst im Studium, Umorientierung ist dann kaum noch möglich.
Arbeitgeber schätzen die Praxisnähe.	Arbeitgeber außerhalb des ausbildenden Betriebs werden Sie wahrscheinlich nicht für hohe Positionen vorsehen.
Sie haben mehr Praxiswissen als ein Bachelor…	… aber weniger Theorie.
Sie haben Halt durch feste Pläne und Rahmenbedingungen.	Sie lernen nicht, sich selbst zu motivieren.
Sie haben ein festes, firmeninternes Netzwerk.	Außerhalb dieses ausbildenden Unternehmens sind Ihre »Netze« vermutlich schwach.

Dual studieren – Links

▸ Nordakademie (www.nordakademie.de): Anerkannte, von der Wirtschaft getragene Hochschule für den Norden.

▸ Fachhochschule für Oekonomie und Management (FOM) (www.fom.de): Bundesweit vertretene Fachhochschule, die Auszubildenden und Berufstätigen ein duales Studium ermöglicht.

▸ Fachhochschule der Wirtschaft (www.fhdw.de): In NRW und Niedersachsen sowie international aufgestellt. Vorlesungen sämtlich auf Englisch. Hier kann man BWL, Informatik, aber auch Business Process Administration und Business Process Engineering studieren. In Rankings, etwa des Centrums für Hochschulentwicklung (CHE), sehr weit vorn.

▸ Verwaltungs- und Wirtschaftsakademien (VWA)(www.vwa.de): Hier kön-
nen Sie spezielle Abschlüsse als Informatik-Betriebswirt (VWA) oder
Betriebswirt (VWA) erzielen sowie einen Bachelor-Titel. Relativ moderate
Studiengebühren von rund 120 Euro im Monat.

Welches Studium für wen?

Studienart	Typ	Was Sie wissen sollten
Betriebswirtschafts-lehre	Sie wissen nicht ganz genau, wohin, und wollen sich generalistisch qualifizieren. Sie sollten sich allerdings für die Inhalte aus Management, Marketing, Personalwirtschaft und z.B. Controlling interessieren.	Wenn Sie später in techniknäheren Bereichen arbeiten möchten, denken Sie über Wirtschaftsinformatik nach. Dort gibt es derzeit bessere Chancen.
Computer Science	Ein Masterstudiengang, der z.B. von der Fachhochschule Furtwangen angeboten wird und wissenschaftliches Methodenwissen vermittelt.	Bachelor in einem anderen techniknahen Fach ist Voraussetzung.
Computervisualistik	Steht zwischen Bild und Informatik und passt für Menschen, die sich für Bilderzeugung, Bildbearbeitung und -analyse interessieren. Hoher Informatikanteil.	Basis für eine Fachkarriere, Sprung in andere Bereiche ist aber relativ leicht möglich.
Informatik	Sie möchten den Gesamtzusammenhang verstehen, sind interessiert am Theorielernen, wollen später in der IT Karriere machen oder promovieren.	Sprung in nichttechnische Bereiche – z.B. Marketing – ist ohne vorherige Berufserfahrung (noch) eher schwer. Eventuell Bachelor mit Wirtschaftsmaster kombinieren.
Geisteswissenschaften	Sie interessieren sich für die Inhalte eines Fachs oder lieben es, überall einmal reinzuschnuppern (z.B. interdisziplinäres Studium Kulturwirt in Passau).	Sie sind sich klar, dass das bedeutet, sich über Praktika frühzeitig Kontakte zu Firmen aufzubauen. In traditionelle Bereiche der IT kommen Sie mit anderen Studiengängen leichter, aber mit weiteren Kenntnissen/Erfahrungen okay, z.B. für Online-Redaktion, Content Management, Projektmanagement Internet etc.

Studienart	Typ	Was Sie wissen sollten
Medieninformatik	Sie begeistern sich für digitale Medien? Dieses Studium verbindet Medienkompetenz mit informationstechnischem Wissen.	Einstieg: relativ leicht in die Agenturwelt, in traditionellen Branchen eher nicht so gern gesehen.
Medientechnik	Damit Ideen auch technisch realisiert werden können: Medientechniker bilden die Schnittstelle zwischen Kreation/ Redaktion im Bereich Internet, Film und TV und der Technik.	Einstieg z.B. bei Produktionsfirmen wie Studio Hamburg.
Wirtschafts-informatik	Sie interessieren sich weniger für die Theorie. Später ist für Sie eine Schnittstellenposition mit kaufmännischen Inhalten reizvoll. Sie könnten sich aber auch eine Arbeit mit stärker technischem Bezug vorstellen, haben bei reiner Informatik aber eher Furcht vor der Theorie.	Allrounder-Studium, mit dem man wenig falsch machen kann, wenn man noch nicht genau weiß, wo es hingehen soll. Ideal für Schnittstellenjobs.
Andere Fächer, z.B. Psychologie	In vielen Fächern lässt sich als Schwerpunkt oder Nebenfach Informatik wählen.	Ideal für Berufe, die Kenntnisse in dem entsprechenden Bereich fordern.
Orchideenfächer (seltene Fächer wie Byzantinistik, Koptologie, aber auch manche Ingenieurwissenschaften, z.B. für Glas, Keramik, Bindemittel etc.)	Eindeutig etwas für Menschen, die eine Leidenschaft für den entsprechenden Bereich pflegen.	Man muss sehr früh die Fühler ausstrecken. Mit einem Orchideenfach in andere Bereiche durchzustarten erfordert frühzeitige Orientierung auf dem Arbeitsmarkt.

Spezialisiert studieren

Spezialisten verlangt die Wirtschaft! Die Unis folgen brav: Immer mehr Studiengänge sind spezialisiert. Andere bieten die Möglichkeit einer klaren Schwerpunktsetzung. Da ich nicht alle Bereiche aufgreifen kann, in denen die IT eine wachsende Rolle spielt und in denen die IT-Spezialisierung deshalb zentraler Erfolgsfaktor ist, will ich ein Beispiel nennen: die Logistik.

Wer in der Logistik arbeitet, braucht IT-Kenntnisse, ja, IT ist der zentrale Logistik-Karriereturbo. Das notwendige Prozesswissen (wie funktioniert etwas, wie sind die Abläufe und Zusammenhänge?) kann ein Schwerpunktfach in den Wirtschafts- oder Ingenieurwissenschaften oder Informatik/Wirtschaftsinformatik vermittelt haben. Den Schwerpunkt Logistik oder auch Supply Chain Management können Sie an verschiedenen Universitäten studieren. Einen guten Ruf haben z.b. die Fachhochschule und die Technische Universität Berlin, beide mit dem zusätzlichen Vorteil, dass sie studiengebührenfrei sind.

Spezialisierung gibt es auch im Nachhinein für Menschen, die sich bis dahin ihr Wissen in der Praxis angeeignet haben. Um beim Beispiel Logistik zu bleiben: Für Quereinsteiger empfiehlt sich in diesem Bereich z.b. ein berufsbegleitendes Studium Logistikmanagement.

Links zu Logistikstudiengängen:

▸ Ein berufsbegleitendes Studium Logistikmanagement bietet die Universität St. Gallen an (www.diplom-logistik.unisg.ch).

▸ Eine Übersicht vermittelt das PDF: 200 Wege in die Logistik (http://logistik-rheinmain.de/downloads/lrm/Presse/li-200_Wege_in_die_Logistik.pdf).

Zulassung zum Master

Master sollen Elite sein! Deutschland hat sich bei der Zulassung zum Studium für diese »Elite« eine besondere Hürde einfallen lassen: Nur Bachelor-Absolventen mit einem Schnitt unter 2,5 sollten diesen höheren Abschnitt erwerben können.

Dieses starre Kriterium ist inzwischen vielfach aufgeweicht worden. Das hat auch damit zu tun, dass die deutschen Unis und Fachhochschulen ihre Hörsäle nur voll bekommen, wenn sie auch die zweite Riege hineinlassen. Die Zulassungsbeschränkungen sind allerdings bei jeder Hochschule und Uni anders. Bei konsekutiven, also an ein Bachelor-Studium anschließenden Studiengängen bestehen je nach Fach häufig, aber unterschiedliche und oft aufweichbare, Zulassungsbeschränkungen. Bei berufsbegleitenden Masterstudien ist die Zulassung so gut wie nie an der Note orientiert. An der bundesweit tätigen FOM (Fachhochschule für Oekonomie und Management) etwa reicht einfach ein erster Studienabschluss für die Teilnahme an einem betriebswirtschaftlichen Master-Studiengang, aktuelle Berufserfahrung und wirtschaftswissenschaftliche

Kenntnisse, die nicht unbedingt aus dem Studium stammen müssen. Die Begrenzung galt und gilt zudem selten für Diplom- oder Magister-Absolventen, die sich für ein Zweitstudium entscheiden. Das kennzeichnet auch Fernstudien: Beim virtuellen Masterstudium für Wirtschaftsinformatik (VAWi) reicht ein beliebiger erster Studienabschluss sowie eine zweijährige Berufserfahrung. Auch die Fernuni Hagen verlangt für den Informatik-Master lediglich einen Bachelor in Informatik oder Computer Science, aber keine besonderen Noten. Beim MBA sind Noten in der Regel auch kein festes Zulassungskriterium.

Die Hochschulen gehen mit dem Thema Zulassung sehr unterschiedlich um. So verzichten einige Hochschulen auf die Begrenzung durch eine Note oder setzen individuelle Grenzen zwischen 2,0 und 3,0 fest. Andere führen Auswahlgespräche oder schauen sich sogar die Einzelnoten an, wenn die Gesamtnote nicht stimmt. Teilweise orientieren sich die Lehrstühle auch an den ECTS-Graden. Sie schauen sich nicht die Noten an, sondern die Notenverteilung. Die ist natürlich interessant, da Notenvergabe individuell ist und das »gut« von einer sehr schwierigen Uni eine andere Bedeutung hat als das »gut« des Wettbewerbers.

ECTS-Grade verteilen sich folgendermaßen:

A die besten 10 % (Absolventen eines Semesters im relevanten Studiengang)
B die nächsten 25 %
C die nächsten 30 %
D die nächsten 25 %
E die nächsten 10 %.

Falls es zu wenige Bewerber gibt – und dies ist oft der Fall –, werden vorgegebene Begrenzungen auch manchmal aufgehoben. Es kann auch sein, dass diese von Semester zu Semester variieren. Teilweise ersetzt ein Auswahlgespräch die Einstiegshürde durch die Zensur oder den ECTS-Grad, d.h. den Grad im European Credit Transfer System, dem Leistungspunktesystem an Hochschulen.

Vor allem Studiengänge, die nicht so stark nachgefragt sind, sind oft nicht an strenge Zulassungsvoraussetzungen geknüpft, so etwa manche Fächer im Ingenieurbereich. Andere dagegen sieben stark aus – etwa in VWL: In Bonn beträgt die Grenznote für den VWL-Master 2,3. Und Münster schaut sich, wenn der Durchschnitt von 2,5 nicht erfüllt ist, für den VWL-Master die Ökonometrie- oder sogar Abiturnote in Mathe an.

Für Informatik ergibt sich ebenfalls ein buntes Zulassungsbild: In Bremerhaven schreibt die Studienordnung eine 2,3 vor, in Osnabrück eine 3,0, in Düsseldorf eine 2,5 oder 3,0, sofern die Diplomarbeit besser als 2,5 bewertet wurde (also ein »Notausgang«). Weiter südlich in Darmstadt erwartet die Informatik-Fakultät sogar eine 2,0, während die Uni Bochum tief im Westen keine besonderen Voraussetzungen über den Abschluss des Bachelor-Studiums hinaus verlangt.

Immer ein Schlupfloch für den »worst case« bietet ein ausländischer Master. Hier ist der bereits angesprochene GMAT eine Zulassungsvoraussetzung sowie ein TOEFL-Test. Beim Graduate Management Admission Test, kurz GMAT, müssen mehr als 650 Punkte erreicht werden, die Note spielt keine Rolle. Absolventen eines ausländischen Masterstudiengangs profitieren darüber hinaus von der interkulturellen Erfahrung und besseren Sprachkenntnissen. Allerdings glänzt Deutschland trotz des strengen Notensystems nicht gerade mit »Eliteschmieden«. Die meisten besseren Hochschulen finden sich sowieso in anderen Ländern: in Holland, Großbritannien, Frankreich oder auch in den USA.

Promotion

Sie haben nach dem Master noch nicht genug? Oder wollen, nach einigen Jahren im Beruf, doch noch einmal erfahren, wie es sich anfühlt, einen Doktorhut aufzuhaben? Wer sich für wissenschaftliches Arbeiten begeistert, besitzt genügend »intrinsische« Motivation, um weitere Jahre für eine Promotion an das Studium anzuhängen. Dieser Spaß am universitären Arbeiten sollte dann auch der eigentliche und primäre Grund für das Streben nach dem Doktortitel sein, sonst hält man es nicht durch. Es sei denn, Sie wollen ins Topmanagement, denn dort machen sich die zwei Buchstaben gut und wirken karrierebeschleunigend. In der Studie *Wege zur Unternehmensspitze* haben die Personalberater von Heidrick & Struggles 212 Topmanager befragt. 37 Prozent davon waren promoviert. Unter den DAX-Vorständen sind sogar 60 Prozent Promovierte. Das heißt aber auch, dass man selbst ohne Doktor ganz nach oben kommen kann. Es ist also die Frage, in welches Engagement Sie Ihre Zeit stecken wollen.

Für Ingenieure oder Informatiker ist der MBA sehr oft die sinnvollere Alternative. Das gilt vermutlich auch dann, wenn Sie in einen DAX-Vorstand wollen, denn der MBA war in den Karriereplänen der jetzt Aktiven noch gar nicht verankert. Die Karrieristen sind also auch deshalb derzeit vor allem Doktoren, weil die MBAler noch »frisch« sind. Und das wird sich sicher demnächst ändern.

Je nach Fach und Branche ist der Doktor unterschiedlich anerkannt. Zwar ist er immer ein gutes Selbstmarketing-Tool, aber nur in konservativen Branchen und Unternehmensberatungen wirklich direkt und spürbar rentabel karrierefördernd. In Unternehmensberatungen wird die Promotion am ehesten, beispielsweise durch zeitweise Freistellungen, vom Arbeitgeber mitgetragen.

Da gerade Masterabschlüsse oft im Ausland erworben werden, sollten »Promotions-Spekulanten« wissen, dass der Auslands-Master ein Hindernis sein kann: Der Abschluss muss dann in Deutschland anerkannt werden. In Deutschland gibt es zwei Wege, sich einen ausländischen Master anerkennen zu lassen: über die Zentralstelle für ausländisches Bildungswesen in Bonn (www.anabin. de) oder über eine Einzelfallprüfung. Diese ist zu empfehlen, vor allem dann, wenn Sie bereits einen Doktorvater gefunden haben. Für die Prüfung ist der Promotionsausschuss der jeweiligen Universität zuständig.

Links für Promotionsaspiranten:

▸ Doktorandenbörse (www.doktorandenboerse.info): Doktorvater und Thema finden

▸ Doktorandenforum (www.doktorandenforum.de): Viele Infos und Diskussionsforum

▸ DrArbeit.de (www.drarbeit.de): Stellenbörse für Diplom- und Doktorarbeiten in Naturwissenschaften und Medizin

▸ Thesis (www.thesis.de): Interdisziplinäres Netzwerk für Promovierende und Promovierte

MBA-Studium

Für viele ist es ein Zauberwort: MBA. Könnte dieser schöne Titel das Tor zu einem Job mit mehr Gehalt und besseren Perspektiven öffnen? Ja, ist der MBA möglicherweise etwas, das »man« haben sollte, um gute Perspektiven auf dem Arbeitsmarkt zu haben?

Der MBA vermittelt betriebswirtschaftliches Wissen. Ursprünglich war er dazu da, Absolventen aus nicht-wirtschaftlichen Studiengängen fit fürs Management zu machen. Heute entscheiden sich auch viele BWLer mit Diplom dafür – beispielsweise, um einen besonders renommierten Abschluss zu erzielen. Obwohl das MBA-Programm eine eher allgemein gehaltene Ausrichtung auf das Management darstellt, werden immer mehr Studiengänge mit einer Spezialisierung angeboten, die meist 25 Prozent der Ausbildung betrifft. 75 Prozent beziehen sich dann weiterhin auf allgemeine Managementinhalte. Als Studium wurde der Abschluss Ende der 90er Jahre in Deutschland staatlich anerkannt. Bis dahin war der MBA nur in Kooperation mit einer amerikanischen oder englischen Hochschule zu erlangen.

Der MBA ist auch ein Master, allerdings ein »Weiterbildungsmaster«. Zu unterscheiden sind zwei Mastervarianten: Der reguläre höhere Studienabschluss »Master« als Aufbau auf den Bachelor und der Weiterbildungs-MBA. Das Undergraduated-Studium ist ein Anschlussprogramm an ein Bachelor-Studium. Den an einen Bachelor anschließenden Master nennt man auch konsekutiv. Es ist die zweite Studienstufe, die der Bologna-Prozess definiert hat: Den praktischen, berufsqualifizierenden Einstieg bietet der Bachelor; für höhere Weihen qualifiziert der Master, der wiederum (eventuell) durch eine Promotion aufgestockt werden kann. Dieser konsekutive, also an das Erststudium anschließende Master berechtigt wie der Bachelor zum Erhalt von BAföG und dauert in Deutschland in der Regel zwei Jahre. Ein Weiterbildungsmaster, der also nicht konsekutiv an den Bachelor anknüpft, kann auch nur ein Jahr Studium umfassen.

Einen MBA erwirbt man an einer Universität, Hochschule oder auch Business School. Business Schools sind Bildungseinrichtungen, die einen Schwerpunkt auf betriebswirtschaftliche Studiengänge legen. Manche Business Schools sind dabei eigenständige Einrichtungen, manche Ableger von größeren Universitäten.

Das Postgraduated-Studium (also der Weiterbildungsmaster) an einer Business School – Universität, Fachhochschule oder Akademie – kann entweder als Vollzeit-MBA, Teilzeit-MBA, Executive MBA, Fernstudium-MBA oder Special MBA studiert werden.

Bei deutschen Studenten ist das Vollzeitstudium im Ausland sehr beliebt, da es einen Anreiz darstellt, in den Ursprungsländern des MBA zu studieren. Das Teilzeit-MBA-Programm dauert zwischen zwei und drei Jahren. Last but not least ist das Fernstudium zum MBA zu nennen. Für Interessenten ist in Europa besonders die Open University (OU), die größte Universität Großbritanniens, interessant. Die OU Business School (OUBS) ist der weltweit größte MBA-Anbieter und zählt zu den wenigen Hochschulen, die drei anerkannte Akkreditierungen vorweisen können. In den USA sind die Fuqua School of Business (Duke University) und die Krannert School of Management (Purdue University) für ein Fernstudium zu empfehlen.

Für einen MBA-Studiengang müssen Sie sich bewerben. Ausländische Universitäten verlangen meist einen GMAT. Dieser Graduate Management Admission Test ist ein standardisierter Test, um die Eignung für betriebswirtschaftliche Studiengänge zu messen. Er besteht aus zwei Aufsätzen, die Sie zu zwei freien Fragen formulieren (je 30 Minuten), und zwei Multiple-Choice-

Abschnitten, einem mathematischen Abschnitt und einem Abschnitt über verbale Fähigkeiten, der analytische Teile, englische Grammatik und Leseverständnis abfragt. Das Testergebnis ist ein Punktwert, der von vielen Universitäten in den USA auch als Zugangskriterium herangezogen wird. Also: Je höher die Punktzahl, desto besser die Chancen. Entsprechend gibt es längst Vorbereitungskurse. Das gilt auch für den TOEFL, den Test of English as a Foreign Language, den ausländische Business Schools von nicht-muttersprachlichen Studenten verlangen.

Eine weitere Form des MBA ist der Executive MBA. Dies ist ein MBA, der nach einigen Jahren Berufs- und Führungserfahrung erworben wird. Er wird als höherwertiger, als ein »normaler« nicht-konsekutiver MBA angesehen und lässt das eigene Gehalt entsprechend deutlicher steigen – schön nachzulesen etwa im Ranking der *Financial Times*, die auch die Gehaltssteigerungen genau betrachtet.

Bei der Entscheidung für den MBA spielen individuelle Kriterien eine Rolle. So ist es in größeren Unternehmen und Unternehmensberatungen wichtig, wo der MBA erworben worden ist – das hat direkten Einfluss auf die Höhe des künftigen Gehalts. In Deutschland hat etwa die Universität Köln einen sehr guten Ruf, der gestützt wird durch das Ranking der *Financial Times*. Doch der Ruf ist nicht immer entscheidend: So fragt bei Selbstständigen niemand nach, wo der MBA erworben worden ist. Er ist in vielen Bereichen einfach ein statuserhöhender Titel, ähnlich wie der Doktor. Nicht zuletzt sind auch die Fächer entscheidend. Für die Wirtschaftsausbildung von Ingenieuren hat etwa das Collège des Ingénieurs (CDI, www.cdi.fr) in Paris und Stuttgart einen exzellenten Ruf. Die Gehälter von Absolventen des CDI stehen 30 bis 50 Prozent über dem Niveau von Ingenieuren ohne diesen MBA.

MBA-Rankings und Informationen:

▶ MBA-Ranking der Financial Times (http://rankings.ft.com/business-schoolrankings/masters-in-management)

▶ Executive MBA-Ranking der FT (http://rankings.ft.com/businessschoolrankings/emba-rankings)

▶ MBA.de (www.mba.de): Suche nach nationalen und internationalen Studiengängen

▶ MBA-Studium (www.mba-studium.net): Infos und aktuelle Neuigkeiten zum MBA

MBA ohne Studium

Ein MBA-Studium ist ein Weiterbildungsstudium: Voraussetzung ist nicht nur die Hochschulzugangsberechtigung, sondern auch ein erster Hochschulabschluss. In Ausnahmefällen, die einzeln geprüft werden müssen, können auch vergleichbare Qualifikationen zur Zulassung führen. Das gilt besonders für Qualifikationen, die bei der beruflichen Tätigkeit erworben wurden. Die Allfinanz Akademie eröffnet Bewerbern ohne die formalen Zugangsvoraussetzungen, aber mit einer ungewöhnlichen beruflichen Leistungsbilanz den Weg zum MBA. Zum Nachweis genügt es, für mindestens drei Jahre eine fachlich einschlägige Position eingenommen zu haben. Fachlich einschlägig? Das könnte die dreijährige Berufsausbildung oder eine allgemeine Tätigkeit als Versicherungskaufmann sein. Die Allfinanz Akademie bietet den Titel in Zusammenarbeit mit der University of Wales an. Bis vor Kurzem durfte der hier erworbene Titel nicht ohne Anerkennung in Deutschland verwendet werden, inzwischen ist das Tragen des Titels ohne weitere Formalia möglich. Auch an der Open University können Sie ohne ersten Studienabschluss einen MBA erwerben.

Links:

▸ Allfinanz Akademie (www.allfinanzakademie.de): MBA-Titel in Zusammenarbeit mit der Universität Hagen und der University of Wales, 480 Euro/Monat

▸ Open University (www.open.ac.uk): Studium allerdings komplett auf Englisch, ca. 430 Euro/Monat (zu zahlen in englischen Pfund und deshalb schwankend)

MBA oder Promotion?

Der *Kienbaum High Potentials Studie* zufolge ziehen deutsche Unternehmen den MBA einer Promotion vor. Das liegt daran, dass MBA-Absolventen wirtschaftsnahes Denken nachgesagt wird. Davon profitieren vor allem Ingenieure, aber natürlich auch Informatiker auf dem Karrieresprung.

Promovierte weisen eher ihre Durchhaltefähigkeit und Leistungswillen nach. Der MBA empfiehlt sich deshalb für alle, die richtig Karriere machen wollen und ins Management oder in eine Unternehmensberatung streben. Den Doktortitel sollten Sie eher dann anvisieren, wenn Sie sich vertieft mit einem Thema auseinandersetzen und wissenschaftlich arbeiten möchten. Dennoch kann der Titel später eine Karriere sehr fördern – wahrscheinlicher aber eine Fachkarriere als eine im Management.

Berufsbegleitend studieren

»Meinen MBA habe ich an der Open University erworben. Dadurch bin ich nebenbei noch mal richtig fit in Englisch geworden. Allerdings brauchte ich dadurch auch fast das Doppelte der Zeit, die die Open University für Natives veranschlagt«, erzählt ein ehemaliger OU-Student. Dies sollte jeder bedenken, der sich für ein englischsprachiges Studium entscheidet: Dem doppelten Nutzen steht, je nach Kenntnissen, auch ein meist um ein Drittel bis die Hälfte höherer Aufwand gegenüber. Fernstudium hin oder her.

Die entscheidende Frage für Berufstätige ist neben der Studienwahl die der Studienform: Fern- oder Präsenzstudium, alles ist möglich. Und da die meisten Studiengänge in beiden Varianten angeboten werden, bleibt die Qual der Wahl.

Doch zu welcher Variante Sie auch immer tendieren, zunächst einmal bedeutet die Entscheidung für ein duales Studium, dass Sie sich mit Ihrer Familie einig sein müssen, zwei bis vier Jahre doppelt belastet zu sein und im Privatleben zurückstecken zu müssen.

Bei den Zeitstunden gibt es meist keine Unterschiede, nur die Art zu lernen ist anders. Das Fernstudium erfordert mehr Selbstlernen und freie Zeiteinteilung, Präsenzkurse finden, wenn überhaupt, nur an einigen Samstagen statt. Ein berufsbegleitendes Präsenzstudium erfordert dagegen einen Aufwand von 13 bis 15 Stunden nach dem Job. Außerdem ist fast jeder Samstag »belegt«. Da finden nämlich Kurse statt.

Das Renommee unterscheidet sich je nach Schule oder Institut, nicht jedoch nach Lernart. Für Fernstudien spricht, dass es die Selbstmotivation fördert. Wer das über einen längeren Zeitraum durchhält, bleibt auch beruflich konsequent dabei, denken die Arbeitgeber. Allerdings werden Soft Skills so gut wie gar nicht gefördert – eindeutig ein Nachteil.

Neben den Hochschulen existieren private Akademien und Institute. Beide bieten oft eigene Abschlüsse an, die Akademien (etwa die VWA) hochschulnah, die Institute ausbildungsnah. Viele bereiten auf IHK-Prüfungen vor (IHKs sind die Industrie- und Handelskammern, die für die kaufmännische Ausbildung zuständig sind), einige auch auf Technikerprüfungen oder den Meister.

Vielfach kann auch der MBA im Fernstudium absolviert werden, etwa bei der Akad, der Euro FH und der englischen Open University.

Fernakademien im Überblick:

- Europäische Fernhochschule in Hamburg (www.euro-fh.de): Betriebswirtschaft, Wirtschaftsjura und MBA in 24 Monaten für Nicht-Wirtschaftswissenschaftler (530 Euro/Monat)
- Akad in Pinneberg bei Hamburg (www.akad.de): Betriebswirtschaft, Wirtschaftsübersetzen, Maschinenbau, MBA in 30 Monaten (390 Euro/Monat)
- Studiengemeinschaft Darmstadt SGD (www.sgd.de): verschiedene IHK-Abschlüsse im kaufmännischen und technischen Bereich
- Fernakademie Klett (www.fernakademie-klett.de): viele akademiespezifische Abschlüsse, auch im Bereich IT und Technik sowie IHK-Kurse
- Institut für Lernsysteme ILS (www.ils.de): Schul- und Berufsabschlüsse, kooperiert bei Studien mit der Europäischen Fernhochschule Hamburg
- FernUniversität Hagen (www.fernuni-hagen.de): vielseitiges Studienangebot mit Mathematik, Informatik und Wirtschaftswissenschaften, kein MBA
- Open University (www.open.ac.uk): Der MBA kann hier auch ohne vorheriges Hochschulstudium erworben werden, allerdings ist das Studium komplett auf Englisch. Das UK Higher Education Funding Council bewertet die OU Business School mit der Note »exzellent« sowohl in Bezug auf die Lehre als auch in Bezug auf die Studierendenbetreuung, MBA ca. 430 Euro/Monat
- Infos über die Arbeitsgemeinschaft für das Fernstudium an der TU Kaiserslautern (http://ecampus.zfuw.uni-kl.de)
- Fernstudium Direkt (www.fernstudium-direkt.de): alle Fernstudienangebote im Überblick

Virtuell lernen

Sie legen Wert auf ein zeitgemäßes Studium, das auch moderne Technologien integriert? Schwierig: Das Studium an Hochschulen besteht nach wie vor überwiegend aus Präsenzunterricht. Und an einer Fernhochschule läuft heute alles oft noch genauso ab wie vor zwanzig Jahren. Sie erhalten Lehrbriefe und Bücher – oft per Post, manchmal per Mail. Mit E-Learning hat das nichts zu tun, auch wenn es oft so genannt wird. Mittlerweile bieten einige Hochschulen und Bildungsinstitute in Deutschland einzelne Seminare, Studienmodule, Weiterbildungskurse und Workshops im E-Learning an. E-Learning umfasst alle erdenklichen Wege und Möglichkeiten, mit Hilfe digitaler Medien zu lehren und zu lernen. Blended Learning ist eine Kombination aus E-Learning und Präsenzunterricht. Beide Varianten eignen sich für die Vermittlung von Wissen und fördern neue und kreative Formen der Interaktion zwischen Lehrenden und Lernenden. E-Learning 2.0 bedeutet auch, dass zunehmend Wikis, Blogs, Podcasts eingesetzt werden. An vielen Hochschulen, vor allem in technischen Studiengängen, wird ein Teil der Inhalte ins E-Learning, also Selbstlernen, ausgelagert.

Außerhalb der Fernuniversitätsstudien gibt es nur einen richtigen Studiengang: den virtuellen Weiterbildungsstudiengang Wirtschaftsinformatik VAWi (www.vawi.de). Der dreisemestrige Studiengang, der auch als Teilzeitstudium absolviert werden kann, wird von den Universitäten Duisburg-Essen und Bamberg durchgeführt und betreut. Die Resonanz auf dieses Studium ist gut. Absolvent Achim Künstler schreibt:»VAWi hat mir als IT-Quereinsteiger die Möglichkeit gegeben, meine praktischen Fähigkeiten auf ein theoretisches Fundament zu stellen. Das Konzept des berufsbegleitenden Studiums ist in meinem Fall voll aufgegangen, da ich die Theorie direkt in der Praxis anwenden konnte. Aufgrund der Doppelbelastung durch Studium und Job ist aber in vielen Situationen Durchhaltevermögen sowie ein verständnisvolles Umfeld notwendig. Die ungemeine Flexibilität der modularisierten Studienstruktur schafft jedoch ausreichende Planungsfreiräume. Die Kursangebote und die Betreuung der Kurse beurteile ich als sehr gut (…) Fazit: Das Konzept des berufsbegleitenden Studiums geht meines Erachtens voll auf. Das Studium ist natürlich mit Anstrengungen verbunden, es hat aber auch viel Spaß gemacht.«

Übersicht E-Learning-Studiengänge und E-Learning-Kurse:

▸ Virtuelle Hochschule Baden-Württemberg (www.virtuelle-hochschule.de): Projekte für Hochschulen im Ländle, kein eigener Studiengang
▸ Virtuelle Hochschule Bayern (www.vhb.org/): wie oben, bietet Online-Kurse für einzelne Fächer bayerischer Universitäten von Medizin bis Informatik
▸ tele-akademie Furtwangen (www.tele-ak.fh-furtwangen.de): Telekurse z.B. im Informatikbereich zu C#, ava, XML.
▸ FernUniversität Hagen (www.fernuni-hagen.de): Fernstudium mit Online-Modulen
▸ Virtueller Weiterbildungsstudiengang Wirtschaftsinformatik (www.vawi.de): Masterstudium im Blended Learning. Das bedeutet: Es gibt kurze Präsenzzeiten zu Anfang und am Ende des Studiums, dazwischen läuft alles online.

Entscheidung für die richtige Hochschule

Trauen Sie den Hochglanzbroschüren gerade privater Hochschulen nicht! Sie betreiben Marketing und stellen entsprechend nur die positiven Seiten heraus. Auch von einer Beratung durch die Hochschule selbst können Sie keine neutrale Sicht erwarten. Die hat nur jemand, der die Landschaft von außen beobachtet.

Klar ist jedoch: Es ist längst nicht mehr nur entscheidend, was man studiert hat und mit welchen Noten, sondern auch wo. Den Universitäten und Fachhochschulen eilt ein unterschiedlicher und sich auch im Laufe der Jahre verändernder Ruf voraus. Um Studienwilligen eine Entscheidungshilfe zu geben, gibt es seit einigen Jahren Rankings. Das bekannteste Ranking bietet das Centrum für Hochschulentwicklung CHE, das über 130 Hochschulen beobachtet und regelmäßig Studierende befragt. Unter http://ranking.zeit.de können Sie interaktiv herausfinden, wie die von Ihnen präferierten Hochschulen im Vergleich dastehen. Weitere Rankings liefern die Zeitschriften *Wirtschaftswoche* und *Focus* einmal im Jahr. Dabei kommen unterschiedliche Ergebnisse zustande.

Auch die Akkreditierung spielt bei der Wahl des passenden Programms eine wichtige Rolle. Akkreditierte Studiengänge und Business Schools gewährleisten, dass die Mindestanforderungen erfüllt werden. Für die Akkreditierung von MBA-Programmen gibt es unterschiedliche Institutionen, die in unterschiedlichen Ländern aktiv sind. Die AMBA – Association of MBAs – bewertet MBA-Programme im Einzelnen. So kann es sein, dass ein Vollzeitprogramm einer Business School von AMBA akkreditiert ist, das Teilzeitprogramm aber nicht. AMBA prüft auch außerhalb Großbritanniens.

EQUIS – European Quality Improvement System – wird von der Kommission der europäischen Union unterstützt und in enger Kooperation mit den bereits bestehenden nationalen europäischen Akkreditierungsinstitutionen wie der FIBAA ausgearbeitet. Die FIBAA – Foundation for International Business Administration Accreditation – wurde 1994 von fünf Wirtschaftsverbänden aus Deutschland, Österreich und der Schweiz gegründet und ist auf den deutschsprachigen Raum spezialisiert. Dazu gesellen sich andere vom staatlichen »Akkreditierungsrat« anerkannte Akkreditierungsagenturen.

Akkreditierung allein ist indes kein Qualitätsmerkmal. Machen Sie sich lieber selbst ein Bild. Sprechen Sie mit Studierenden und auch Personalabteilungen von Unternehmen vor Ort, die meist einen guten Einblick haben und bestimmte Studiengänge schätzen (oder eben nicht).

Wie treffe ich eine Berufsentscheidung?

Schnelleres Abitur und kürzere Studienzeiten führen dazu, dass junge Menschen unreifer sind, wenn sie sich für einen Beruf entscheiden. Da die Zeitfenster immer enger werden, hat niemand Zeit, sich mit sich selbst, den eigenen Stärken und der Arbeitswelt auseinanderzusetzen. In der Beratung wird mir sehr deutlich, dass deshalb Berufsentscheidungen immer seltener eigene Wünsche spiegeln. Nein, die 1950er Jahre kommen wieder: Berufsentscheidungen sind wieder mehr geprägt von elterlichem Panikdenken. Betuchte Eltern erzwingen von labilen Lehrern die Gymnasialempfehlung. Dass die Trabantenstadt- und Migrantenkinder hier auf der Strecke bleiben, ist ein anderes Thema. Aber es hat auch Auswirkungen auf die anderen: auf die, die eigentlich immer auf der Sonnenseite standen.

Die Generation, die den radikalen Stellenabbau 1994–1998 und 2001–2005 erlebt hat und nun die Finanzkrise durchmacht, ist von Ängsten geprägt. »Studier du etwas Vernünftiges« – was lange Zeit undenkbar war, kommt als elterlicher Spruch wieder auf. Immer öfter habe ich kreuzunglückliche Menschen in der Beratung, die sich aus vermeintlichen Sicherheitsgründen für ein Studium entschieden haben, das nicht ihren Neigungen entsprach und in die Sackgasse führt. »Mein Vater wollte, dass ich Maschinenbau studiere, und ich hatte tatsächlich eine mathematisch-technische Begabung, also habe ich es gemacht.« Wer keine Zeit hatte, sich mit dem ursprünglichen Traum auseinanderzusetzen, wird ewig von ihm verfolgt werden. Wer sich aus Sicherheitsgründen für einen Weg entscheidet, ohne die eigenen Stärken und die anderen Optionen betrachtet zu haben, kann fast sicher sein, dass eine erste berufliche Krise bald nach dem Studium oder der Berufsausbildung kommt.

Eine wichtige Rolle bei der ersten Berufsentscheidung spielt das soziale Umfeld, das oft in dieselbe »Kerbe« schlägt wie die Eltern. Lehrer, die nie einen Konzern von innen gesehen haben, oder Professoren, die auch deshalb lehren, weil Forschung und Lehre weniger stressig sind als z.B. ein Unternehmensberater-Job mit 80 Prozent Reiseanteil, drängen Studenten geradezu in Konzerne und zu großen Markenunternehmen. »Bei uns ist es eindeutig so, dass die Profs viel mehr Achtung haben vor den Leuten, die ein Praktikum bei BMW gemacht haben, als vor denen, die nur im Mittelstand arbeiten. Das prägt«, erzählte mir eine Studentin. Das stimmt: Ein Großteil der Studenten strebt deshalb zu großen Namen, weil der Status damit aufgewertet wird. Ein weiterer schädlicher Einfluss.

Gute Berufsentscheidungen sind freie und von anderen unbeeinflusste Entscheidungen, die eine intensive Beschäftigung mit sich selbst voraussetzen. Sie sollten sich die Zeit für eine Entscheidung nehmen, auch mehrmals im Leben, denn Berufs- und auch Weiterbildungsentscheidungen müssen keine Festlegungen für das gesamte Leben sein! Diese Zeit ist ihr Geld wert, auch wenn sie zunächst Geld kostet.

Tipps für die Berufsentscheidung

▸ Informieren Sie sich über den Arbeitsmarkt und Jobprofile, z.B. mit diesem Buch.

▸ Schreiben Sie Berufe auf, die Sie interessieren.

▸ Recherchieren Sie zu diesen Berufen im Internet. Sehen Sie sich z.b. bei www.xing.de an, was diese Menschen machen und wie ihr Berufsweg bisher aussah.

▸ Lesen Sie sich Stellenanzeigen durch und testen Sie, ob Sie davon angesprochen werden. Schreiben Sie auf, was Sie fasziniert und was Sie eher abstößt.

▸ Sprechen Sie mit Menschen, die in ihrem Wunsch-Berufsfeld tätig sind. Die meisten Menschen sind gerne bereit zu helfen, auch wenn man sie einfach so anspricht oder anruft.

▸ Erstellen Sie Pro-und-Contra-Listen.

▸ Wunderbar, wenn ein Karriereberater mit IT-Kompetenz zusätzlich in systemischem Coaching ausgebildet ist und Ihnen Beratung und Coaching anbieten kann. Da es aber nur sehr wenige Coachs gibt, die als Karriereberater auch einen differenzierten Blick auf den Arbeitsmarkt haben, sollten Sie deshalb unter Umständen zwei verschiedene Stellen konsultieren.

Entscheiden mit Pro-und-Contra-Liste: Studium

Jede Berufsentscheidung hat eine individuelle Grundlage. Deshalb sind Kriterien auch immer individuell zu sehen. Mit einer Pro- und Contraliste beleuchten Sie Alternativen und schaffen sich so einen Überblick, auf dessen Basis Sie weiter nachdenken, recherchieren oder eine Fachmeinung einholen sollten.

Beispiel: Wirtschaftsinformatik oder Informatik?

Studium Wirtschaftsinformatik	
+	**–**
Alle Möglichkeiten offen	Zwei »halbe« Sachen
Chance, in fachfremde Bereiche zu wechseln, ist vermutlich besser als bei »Nur-«-Informatik	Bedürfnis nach theoretischer Basis, »Systemwissen«
	Keine Basis für eigentlichen Traumjob (siehe unten)
	BWL interessiert mich nicht

Studium Informatik	
+	**–**
Vertieftes Wissen	Sehr viel Mathematik, vor allem Algebra – war nie mein Thema
Beste theoretische Basis – mag theoretische Modelle	Bleibt Zeit zum Geldverdienen (Mathe-Nachhilfe wahrscheinlich, mehr Lernen als die »Cracks«)?
Wissen unabhängig von technischen Entwicklungen	Wunsch-Berufsweg verlangt wahrscheinlich Promotion
Gute Chance für den Traumjob wissenschaftlicher Mitarbeiter beim Fraunhofer-Institut	

Empfehlung:
Aus der Gegenüberstellung ergibt sich eine klare innere Tendenz pro Informatik. Der Kandidat hat vor allem Angst, in Mathe zu versagen. Hier wäre in einem Coaching und eventuell weiteren Tests zu klären, ob diese begründet ist. Schulische Noten sind nicht immer ein Indiz dafür.

Entscheiden mit Pro-und-Contra-Liste: Job

Das System ist auf die Jobsuche – nach dem Studium oder auch einige Jahre später – leicht übertragbar. Sie können sogar noch systematischer vorgehen. Wie, das zeigt das nächste Beispiel.

Beispiel: Stelle A als Online-Marketing-Referent in einem Konzern oder Stelle B als Affiliate Marketing Manager bei einer Agentur

Stelle A: Online-Marketing-Referent	
+	**−**
Chance, in einem Konzern etwas ruhiger zu arbeiten, Familienvereinbarkeit	Keine Führung mehr
Mehr Geld als jetzt	Bin kein Konzernmensch, mag gestalten
	Langsames Fortkommen, über mir ist der Marketingleiter. Da ich keinen BWL-Hintergrund habe, ist es unwahrscheinlich, dass ich diese Stelle je bekomme.

Stelle B: Affiliate Marketing Manager bei Agentur	
+	**−**
Knüpft an bisherige Erfahrung an	Familie fordert geregelte Arbeitszeiten (Work-Life-Balance).
Macht Spaß	Ab 40 sollte man den Sprung ins Unternehmen geschafft haben – oder?
Gute Agentur	
Eventuell Aufstieg in die Geschäftsführung?	

Empfehlung:

Die Gegenüberstellung zeigt eine Tendenz zur Agenturstelle. Der Kandidat möchte gestalten und ist Führung gewohnt. Es wird ihm schwerfallen, plötzlich darauf zu verzichten. Die Argumente für den Online-Referenten im Unternehmen sind vernunftorientiert. Hier wäre zu hinterfragen, was hinter dem Bedürfnis nach Familienkompatibilität steht. Der Kandidat sollte sich fragen: Besteht die Möglichkeit, Work-Life-Balance auch bei der Agenturstelle einzufordern? Gibt es noch eine unbekannte dritte Alternative?

Pharma-Unternehmen	
+	**−**
Sicherheit, Führungskraft zu werden, da Führungskräftenachwuchsprogramm Weiterbildung garantiert Weiterkommen Endlich ein komplett anderer Bereich Gehalt	Einmal Pharma, immer Pharma Kleine Brötchen am Anfang

Wirtschaftsprüfung	
+	**−**
Kontakte zu verschiedenen Branchen Klarer Aufstieg Gute PE Status hoch Jobsicherheit Leichter Wechsel in die Industrie	Klare Aufstiegsregeln, zu unflexibel Es dauert lange, bis ich weiterkomme Sehr viel Engagement nötig

Autoindustrie/US-Konzern	
+	**−**
US-Konzern, schneller Aufstieg möglich Gute Weiterbildung Karrierechancen jetzt schon absehbar Bringe Erfahrung im Controlling ein	Möchte nicht in der Autoindustrie »verhaftet« bleiben Ungutes Gefühl gegenüber direktem Vorgesetzten (Bremse?)

Bitte legen Sie zunächst Ihre individuellen Faktoren fest. Was spielt bei Ihrer Berufsentscheidung eine Rolle? Definieren Sie dann die Bedeutung dieser Faktoren für Sie persönlich in einer Skala von 1 (wichtig) bis 5 (extrem wichtig). Schließlich legen Sie fest, inwieweit die Faktoren zum Tragen kommen, wenn Sie sich für XY entscheiden (Gewichtung). Am Ende kommen Sie auf ein mathematisches Ergebnis.

Pharma-Unternehmen			
Faktoren	*Bedeutung für mich*	*Gewichtung*	
Einkommen	3	x 2	6
Selbstverwirklichung	1	x 3	3
Spaß	2	x 2	4
Eigenverantwortlichkeit	2		2
Sicherheit	5	x 1	5
Freizeit	3		3
Arbeitsaufwand	2		2
Arbeitsweg	4		4
Sprachen	4		4
			33

Wirtschaftsprüfung			
Faktoren	*Bedeutung für mich*	*Gewichtung*	
Einkommen	3	x 2	6
Selbstverwirklichung	1	x 3	3
Spaß	2	x 2	4
Eigenverantwortlichkeit	2		2
Sicherheit	5	x 2	10
Freizeit	3		3
Arbeitsaufwand	2		2
Arbeitsweg	4		4
Sprachen	4		4
			34

Autoindustrie /US-Konzern			
Faktoren	*Bedeutung für mich*	*Gewichtung*	
Einkommen	3	x 2	6
Selbstverwirklichung	1	x 3	3
Spaß	2	x 2	4
Eigenverantwortlichkeit	2		2
Sicherheit	5	x 2	10
Freizeit	3		3
Arbeitsaufwand	2		2
Arbeitsweg	4		4
Sprachen	4		4
			38

Als Frau in der IT- und Medienbranche

»Frauen gehören hinter den Herd, aber um ihn anzuschließen!«

»Überall, wo ich auftrete, bin ich erst einmal die Praktikantin«, erzählt Maria, die eine eigene IT-Firma leitet. »Dagegen muss man sich erst einmal durchsetzen.« Frauen sind selten in der Technik, selbst im Internet und in den neuen Medien ist ihr Anteil gering. Womit das zu tun hat, ist unklar. Interessanterweise hatte der Internetboom im Jahr 2000 zu einem nie da gewesenen Ansturm auf das Fach Informatik geführt. Damals schrieben sich 20 Prozent Frauen ein. Das zeigt ja, dass die Medien und die Öffentlichkeit einiges in den Köpfen bewirken können.

Seitdem sinkt der Anteil der Frauen aber wieder. Im Jahr 2006 gab es nur 17 Prozent Absolventinnen im Fach Informatik. Pikanterweise haben selbst diese qualifizierten IT-Expertinnen Schwierigkeiten, einen Fuß in die IT-Branche zu bekommen, wie Umfragen unter Absolventinnen belegen. Vorurteile grassieren also auch in dieser scheinbar so modernen Branche. Aber, und das sehe ich immer wieder in meiner täglichen Praxis: Sobald weibliche IT-Expertinnen diese Barriere überwunden haben, steigen sie schnell auf und werden von den Kollegen voll anerkannt. Sie haben dann ja den Beweis angetreten, das Gleiche zu können wie die Männer. Gehaltsunterschiede wie in anderen Branchen sind dann eher selten.

In den IT- Ausbildungsberufen ist die Situation der Frauen noch schlechter: Lediglich 12 Prozent in den neuen Berufen sind weiblichen Geschlechts. Und wer sich für eine IT-Ausbildung entscheidet, wählt eher den kaufmännischen Bereich. Aus meiner Sicht hat dies damit zu tun, dass Frauen zu wenig an die neuen Berufe herangeführt werden. Nach vielen Jahren im Beruf höre ich oft »hätte ich doch damals gewusst, dass es Wirtschaftsinformatik gibt« oder »ich bin durch meine Eltern in den Job zur Arzthelferin gerutscht, heute würde ich als SAP-Beraterin arbeiten«.

Andere bekommen zu hören: »Das ist eine reine Männerwelt, und Frauen haben dort keine Chance!« So fing Anna eine Ausbildung bei einer Krankenkasse an. Ein Jahr lang quälte sie sich durch diese Ausbildung, dann bewarb sie sich um einen Ausbildungsplatz als IT-System-Elektronikerin und wurde genommen.

Sicher spielt bei der verbreiteten IT-Vermeidungsstrategie eine Rolle, dass Frauen eher einen Sinn in ihrer Arbeit sehen. Fortschritt begreifen sie, anders als Männer, öfter als nicht erfüllend oder bedrohlich. Sie wollen mit Menschen zusammenarbeiten, Menschen helfen. Dieses Denken ist allerdings, davon bin ich überzeugt, vielfach durch Erziehung und Umwelt geprägt. Frauen bekommen ein »kaltes« Bild von der Technik vermittelt. Intelligente und menschliche, dem Sinn des Lebens zugewandte Informatiker wie der jüngst verstorbene Randy Pausch (»The Last Lecture«) oder auch Bill Gates zeigen, dass Technik und Sinn(-findung) sich nicht ausschließen. Eher im Gegenteil.

Frauen fühlen sich sehr viel eher von neuen Tätigkeitsfeldern im E-Commerce, E-Learning und in der Online-Beratung angesprochen als von der »harten« Technik. Dort ist der Fortschritt fassbar und sichtbar, etwa in Form eines Online-Shops. Ein weiterer Grund für den höheren Frauenanteil in diesen Berufsfeldern: Sie verlangen keine rein technische Ausbildung, sondern interdisziplinäre Fertigkeiten und Fachkenntnisse. Kommunikation und Information stehen im Vordergrund. Ein weiterer Vorteil ist, dass es in solchen Berufsfeldern vielfältige Möglichkeiten der freiberuflichen Tätigkeit oder der kleineren Unternehmensgründung gibt. Diese Lebensformen wiederum sind ideal, um Familie und Beruf zu verbinden. Und: Viele Beispiele zeigen, dass ein Umstieg in die Medien- und Internetbranche auch in einer späteren Lebensphase noch möglich ist – jedenfalls, wenn vorher schon eine Affinität da war.

Spannende Felder entdecken

Wissen Sie, was Sie mit IT oder Computergrafik alles machen können? Wahrscheinlich nicht, und dies mag der Grund dafür sein, dass viele Frauen »01010101« oder »oh Gott« denken, wenn Sie IT hören.

Was man mit technischem Know-how machen kann? Nur einige Beispiele: Sie können einen Online-Shop für Hundebesitzer aufbauen, ein virtuelles Einkaufszentrum für Senioren eröffnen oder per Alterungs-Prognose-System das voraussichtliche Aussehen eines vermissten Kindes in 20 Jahren voraussagen. Mit Robotertechnik können Sie entzückende Wesen wie den jüngst in Großbritannien eingeführten »Heart Robot« (www.heartrobot.org.uk) entwickeln, die keine Spielzeuge sind, sondern die die Menschheit unter anderem in der Autismus-Therapie unterstützen können. Und wer entwickelt so etwas? Natürlich eine Frau! Cynthia Breazeal heißt sie, sie ist die führende Expertin auf dem Gebiet der Robotertechnologie.

Wahrscheinlich ist es so: Wenn Frauen selbst erlebten, was konkret in und um die Technik machbar ist, käme die Begeisterung dafür auch von ganz allein. Dies beweisen jene IT-Frauen, die ich im Laufe meiner Beratungspraxis kennen-

gelernt habe. Entweder sie wurden früh, beispielsweise von den Eltern, gefördert, oder sie kamen zufällig in die IT. Immer aber ist es das Erleben in der
Praxis, das den Funken und die Begeisterung auslöst.

Fontane in HTML

Doreen Brüggemann hat in Potsdam ihr Abi in Wirtschaftsinformatik gemacht
– und sich dann doch gegen die Informatik und für Germanistik entschieden.
Heute arbeitet sie mit dem Internet, als Mitgesellschafterin der Reise-Com-
munity *Travello*.

Wann war das mit deinem Abitur in Wirtschaftsinformatik?
1992 in Potsdam, kurz nach der Wende. Damals wussten die meisten Menschen nicht mal, wie sie Disketten in Laufwerke schieben. Da waren wir sehr
fortschrittlich, und ich war die Einzige, die das gemacht hat. Ich habe mit
der Lehrerin in Turbo Pascal programmiert.

Warum hast du dann nicht Informatik studiert?
Ich wollte immer in den Journalismus. Aber ich habe schon darüber nach-
gedacht und Vorlesungen besucht. Es war mir aber einfach zu mathelastig.

Und dein Know-how ging in Germanistik verloren?
Im Gegenteil! Wir programmierten Fontane in HTML, die Initiative kam von
einer Professorin. Ich blieb also bei meiner IT, verband dies mit dem geisteswissenschaftlichen Gedankengut. Ich fand es witzig, als ich einmal von einer
»Umschulung für Geisteswissenschaftler« las. Ich finde, dass man es auch
sehr gut »ohne« schaffen kann, wenn man sich so frühzeitig orientiert wie
ich. Wichtig ist außerdem, dass man auch über den Tellerrand schaut. So
habe ich Germanistik mit Politik und BWL kombiniert – das war sehr sinnvoll
so.

Seitdem warst du immer selbstständig?
Ja, ich habe viele Internet-Projektleitungen gemacht, ganz klassisch Webseiten erstellt und ein sehr breites Wissen in diesem Bereich angesammelt. Ich
verstehe die technischen Hintergründe und weiß, was möglich ist. Das hilft
im Umgang mit Kunden. Man braucht dann nur eine Person, wo sonst zwei
notwendig wären: der Projektmanager und der Techniker.

Gibt es Benachteiligungen?
Indirekt. Als Frau bist du für alle erst mal die Praktikantin. Dass du
Geschäftsführerin bist, musst du erst kommunizieren. Aber dann geht es.
Es gibt auch Vorteile: Als Gründerin werde ich auch öfter für Veranstaltungen
eingeladen und von den Medien angesprochen, um die Frauenquote zu
erfüllen.

Warum sind so wenig Frauen im Internet und der IT aktiv?
Gute Frage. Frauen stürzen sich immer auf andere Bereiche. So, wie ich
auch. Aber ich habe es immerhin ein bisschen anders gemacht. Und das hat
sich bewährt.

VIPs: IT-Frauen

Frauen können erfolgreich in der IT sein, auch wenn sie ganz andere berufliche
Wurzeln haben. Ein paar Beispiele für Fach- und Managementkarrieren:

Cynthia Breazeal: Cynthia Breazeal ist die Mutter von »Heart Robot«, dem ersten
Roboter mit Gefühlen. Sie studierte Computerwissenschaften an der University
of California, Santa Barbara, und am Massachusetts Institute of Technology,
Cambridge, USA (MIT). Seitdem forscht sie am MIT in künstlicher Intelligenz.
Eines ihrer zentralen Anliegen ist es, Roboter menschlicher zu machen – damit
Menschen sie akzeptieren, weil sie schon bald nicht mehr aus unserem Leben
wegzudenken sein werden.

Carly Fiorina: Die langjährige Managerin von HP studierte Philosophie und
schaffte es bis an die Spitze des Telekommunikationskonzerns AT&T, bevor Sie
zu Hewlett-Packard wechselte. Sie begann im Vertrieb. Das beweist: Auch mit
geisteswissenschaftlichen Abschlüssen sind große Karrieren in der IT möglich.
Leider ist das in Deutschland derzeit noch schwieriger als in den USA.

Sigrid Hauenstein: Die Informatikerin leitete als Director Optical Networking
beim IT-Konzern Lucent Technologies die Entwicklung optischer Übertra-
gungssysteme. In internationalen Projekten mit bis zu 300 Mitarbeitern musste
die 46-jährige Managerin Produkte von der ersten Planung bis zur Serienreife
bringen.

Dr. Britta Nestler: Prof. Dr. Britta Nestler aus der Fakultät für Informatik und Wirtschaftsinformatik der Hochschule Karlsruhe beschäftigt sich schwerpunktmäßig mit computergestützter Materialforschung – und ist eine der wenigen Informatikprofessorinnen in Deutschland.

Gail Murphy: Die Mitbegründerin einer Softwarefirma und Professorin an einer kanadischen Universität ist Mutter von drei Kindern. Zeitweise war sie Gastprofessorin an der Saar-Uni. Die gilt als besonders familienfreundlich. Seit 2004 besitzt die Universität im Südwesten Deutschlands das Grund-Zertifikat der berufundfamilie gGmbH AUDIT Familiengerechte Hochschule, 2007 erhielt die Saar-Uni zudem das Voll-Zertifikat Familiengerechte Hochschule – als eine von bundesweit vier Universitäten.

Meg Whitman: Die MBA-Absolventin der Harvard University war 10 Jahre Vorstandschefin bei Ebay und wurde dadurch Milliardärin. Sie studierte Wirtschaft mit Schwerpunkt Marketing und hatte vor der Ebay-Karriere keine beruflichen Berührungspunkte mit dem Internet und IT.

Roya Ulrich: Die IT-Spezialistin leitet bei Daimler die Einführung der RFID-Funktechnologie. Sie kam mit 18 Jahren zum Studieren nach Deutschland, wählte die Kaderschmiede TU Darmstadt und promovierte später.

Tipps für Frauen und Mädchen vor ihrer Berufswahl:

▸ Schauen Sie sich die verschiedenen Berufsfelder an. Sprechen Sie mit anderen Frauen, die in der Technik arbeiten, lassen Sie sich den Arbeitsalltag beschreiben und sehen sie, ob der Funke überspringt.

▸ Wenn Sie Schülerin sind: Über die Website www.girls-day.de erfahren Sie von bundesweiten Veranstaltungen und Schnupperunitagen rund um die IT.

▸ Suchen Sie sich weibliche Vorbilder in der IT, das können prominente, aber auch ganz unbekannte Frauen sein.

▸ Überprüfen Sie Ihre Bilder von den Berufen. Allein unter Männern zu sein muss kein Nachteil, sondern kann auch sehr spannend sein. Viele Frauen schätzen es, dass es weniger Reibereien und Intrigen gibt und mehr Sachlichkeit.

▸ Frauen erleben in manchen Unternehmen bei der Einstellung Nachteile, bei vielen aber auch deutliche Vorteile. Das Unternehmen Cisco etwa stellte in den letzten Jahren 25 Prozent Frauen ein und hat damit einen der höchsten Anteile in der Branche. Auch Microsoft ist sehr frauenlastig. Solche Unternehmen fördern die Karriere von Frauen sehr bewusst. Teilweise gibt es interne Quoten, sodass im Vergleich zu den Bewerberzahlen mehr Frauen als Männer eingestellt werden.

▸ Wählen Sie ein wirtschaftsnahes Studium mit IT-Schwerpunkt, wenn Ihnen Informatik zu mathelastig ist.

▸ Hospitieren Sie bei Unternehmen oder schauen Sie anderen bei der Arbeit über die Schulter: So kommen Sie auf den Geschmack.

▸ Sprechen Sie mit weiblichen Professorinnen, die gibt es auch in der Informatik!

Links:

▸ Job-Chance-Internet (http://www.job-chance-internet.de/Job-Chance-Internet): Projekt »berufliche Perspektiven für Frauen in der Internetwirtschaft«

▸ Kompetenzzentrum (www.kompetenzz.de): Informationen aus einem Projekt zur IT-Frauenförderung. Viele Berichte von Frauen in der Technik

▸ Girls Day (www.girls-day.de)

▸ Webgrrls (www.webgrrls.de): Netzwerk für Frauen in Medien und IT

Berufe und Jobs in und um IT

Welchen Beruf haben Sie eigentlich? Thomas Ittler kam bei dieser Frage der Standesbeamtin vor der Hochzeit ins Stocken. Sein Studienabschluss als Diplom-Wirtschaftsinformatiker hatte mit seinem Beruf nichts zu tun. Und Systemarchitekt – war das nun der Beruf? Oder doch die Teamleitung, die er gleichzeitig innehatte? Er informierte sich bei *Wikipedia* (www.wikipedia.de). Dort stand:»Unter dem Beruf versteht man diejenige institutionalisierte Tätigkeit, die ein Mensch für finanzielle oder herkömmliche Gegenleistungen oder im Dienste Dritter regelmäßig erbringt bzw. für die er ausgebildet, erzogen oder berufen ist.« Und weiter:»Im Sinn des Grundgesetzes ist ein Beruf eine auf Dauer angelegte Erwerbstätigkeit, die zur Sicherung und Erhaltung der Lebensgrundlage dient (Art.12 GG).« Also doch der Systemarchitekt? Komisch nur, dass das Berufenet, die zentrale Berufeliste der Arbeitsagentur, diesen Beruf gar nicht kennt, ebenso wenig wie den Affiliate Manager …

Wie heißt eigentlich der Beruf, den ich ausübe? Die Namen für die Tätigkeiten werden immer unklarer und uneinheitlicher. Denn die Berufe in der IT sind bis auf die wenigen Ausbildungsberufe nicht geregelt. Berufsbezeichnungen beschreiben vielmehr Aufgabenbereiche und Tätigkeitsschwerpunkte (Beratung SAP) oder sie kennzeichnen Positionen und Hierarchieebenen (Teamleiter). Das macht die Stellenrecherche so schwer. Welches Stichwort muss ich in die Suchmaschinen eingeben? Das ist vielfach alles andere als klar, zumal die Berufsbezeichnungen von den Unternehmen willkürlich und eigenwillig verwendet werden. So kann es sein, dass der Berater, genau betrachtet, ein Projektleiter ist oder der Spezialist XYZ eigentlich ein Entwickler. Manchmal wird auch nicht nach einem Beruf, sondern nach einem Uni-Abschluss gesucht, und in Behörden heißt oft fast jeder Beruf Sachbearbeiter – auch im akademischen Bereich. Auch manche deutsche Unternehmen nennen das Gros ihrer Mitarbeiter Sachbearbeiter – über die eigentliche Aufgabe sagt das wenig aus. Amerikanische Firmen befördern dagegen jeden schnell zum Manager. Das hört sich toll an, auch wenn der »Manager SEO« bei Licht betrachtet nichts anderes tut als

Webseiten zu programmieren und deren Suchmaschinenrelevanz zu optimieren. Das könnte auch ein Sachbearbeiter.

Der mit Abstand am häufigsten verwendete Begriff ist der des Projektleiters, auch wenn viele der sogenannten Projektleiter gar nicht im Sinne der Definition von »Projekt« arbeiten.

Thomas Ittler hatte sich übrigens spontan entschieden, einfach »Wirtschaftsinformatiker« in das Stammbuch schreiben zu lassen. »Für meine Eltern war das noch leichter«, sinniert er. »Die schrieben einfach Krankenschwester und Versicherungskaufmann hinein.« Die Verwirrung resultiert aus der Vermischung der Begriffe Beruf, Job, Funktion und Position. Da Ausbildungen und Studiengänge nicht immer berufsqualifizierend sind (oder nicht so wahrgenommen werden), orientiert man sich an den Job-Titeln. Diese wiederum beschreiben mal Funktionen (Programmierer), mal Positionen (Teamleiter). Auch hier sind die Grenzen kaum sauber zu ziehen. Darüber sollten Sie sich bei Ihrer Jobsuche und Berufsorientierung bewusst sein. Und sich im Kopf auf längere Suchlisten einstellen, wenn Sie in Internet-Stellenbörsen recherchieren. Und dem Standesbeamten nennen Sie im Zweifel den beruflichen Abschluss, den Sie erzielt haben. Am Ende interessieren ihn Details sowieso nicht.

Im Sandwich: Wo ITler arbeiten

In den letzten zehn Jahren ist die Informationstechnologie in alle Unternehmensbereiche vorgedrungen. In der Marketingabteilung arbeiten Mitarbeiter mit Customer Relationship Management Systemen. In der Personalabteilung pflegen Sachbearbeiter Daten in ein System, z.B. SAP R/3-HR genannt. Der Einkauf kauft IT-Dienstleistungen ein und muss in seinen Service Level Agreements (SLAs) mit Lieferanten über IT-Prozesse im Unternehmen Bescheid wissen. Service Level Agreements, also sehr fein justierte Dienstleistungsverträge, wurden zuerst für den IT-Bereich entwickelt und sind inzwischen auch darüber hinaus verbreitet.

Letztendlich gibt es also kaum noch einen Bereich, der IT-frei ist. Entsprechend umfassend und vielfältig sind die beruflichen Felder, in denen es primär oder zu einem bedeutenden Teil auf IT-Wissen ankommt. In den Unternehmen ist die IT in jede Abteilung eingezogen und dominiert sie mal mehr, mal weniger. Es gibt also keinen IT-freien Beruf mehr.

Stellen Sie sich einfach ein großzügig belegtes Sandwich vor. Obendrauf liegt eine dicke gewölbte Schicht. Darin verbergen sich alle Anwender in einem

Betrieb. Sie benötigen die geringste Dosis IT-Wissen – Anwenderkenntnisse, etwa in Word, Excel, Powerpoint oder auch Navision (kaufmännische Software) oder SDAP/R3 (Warenwirtschaftssystem). Ohne IT-Kenntnisse kann die Sekretärin keine Briefe schreiben, der Controller keine Übersichten erstellen und der Außendienstmitarbeiter keine Besuchsberichte an sein Unternehmen schicken. Jeder braucht Anwenderkenntnisse, sogar der Malermeister. In diesem oberen Sandwichbereich arbeiten generalistisch geprägte Menschen, aber auch Spezialisten, die mit der IT wenig zu tun haben.

Mittendrin im Sandwich stecken die IT-Mischberufe, Berufe zwischen Technik und einem Anwender-Fachbereich. In den Sandwichberufen reicht das Anwenderwissen nicht aus. Hier ist darüber hinaus Prozesswissen gefragt. Wie funktionieren Abläufe? Was passiert zwischen den Abteilungen oder auf dem Weg zum Kunden? Es ist eine bunte Schicht, die derzeit immer dicker wird, denn Mischberufe werden wichtiger. Diese Schicht zieht Generalisten an. Spezialisten sind eher selten, denn von den Mischberufen wird verlangt, dass sie nach unten (zu den Technikern) und nach oben (in die Fachbereiche) blicken können.

Das Fundament des Sandwichs bilden die Techniker. Diese verfügen über das Wissen, Prozesse zu verändern, Software zu entwickeln oder Maschinen zu steuern. Ihre Zahl wird in den nächsten Jahren weitgehend stabil bleiben. Der Anspruch an ihr Wissen aber wird sich erhöhen. Sie sind es, die die Taktzahl vorgeben und von denen die Innovationen ausgehen.

Bereich	Welche Bedeutung spielt IT?	Welche Funktionen gibt es?	Wer wird gesucht?	Karrierechancen
Einkauf	Einkaufsprozesse sind längst IT-optimiert, hinzu kommt, dass der Einkauf von IT immer zentraler für die Unternehmen wird	Mitarbeiter im IT-Einkauf	Menschen mit kaufmännischem oder technischem Hintergrund, SAP-Spezialisten (Modul MM oder Business One) etc.	**** Generalisten und Spezialisten
Finanzen	Auch kaufmännische Prozesse sind ohne IT kaum noch denkbar. Controller etwa begleiten die Einführung von IT-Lösungen und werden dabei selbst zu Spezialisten mit Schnittstellenwissen	Controller oder kaufmännische Mitarbeiter mit hoher IT-Kompetenz, IT-Controller	Menschen mit kaufmännischem Hintergrund oder Wirtschaftsingenieure	**** Spezialisten

Bereich	Welche Bedeutung spielt IT?	Welche Funktionen gibt es?	Wer wird gesucht?	Karrierechancen
Forschung und Entwicklung	Je IT-näher die zu entwickelnden Produkte, desto wichtiger sind Kenntnisse	Sehr bedeutend bei IT-Entwicklungsprojekten. Beispiel Green IT, die zunehmende Bedeutung hat etwa vor dem Hintergrund steigender Strompreise	Je nach Unternehmensschwerpunkt, oft arbeiten hier promovierte Mitarbeiter, z.B. Ingenieure, Informatiker	*** Spezialisten
Geschäftsführung/ Zentrales Office	Da alle Unternehmensprozesse IT-unterstützt sind, braucht man dieses Prozesswissen	z.B. auf hoher Ebene der CIO (Chief Information Officer, verantwortlich für das Informations- und Kommunikationsmanagement) oder der CTO (Chief Technical Officer, technischer Leiter). Im Sekretariat sind mehr die klassischen EDV-Kenntnisse gefragt (Word, Excel, Access) sowie eventuell Kenntnisse in kaufmännischer Software (Navision) oder SAP R/3	Für den CTO oft Informatiker oder Wirtschaftsinformatiker. CIO werden Manager mit hohem Prozesswissen und Zentralkompetenz im Informationsbereich. Im Office-Bereich sind alle vorherigen Berufsausbildungen denkbar, Hauptsache, die IT-Kompetenz stimmt	** Generalisten

Bereich	Welche Bedeutung spielt IT?	Welche Funktionen gibt es?	Wer wird gesucht?	Karrierechancen
IT	Die IT- oder EDV-Abteilung gestaltet die elektronischen Geschäftsprozesse, sorgt für Sicherheit und reibungslose Abläufe	Entwickler, Systemarchitekten, Datenbank-Administratoren, System- und Netzwerk-Administratoren, Projektleiter, Supporter, IT-Koordinatoren (koordinieren Aufgaben mit anderen Abteilungen)	Fachinformatiker, Quereinsteiger, Informatiker und Wirtschaftsinformatiker	***** Spezialisten, wenige Generalisten (Koordinatoren)
Logistik	Logistik und IT sind nicht mehr zu trennen. RFID, Agentenbasierte Steuerung und SOA (Service-Orientierte Architektur) werden die Logistik der nächsten Jahre bestimmen – alles IT-Themen. Überhaupt fußt die Logistik auf einem festen Bestand an IT-Technologien (ERP, Software für Supply Chain Management sowie Auto-ID-Verfahren (z.B. Barcode)	Entwickler, Berater, IT-Architekten, Projektmanager	Betriebswirte, Kaufleute und Informatiker/Wirtschaftsinformatiker/Ingenieure, gerne mit Schwerpunktstudium Logistik/Produktionswirtschaft	***** Spezialisten

Bereich	Welche Bedeutung spielt IT?	Welche Funktionen gibt es?	Wer wird gesucht?	Karrierechancen
Marketing	Ein sehr stark wachsender Bereich ist das Online-Marketing, für das IT-Kenntnisse unabdingbar sind – selbst für Manager. Aber auch Customer Relationship Management-Systeme verlangen IT-Kenntnisse	Online Marketing Manager, E-Mail-Marketing Manager, Affiliate Marketing Manager, SEO (Search Engine Optimizer) etc.	In Unternehmen meist Wirtschaftswissenschaftler (aber auch andere) mit Know-how im Online-Marketing. In Agenturen sind eher bunte Einstiege möglich. Da Studieninhalte oft schon nach kurzer Zeit veraltet sind, empfehlen sich spezielle Lehrgänge, z.B. der Fachwirt Online-Marketing von der Dialog-Akademie (www.dda-online.de)	**** Generalisten, Spezialisten in verschiedenen Feldern des Online-Marketing
Personal	Immer mehr Personalberatungen spezialisieren sich auf IT. In der Personalentwicklung geht es oft auch um IT-Weiterbildung. Darüber hinaus spielt die IT in der Personalabteilung eine unterstützende Rolle. Schließlich geht es auch um Auswahl und Förderung von IT-Fachkräften – auch dies verlangt Kenntnisse	Personalreferent IT, Mitarbeiter HR IT	Wirtschaftswissenschaftler oder andere Akademiker mit Kenntnissen in IT und Personalwirtschaft	*** Generalisten, Spezialisten
Produktion	An der Schnittstelle IT zur Steuerungstechnik gibt es spezielle Stellen, ebenso überall, wo durch IT optimiert oder auch Prozesse	Auch die Produktion ist mittlerweile weitestgehend IT-gesteuert und, noch viel	Ingenieure, Wirtschaftsingenieure und Informatiker	***** Spezialisten

Bereich	Welche Bedeutung spielt IT?	Welche Funktionen gibt es?	Wer wird gesucht?	Karrierechancen
	outgesourct werden sollen	wichtiger, optimiert. So können Produkte mit Software sofort anhand ihres Produktlebenszyklus identifiziert oder mit Hilfe von RFID Produkte und Menschen erkannt werden		
Revision	Längst gibt es nicht mehr nur die Innenrevision, sondern auch eine eigene IT-Revision. Deren Aufgabe ist es, die Sicherheit und Einhaltung von Regeln der IT-Kommunikation mit Lieferanten und Kunden sicherzustellen	Mitarbeiter oder Referent IT-Revision, IT-Auditor	Wirtschaftswissenschaftler, Wirtschaftsinformatiker oder Informatiker. Wichtig sind Examina als CISA (Certified Internal Systems Auditor), CISM (Certified Internal Systems Manager) und CIA (Certified Internal Auditor). Seminare, teilweise nur zwei Tage lang, bereiten auf diese Zertifizierung vor	***** Spezialisten
Supply Chain Management	Logistik und Supply Chain Management werden oft synonym verwandt, sind es aber nicht. Logistik erstreckt sich auf den Bereich Produktion und Transport, Supply Chain bezieht die gesamten Betriebsprozesse mit ein, ist also weiter gefasst und ein neuer betriebswirtschaftlicher Ansatz	Supply Chain Manager, Projektmanager	Betriebswirte, Kaufleute und Informatiker/Wirtschaftsinformatiker/ Ingenieure, gerne mit dem Schwerpunktstudium Logistik/SCM. Darüber hinaus gibt es spezielle Masterstudiengänge, z.B. am Georg-Simon-Ohm Management-Institut Nürnberg (www.gso-mi.de)	***** Generalisten und Spezialisten

Bereich	Welche Bedeutung spielt IT?	Welche Funktionen gibt es?	Wer wird gesucht?	Karrierechancen
Unternehmenskommunikation	Wichtig da, wo es ums Internet, Intranet und die Steuerung der Pressearbeit über elektronische Medien geht	Redakteur/ Mitarbeiter Intranet etc., bei größeren Unternehmen wie Otto Group gibt es z.B. Presserefe- renten, die ausschließlich für Logistikthe- men zuständig sind	Menschen mit Schwer- punkt in der Kommuni- kation (Geisteswissen- schaftler, Journalisten) und Betriebswirtschaft. Zusatzkenntnisse z.B. von Content-Manage- ment-Systemen wichtig	** Genera- listen
Vertrieb	Im Vertriebsinnen- dienst ist das System SAP R/3 (Modul SD/ MM) sehr verbreitet, Kenntnisse also von Vorteil. Im Ver- triebsaußendienst werden viele Vertrieb- ler und Techniker inzwischen von GPS- Software geortet und überwacht. Relevante Kenntnisse brauchen alle, die IT vertreiben	Produkttechnik – sehr viele Stellen im Vertriebsaußen- dienst verlan- gen IT-Kennt- nisse. Innendienstler werten ihren Lebenslauf mit SAP auf	Vertrieb ist traditionell sehr durchlässig, des- halb finden sich unter- schiedlichste berufliche Hintergründe. Je kom- plexer die Technik, desto eher erwartet man einen Informatiker/Wirtschafts- informatiker oder Ingenieur	***** Genera- listen

Positionen: Als was ITler arbeiten

Head of Schlagmichtot? Manager XYZ? IT und Medien sind amerikanisiert. Gerade kleine Unternehmen und Agenturen sind fleißige Titelfinder. Schon kleinste Aufgabenbereiche hören sich dann oft riesig an, mit einem Praktikanten wird der Mitarbeiter zum Manager. Es gilt also, hinter die Kulissen zu schauen und anhand der Tätigkeiten herauszufinden, wie die Aufgaben einer Person aussehen. Einige typische Aufgabenbereiche in der IT mit verbreiteten Berufsbezeichnungen stelle ich Ihnen auf den nächsten Seiten vor.

Wie arbeitet man in der IT? Die Entwicklerin

Helga Schlecht ist gelernte Datenverarbeitungskauffrau und seit 24 Jahren Entwicklerin aus Leidenschaft. Derzeit arbeitet sie bei einer Versicherung.

Wie sind Sie zur IT gekommen?
Das war eher Zufall. Es gab damals nicht viele Stellen. Eigentlich wollte ich Medizinisch-technische Assistentin werden, aber das klappte nicht. Ich war gut in Mathe, und der Berater vom Arbeitsamt hat mich auf diesen Beruf gebracht.

Eine gute Entscheidung?
In jedem Fall. Das war aber am Anfang schon schwierig, in einem Gebiet, das so neu ist. Wir waren ganze 10 in der Klasse und treffen uns heute noch. Unter ITlern gibt es aus meiner Sicht oft weniger »Hauen und Stechen«, das ist sehr angenehm.

Und als Frau?
Das war gar kein Thema. Ich empfand es anfangs sogar als Vorteil. Als ich als Consultant unterwegs war, wurde ich immer besser untergebracht als die Männer. Sonst fühlte ich mich nie benachteiligt, auch in Sachen Bezahlung nicht.

Sie haben öfter die Bereiche gewechselt, sind ins Internet gegangen und jetzt wieder in die Versicherung.
Ja, das war gut so. Durch die Abwechslung war ich immer wieder gefordert. Der Kopf braucht öfter etwas anderes, neue Themen. Das Internet hatte mich nach sieben Jahren schon ganz schön geschlaucht, da musste ich wieder raus. Die Tätigkeit hier ist sehr abwechslungsreich.

Ist es für Sie sinnvoll, irgendwann in den Bereich Projektmanagement zu wechseln?
Nein, ich bin zufrieden als Entwicklerin. Wenn man die Begabung hat, kann man aus meiner Sicht sehr lange in dem Bereich arbeiten. Schwierig wird es, wenn sich jemand durch die Programmierung quält und ihm oder ihr die Analyse und das strukturelle Denken schwerfällt. Mir ist das immer sehr leichtgefallen. Es liegt mir im Blut.

Programmieren Sie auch privat?
Privat bin ich viel mit dem Thema meines Mannes beschäftigt: Er ist Angler und hat ein Geschäft für Anglerbedarf. Das ist ein schöner Ausgleich für mich.

Applications Engineer

Dies ist ein Ingenieur, der neue Anwendungen für Produkte und Systeme entwickelt. Das sind dann individuelle Entwicklungen, die auf den jeweiligen Kunden zugeschnitten sind. Beispiel: Sie brauchen eine Software, die automatisch ermittelt, wann Sie neue Ware bestellen müssen. Die Aufgabe dieses »Engineers« ist es auch, Kunden, Distributoren und Außendienstmitarbeiter im Verkauf und Marketing technisch zu unterstützen. Wir können den Applications Engineer auch ziemlich deutsch als Softwareentwickler bezeichnen.

Auditor

Was sich verdächtig nach Scientology anhört, hat rein gar nichts damit zu tun. Ein Audit ist eine systematische unabhängige Untersuchung, um festzustellen, ob Tätigkeiten und damit zusammenhängende Ergebnisse den geplanten Anforderungen entsprechen und ob diese Anforderungen tatsächlich verwirklicht und geeignet sind, die Ziele zu erreichen. Der Auditor ist jemand, der so einen Audit leitet. Unterschieden wird zwischen dem External und dem Internal Auditor. Als externer Unternehmensberater oder Mitarbeiter im eigenen Unternehmen führen beide Audits durch: Sie analysieren die Rentabilität von Strukturen und Abläufen und prüfen, ob gesetzliche und interne Vorschriften eingehalten werden. Ihre Verbesserungsvorschläge präsentieren sie dann vor dem Management.

Berater/Consultant

Berater gibt es vermutlich so viele wie Sand am Meer. Über 50.000 Stellenangebote für Berater und Consultants hält beispielsweise die Jobsuchmaschine Kimeta bereit. Dabei ist es die Geschmackssache des Arbeitgebers, welchen Begriff er verwendet. »Consultant« ist jedenfalls eindeutig beliebter in der internationalisierten Welt und in modernen Branchen. Aber so schön es auch klingt: Auch er ist letztendlich nur ein Berater.

Was aber genau macht so ein Berater? Das sich schnell aufdrängende herkömmliche Bild von einer berufsmäßigen »Labertasche« stimmt so nicht. Ein Berater ist vielmehr eine Art Umsetzungsbegleiter. Erst einmal analysiert er in dem Kontext, in dem er beraten soll (in unserem Beispiel die IT oder einen Prozess). Dann entwickelt er Konzepte für Lösungen, bespricht diese mit den Kunden und führt sie ein. Dabei arbeitet er meist in Projekten, übernimmt nicht selten auch Aufgaben aus dem Projektmanagement oder ist sogar selbst Projektleiter.

In größeren Unternehmensberatungen steigen unerfahrene Bewerber oft als Junior Consultant ein, um sich dann als Consultant und schließlich Senior Consultant zu bewähren. In Unternehmen heißen die angestellten Berater »Inhouse Consultant«. Sehr viele Consultants arbeiten auf der Basis von Freelancer-Verträgen, sind also nicht angestellt. Die Gründe: Freiberufler in der IT verdienen mehr als Angestellte, bekommen jede Überstunde bezahlt und müssen sich nicht mit internen Querelen herumschlagen.

Business (Process) Analyst

Business Analysten analysieren, beschleunigen und optimieren Geschäftsabläufe. Da es dabei immer um eine Kostenersparnis geht, arbeiten sie meistens eng mit dem Controlling zusammen. Ergebnisse müssen sie präsentieren und kommunizieren – sprachliche Fähigkeiten sollten also gut ausgeprägt sein. IT-Wissen spielt immer eine bedeutende Rolle, werden Geschäftsprozesse doch mit Computerprogrammen gesteuert. Daher gehört auch die Analyse der entsprechenden Software zum Job des Business Analysten.

Business Analysten arbeiten nicht nur in der IT, sondern auch in der Finanzwelt. Dort bewerten sie Unternehmen und geben Kaufempfehlungen für Aktien. In der IT ist der Job der Analysten die Restrukturierung von internen Geschäftsprozessen. Die Aufgabe der Business Analysten ist es, die Kundenanforderungen aufzunehmen und so zu formulieren, dass sie vom technischen Personal verstanden und in ein IT-System umgesetzt werden können. Ziel ist dabei stets eine Effizienzsteigerung – also Kostenersparnis. Die Hauptarbeit der Business Analysten ist zuhören, hinterfragen, verstehen, strukturieren und dokumentieren. Dazu brauchen sie IT-Kenntnisse, vor allem aber ihren Kopf und gesunden Menschenverstand. Wichtig ist auch ein gutes kommunikatives Auftreten, denn Analysten müssen sowohl mit den »Techies« als auch mit den Fachabteilungen außerhalb der IT sprechen. Oft wird von den Kandidaten eine Spezialisierung verlangt – etwa im Bereich SAP. Da Prozesse und Geschäftsabläufe im Vordergrund stehen, nennt man sie auch Business Process Analysten. Das Gute an diesem Job: Die Tätigkeit ist eine »Sandwichposition« und nicht primär von technischem Wissen geprägt. Deshalb können Analysten leichter die Branche wechseln als andere Bewerber.

In einer größeren Unternehmensberatung stellt der Business Analyst oft die erste Hierarchiestufe dar. Danach kommen der Junior Consultant, der Consultant und der Senior Consultant. Am Ende der Karriereleiter stehen der Principal und der Partner (ab dem 10. Jahr der Firmenzugehörigkeit). Wer dieses Aufstiegsprogramm mit genau definierten Kriterien für das Weiterkommen nicht schafft, muss das Unternehmen wieder verlassen. Im Vordergrund steht also nicht die Tätigkeit, sondern der Plan eines systematischen Aufstiegs mit klar definierten Etiketten (Positionsbezeichnungen). So sind es auch meist Eigengewächse, die bei McKinsey & Co. gezüchtet werden. Allerdings ist dieser Aufstieg längst nicht in jeder Unternehmensberatung gleich geregelt. Je IT-näher die Beratung, desto mehr steht die fachliche Qualifikation und die Erfahrung im Mittelpunkt – bezogen auf bestimmtes Modulwissen etwa im SAP-Bereich oder Branchenwissen wie Logistik, Verwaltung, Banken etc. Und so ist es durchaus möglich, längere Zeit Business Analyst zu bleiben oder auch zum Senior Business Analysten zu werden. Die Tätigkeit ist hier also nicht hierarchieabhängig.

Business Partner

Der Begriff Business Partner wird in amerikanischen Firmen gern im Personalbereich verwendet, auch dort, wo dieser an die IT stößt. Der Begriff beschreibt eine Spezialistenposition über dem Personalreferenten, in der Regel ohne Führungsverantwortung. So gibt es »HR IT Business Partner«. Es ist allerdings eine recht seltene Funktionsbezeichnung. Business Partner kann auch schlicht Geschäftspartner meinen – steht dann also in einem komplett anderen Zusammenhang.

Datenbankadministrator

Ein Datenbankadministrator, auch kurz DBA genannt, ist für die Entwicklung und Pflege der Datenbank eines Unternehmens oder für Teilbereiche zuständig. Er plant die Datenbank oder Erweiterungen, sorgt für Datensicherung, Datenschutz und permanente Leistung. Erweiterungen der Datenbank konzeptioniert und programmiert er. Wichtig ist die Kenntnis eines speziellen Datenbanksystems, etwa Oracle. Auch Schnittstellenwissen ist wichtig: Schließlich ist die Datenbank so etwas wie der Infopool für andere Systeme, die Daten entnehmen, verarbeiten und (aktualisiert) zurückschicken. Der DBA sollte also auch wissen, wie man Datenbank und Unternehmenssoftware verbindet.

Entwickler

Oft wird der Begriff des Entwicklers synonym zu dem des Programmierers verwendet. Bei Licht betrachtet gibt es aber begriffliche Unterschiede. So hat der Entwickler umfassendere und auch konzeptionelle Aufgaben, stößt an die Grenze zum Systemarchitekten und übernimmt in der Praxis oft dessen Aufgaben. Entwicklung ist also etwas anspruchsvoller als reine Programmierung. Indes sagt die Bezeichnung »Entwickler« in einer Anzeige noch lange nichts darüber aus, ob das Jobprofil auch dementsprechend ist. Denn es gibt zwar diese Unterscheidung – und manch ein Entwickler würde sich selbst nie Programmierer nennen –, die wenigsten Personalentscheider und Anzeigentexter aber kümmern sich um diese Details. Deutlicher zeigt die englische Sprache den Unterschied: Der adäquate englische Begriff ist der Software Developer – im Unterschied zum Coder oder Programmer.

Key Account Manager

Der KAM, wie er oft auch kurz genannt wird, findet sich überall im Vertrieb und beschreibt keinen speziellen IT-Begriff. Key Account Manager akquirieren und/oder betreuen wichtige Schlüsselkunden. Sie sind deren Ansprechpartner, führen die Vertragsverhandlungen und sorgen dafür, dass der gute Kunde auch guter Kunde bleibt – am besten sogar ein noch besserer Kunde wird und seinen Umsatz erhöht. Im IT-Bereich brauchen Key Account Manager auch technische Kenntnisse. Diese müssen allerdings nicht tiefgehend sein. So erwartet niemand, dass ein KAM programmiert, sehr wohl aber, dass er die Einsatzgebiete eines technischen Geräts aus dem Effeff kennt. Technisch braucht er nur Basiskenntnisse in dem Bereich, in dem er tätig wird. Oft fängt der KAM als Account Manager an und ist dann mit gleichem Aufgabengebiet für weniger wichtige Kunden zuständig.

Netzwerkadministrator

Sie können auf den persönlichen Ordner Ihres Chefs zugreifen? Dann hat der Netzwerkadministrator da vielleicht etwas übersehen – oder Ihr Chef ist ein offener Mensch. Netzwerkadministratoren sind für das Firmennetzwerk zuständig. Sie sorgen dafür, dass es läuft, nicht jeder auf alles Zugriff erhält und Daten sicher ausgetauscht werden. Sie konfigurieren, betreiben, überwachen und pflegen Datennetze für Computer sowie integrierte Telekommunikationsnetze für Telefonie (z.b. Kommunikation über Telefon), Videokonferenzen oder Funknetze. Damit die Kommunikation zwischen einzelnen Rechnern stimmt, konfiguriert dieser »Admin« Router, Switche und andere Netzwerkkomponenten (Hardware), die den Austausch zwischen den Computern erst ermöglichen.

Programmierer

Ein Programmierer nutzt eine Programmiersprache, um eine Software zu entwickeln oder auch, um ein Computersystem zu steuern. Er bringt Maschinen dazu, das zu tun, was der Auftraggeber sich vorstellt, oder verbindet unterschiedliche Systeme durch Schnittstellen. Die am meisten genutzten und deshalb oft gesuchten Programmiersprachen sind C++ und Java. C++ gehört zur Gruppe der sogenannten objektorientierten Programmierung, Java (seit 1995) zur neuesten Generation visueller Programmierung, ebenso wie C# oder C++. net oder VB.net. Daneben gibt es z.B. noch Darstellungssprachen für das Internet wie PHP oder ASP.net. Die bekannteste Internetsprache ist jedoch HTML, was für Hypertext Markup Language steht. In der Werbung viel genutzt ist die Programmierung in Actionscript (Flash). Immer noch im Einsatz sind auch Sprachen aus der älteren Generation, etwa C. Sie ermöglichen eine sehr saubere, exakte Programmierung, ideal etwa für Gerätetreiber (das ist Software, die den PC dazu bringt, mit einem Gerät zu kommunizieren).

Großrechner werden immer noch zu einem Teil von älteren Programmiersprachen wie Cobol gesteuert. Diese Sprache entstand schon 1959 und hatte nur ein Ziel: die Verarbeitung von Daten, Texten und Buchungen. Deshalb setzte sich Cobol im Bankenbereich durch und wird dort immer noch eingesetzt. Dabei »sterben« Cobol-Programmierer langsam aus, weil Cobol lange an den

Universitäten kaum gelehrt wurde. Das ändert sich gerade, es gibt eine Art Cobol-Revival, und auch in Indien wurden reihenweise Cobol-Programmierer ausgebildet.

Apropos Indien: Auch durch die wachsende Konkurrenz aus Billiglohnländern ist der »gemeine« Nur-Programmierer bedroht. Programmierungen sind eben austauschbar, Prozesswissen und Managementskills dagegen nicht. Reine Programmierer, die keine Genies sind, tun also gut daran, sich irgendwann in Richtung Entwicklung, Architektur oder Projektmanagement zu orientieren.

Projektmanager

Ein Projektmanager ist jemand, der ein Projekt managt – so weit, so gut. Doch was ist überhaupt ein Projekt?

Seitdem Bewerber merken, dass in immer mehr Inseraten Projekterfahrung verlangt wird, stellen sie sich die Frage, ob sie nicht selbst schon in Projekten gearbeitet haben. Dabei wird oft laienhaft darüber fabuliert, was ein Projekt ist – etwas mit einem Anfang und einem Ende? Dann wäre schon das Aufspielen eines Software-Updates auf zwei Computer ein Projekt. Doch ganz so wachsweich ist die Definition dann doch nicht. Die DIN 69 901 regelt Begriffe im Projektmanagement und sagt auch, was ein Projekt ist.

Ziemlich verklausuliert und umständlich beschrieben steht da, dass ein Projekt zeitlich befristet ist, sachlich begrenzt, ein- oder erstmalig, zuständigkeitsbzw. abteilungsübergreifend (hoher Koordinationsbedarf) und sehr arbeitsintensiv. Daraus ergibt sich, dass etwa das Aufspielen von zwei Programmen auf drei Computer in der IT-Abteilung kein Projekt ist. Anders die Einführung eines Computer-Aided Selling Systems (CAS) oder die Umstellung auf SAP R/3 – diese Projekte sind mit Kosten und zeitlichem Aufwand verbunden und betreffen außerdem mehrere Abteilungen und Zuständigkeiten.

Nach jener DIN 69 901 ist Projektmanagement die Gesamtheit der Führungsaufgaben, -organisation, -techniken und -mitteln für die Abwicklung des Projekts. Wird also in einer Stellenanzeige ein Projektmanager gesucht, so geht es dabei um eine Person, die mit der verantwortlichen Abwicklung eines oder mehrerer Projekte betraut ist. Dies ist nicht notwendigerweise eine Führungsposition. Viele Projektmanager arbeiten »inter pares«, also unter Gleichrangigen. Dabei benötigen sie allerdings in besonderem Maße soziale Fähigkeiten, um die Fäden zusammenzuhalten und das Team zu motivieren. Gute Projektmanager sind weitgehend unabhängig von der Technik, benötigen »nur« ein gutes Überblickswissen, um zwischen den Welten – also z.B. einer Fachabteilung und den Spezialisten im eigenen Team – vermitteln zu können.

Projektleiter

Die Begriffe »Projektleiter« und »Projektmanager« werden synonym gebraucht, wobei der Begriff Projektleiter häufiger verwendet wird. Ein Projektleiter ist derjenige, der Projektmanagementaufgaben innehat und das Team führt, meist ohne disziplinarische Verantwortung. Oft findet sich zudem der Begriff Teilprojektleiter. Dies ist eine Funktion innerhalb eines größeren Projekts, das in mehrere Abschnitte geteilt werden muss. Projektmanagement ist die Tätigkeit des Projektleiters. Neben dem Projektleiter findet sich auch der Multiprojektleiter, der mehrere Projekte gleichzeitig verantwortet und damit ein besonderes Organisationstalent haben muss.

Referent

Ein Referent in einem größeren Unternehmen ist jemand mit einem eigenen Verantwortungsbereich. Manchmal bezeichnet »Referent« eine Hierarchiestufe über der Sachbearbeiterebene, aber vor der Führungsriege. Sehr oft verwendet wird der Begriff im Personalbereich (Personalreferent) sowie in der PR (Pressereferent). In der IT findet sich der Begriff seltener, kommt aber vor. So suchte T-Mobile einen Referenten E-Learning, ein anderes Unternehmen einen Referenten IT-Prozessmanagement und das nächste einen Referenten Electronic Automotive.

Servicemanager

Servicemanager arbeiten in der IT-Abteilung und arbeiten gemeinsam mit den Kunden und Lieferanten die Service Leven Agreements (SLAs) aus. Sie sind teilweise dem Key Account Management zugeordnet und sollten sehr gute Kenntnisse der IT-Infrastruktur mitbringen. Sie sollten eine ITIL-Zertifizierung (siehe Seite 120) mitbringen.

Spezialist

Sehr modern und amerikanisch ist die Bezeichnung »Spezialist«. In der Regel könnte eine Stelle als »Referent« ebenso gut als »Spezialist« bezeichnet werden –

und umgekehrt. Da gibt es einen Spezialisten SQL, einen Spezialisten Entwicklung oder einen Spezialisten SAP-Netweaver. Oft sind solche Spezialistenstellen weit aufgefächert, beinhalten also z.b. sowohl Programmiertätigkeiten als auch Kundenberatung.

Systemadministrator

Der Systemadministrator ist so etwas wie der Herr der Computersysteme. Sein Job ist, diese zum Laufen zu bringen und am Laufen zu erhalten. Das fordert operative Arbeit und ein ständiges Feuerwehrspielen – denn wann läuft im Computerbereich schon alles rund? Systemadministratoren, auch Systembetreuer oder Operatoren genannt, verantworten die technische Stabilität der IT. Sie planen, konfigurieren und pflegen die Infrastruktur, also die Rechner, sind zuständig für Erweiterungen, Updates und Vergabe der Zugriffsrechte.

Systemarchitekt

Der Systemarchitekt arbeitet ähnlich wie ein Architekt in der Baubranche. Er ist zuständig für Planung und das Konzeptionelle, muss dafür aber sehr viel Know-how bezüglich der Softwareerstellung besitzen und sehr aktuelle Marktkenntnisse haben, um zu wissen, welches »Material« am besten trägt.

Der Systemarchitekt ist ein »Entwickler Plus«. Zunächst ist seine Aufgabe, wie die des Entwicklers, die Anforderungsanalyse. Was will der Kunde, der Fachbereich, was muss das System technisch erfüllen? Dann designt er die Software nach den Wünschen des Kunden und wählt die passenden Bauteile aus, z.B. die richtige Programmiersprache oder die passende Hardware.

Process Engineer

Der Process Engineer ist für einen kosteneffektiven Produktionsbetrieb verantwortlich. Er entwirft und implementiert Herstellungsverfahren und entsprechende Bedienungsanleitungen für Maschinen und Produkte, um Leistungsqualität, Verfahrenssicherheit, Taktzeit und Ertrag zu optimieren.

Sales Engineer

Diese Position wird verhältnismäßig selten gesucht. Der Sales Engineer verkauft chemische, mechanische, elektrische und elektronische Waren und Dienstleistungen mit seinem Ingenieur- und/oder IT-Wissen. Oft heißt diese Position auch einfach Sales Manager oder Account Manager.

Tester

Fehler dürfen nicht passieren. Nur eine umfassend getestete Software sollte in Betrieb genommen werden. Der Tester hat die Aufgabe, Fehler zu entdecken und Fehlerberichte zu schreiben. Er stellt durchs seine Tests letztendlich die Funktionsfähigkeit einer Software sicher. Er entwickelt Testszenarien, erstellt Testscripte und ist damit ein wichtiger Teil bei der Qualitätssicherung. Sehr oft sind diese Jobs kommunikationsorientiert, denn der Tester muss sich mit dem Entwicklungsteam und den Abteilungen abstimmen. Wohl auch der Grund, aus dem sich viele Frauen für den Bereich begeistern.

Vertriebsingenieur

Vertriebsingenieur ist der deutsche Begriff für Account oder auch Key Account Manager. Es handelt sich hierbei um einen technisch ausgebildeten Fachmann, dessen Schwerpunkt die Kundenbetreuung und eventuell auch die Akquise ist. Der Begriff wird im Ingenieursumfeld verwendet, wohingegen sich in der ohnehin sehr angloamerikanisch geprägten Welt der IT die englischen Begriffe durchgesetzt haben. Typische Aufgaben eines Vertriebsingenieurs sind die Beratung der Kunden, Marktbeobachtung, Führen von Preisverhandlungen und gegebenenfalls das Schnüren von neuen Produktpaketen/Angeboten für die Kunden.

Wie arbeitet man in einer IT-Beratungsfirma?

Volker Maiborn ist Geschäftsführer beim IT-Beratungsunternehmen beck et al. Projekte in München. Das Unternehmen hat 60 Mitarbeiter.

Welche Bereiche gibt es bei Ihnen?
Wir haben die Beratung, das Softwaretestmanagement und die Softwareentwicklung. Das sind alles Facetten der IT, nur die Infrastruktur ist nicht so stark bei uns.

Arbeiten Sie mit Freelancern?
Sehr wenig. Das Commitment der Angestellten ist höher. Sie arbeiten gern für uns und identifizieren sich mit uns. Das ist bei Freiberuflern nicht so.

Merken Sie den Fachkräftemangel?
Wenig. Wir gehen frühzeitig an die Lehrstühle der Unis, stehen dort in Kontakt zu Professoren und bieten Veranstaltungen an. Dadurch werden Absolventen auf uns aufmerksam-

Warum zu einer kleinen Beratungsfirma gehen, wenn man einen Konzern haben könnte?
Das hängt wirklich stark von der Bewerberpersönlichkeit und der eigenen Präferenzstruktur ab. Es gibt eine Menge Menschen, die eine überschaubare Firma bevorzugen, wo sich jeder kennt und man viel mitgestalten kann. Kleinere Unternehmen haben kürzere Wege, offene Türen und ein gutes Klima. Konzerne werden von Bewerbern, die zu uns kommen, als zu bürokratisch empfunden.

Wie wichtig ist Weiterbildung?
Sehr wichtig. Bei uns gibt es einen Weiterbildungs-Masterplan. Ein Budget in Höhe des 13. Monatsgehalts wird für Seminare und Schulungen verwendet. Jeder hat Anspruch darauf. Es kann für Soft Skills, aber auch Zertifizierungen wie etwa im Testmanagement verwendet werden.

Wie viele Frauen arbeiten bei Ihnen?
Das sind rund ein Drittel. Viele davon im Testmanagement. Das ist ein Bereich, den Frauen gerne wählen, wahrscheinlich, weil er viel mit Kommunikation zu tun hat.

Welche Einstellungsvoraussetzungen haben Sie?
Ein Studium ist wichtig, welches es ist, weniger. Gut ist Informatik oder Wirtschaftsinformatik. Aber wir stellen auch Geisteswissenschaftler ein, die sich nachweislich mit IT beschäftigt haben und Kenntnisse mitbringen. Auch Quereinsteiger ohne Studium haben eine Chance, wenn sie beispielsweise Branchenwissen mitbringen, das wir brauchen, und zusätzliches IT-Wissen haben.

Funktion/Beruf	Voraussetzung	Jahresgehalt	Aufstiegschancen	Besonders gefragte Kompetenzen
Affiliate Marketing Manager, auch Affiliate Manager/Publisher Manager	Kenntnisse im Online-Marketing, Affinität zum Internet	Ab rund 27.000 Euro bis ca. 60.000 Euro	**** Teamleitung bis Geschäftsführung einer Agentur	Kenntnisse im Affiliate Marketing (Partnerprogramme im Internet)
Berater/ Consultant	Studium der BWL, Wirtschafts-informatik, Informatik oder Quer-einstieg	Ab rund 43.000 Euro bis ca. 75.000 Euro	*** Ins Projektma-nagement, Lei-tungsfunktionen	SAP R/3
Datenbank-administrator (DBA)	Studium oder Ausbildung	25.000 bis 50.000 Euro	** Kaum, eventuell Teamleitung oder Abteilungsleiter bei Verbreiterung der Kenntnisse und Erwerb von Führungs-kompetenz	– MS (Microsoft) SQL – PL/SQL (Oracle) – Oracle auf Unix-Systemen oder Microsoft
Entwickler	Vor allem Können, Studium schadet sicher nicht	24.000 bis 90.000 Euro	** Teamleitung, bis zur IT-Abteilungs-leitung	– Java, vor allem im Bereich Inter-net – C++, vor allem, wenn es um schnelle Soft-ware geht – ABAP für den SAP-Bereich
E-Mail-Marke-ting-Manager	Studium (gleich welches) und Erfahrung im E-Mail-Marketing	In Unterneh-men mit entspre-chender Erfahrung weit über 60.000 Euro möglich	**** Gerade derzeit wenig Spezialis-ten, deshalb Aufstieg auch ohne Führungs-verantwortung	– ideal ist der Einstieg in einer Agentur und dann Wechsel ins Unternehmen

Funktion/Beruf	Voraussetzung	Jahresgehalt	Aufstiegschancen	Besonders gefragte Kompetenzen
IT-Supporter/ Mitarbeiter Service-Desk, Synonym: Mitarbeiter Customer Care, Sales Support oder Technischer Support. Unterscheidung 1st (einfache Fragen) und 2nd Level Support (speziellere Anfragen)	Gute kommunikative Fähigkeiten und technisches Know-how (je nach Aufgabe unterschiedlich tief gehend, oft Bereitschaft zum Schichtdienst, verschiedene Sprachen	15.000 bis 70.000 Euro (2nd Level, z. B. SAP-Bereich)	* Aufstieg bis Teamleiter möglich, eventuell Leiter Customer Care, Risiko durch Auslagerung des Supports in andere Länder. Anspruchsvoller und besser bezahlt ist der 2nd Level Support	– alle IT-Bereiche, bessere Chancen bieten aber speziellere Bereiche wie z.b. SAP oder Support für B2B-Kunden im Maschinenbau etc.
Netzwerk-Administrator	Technisches Know-how, Ausbildung, Studium ist eher überqualifiziert	Ab rund 30.000 Euro	* gering	Cisco, im Microsoft-Umfeld Zertifizierung als MSCΛ/ MCSE
Online-Marketing	Studium oder Ausbildung, zum Beispiel zur Kauffrau/Kaufmann für Marketingkommunikation	25.000 bis 50.000 Euro	**** Mit Studium kann es weit nach oben gehen, sowohl in Agentur als auch in Unternehmen	Beste Verdienstchancen haben sehr gute Java-Programmierer, eher schlechte VBA. Mittlere Chancen haben .net/C#, Cobol
Online-Redakteur	Schreiberfahrung fürs Internet und technische Grundkenntnisse im Bereich Content-Management-Systeme (CMS)	25.000 bis 50.000 Euro	** Aufstieg zum Ressortleiter	Beste Verdienstchancen haben sehr gute Java-Programmierer, eher schlechte VBA. Mittlere Chancen haben .net/C#, Cobol

Funktion/Beruf	Voraussetzung	Jahresgehalt	Aufstiegschancen	Besonders gefragte Kompetenzen
Programmierer	Vor allem Können, Studium schadet sicher nicht	25.000 bis 80.000 Euro	* Gering, Teamleitung denkbar oder Aufstieg zum Systemarchitekten oder Projektleiter	Beste Verdienstchancen haben sehr gute Java-Programmierer, eher schlechte VBA. Mittlere Chancen haben .net/C#, Cobol. Gute Chancen auch im Ingenieursumfeld, z.B. als SPS-Programmierer
Projektleiter	Studium, fachliche Spezialisierung, Berufserfahrung und/oder Projektmanagement-Zertifizierung	Ab 50.000 Euro	*** Gut, allerdings ist als PI oft das Ende der Fahnenstange schon erreicht. Besonders gute Organisatoren werden Multiprojektleiter und sind dann gleichzeitig für mehrere Projekte zuständig	Wichtig ist eine solide technische Basis (z.B. Infrastruktur oder SAP) und die Weiterqualifizierung zum Projektmanager (durch Praxis und/oder Kurs)
SEM (Search Engine Manager)	Internetbasiswissen, gute Kenntnisse von Suchmaschinen	Ab rund 28.000 Euro	In einer Agentur nach oben offen, im Unternehmen wird man entweder Spezialist bleiben oder muss sich in Richtung allgemeines Online-Marketing entwickeln	Kenntnisse der Funktionsweise von Google, Kenntnis gängiger Online-Marketing-Begriffe

Funktion/Beruf	Voraussetzung	Jahresgehalt	Aufstiegschancen	Besonders gefragte Kompetenzen
SEO (Search Engine Optimizer)	Nur Wissen und Erfahrung	Ab 30.000 Euro, nach oben offen, die meisten sehr guten SEOs sind selbstständig	Entweder Spezialist oder Erweiterung Richtung Online-Marketing allgemein. Viele SEOs sind ursprünglich Programmierer	Sehr aktuelle Kenntnisse der Suchmaschinenoptimierungstricks
Spezialist XYZ, z.B. Security	Expertenwissen in einem bestimmten Teilbereich der IT	Ab rund 45.000 Euro, offen nach oben bei sehr seltenen Qualifikationen	*** Fachlicher Aufstieg mit beinahe unbegrenzten Gehaltsentwicklungsmöglichkeiten	Kenntnisse in homogenen (z.B. nur Linux) oder heterogenen Umgebungen (gemischte Systeme)
Systemadministrator	Technisches Know-how, Ausbildung, Studium ist eher überqualifiziert	Ab rund 28.000 Euro	Ähnlich wie Netzwerkadministrator	Kenntnisse in homogenen (z.B. nur Linux) oder heterogenen Umgebungen (gemischte Systeme)
Tester	Studium und/oder einschlägige Erfahrung	Ab 32.000 Euro	Kann sich zum Consultant weiterentwickeln	Gute Kommunikationsfähigkeiten, Erfahrung mit dem Testen in einem speziellen Umfeld (Java, CAD etc.)

Weitere Informationen zu Berufen:

▸ BERUFE Portal (www.berufe-portal.de)

▸ Berufsporträts bei Monster (www.monster.de)

Gehalt und Honorar

Klaus ist Diplom-Informatiker und arbeitet bei einem großen Hamburger Unternehmen als Systemadministrator. Er verdient rund 66.000 Euro im Jahr – und ist damit überbezahlt. Der von Stepstone und Personalmarkt ermittelte Durchschnitt für diesen Posten liegt bei etwa 40.000 Euro. Das ist kein Einzelfall: Gehälter in der IT schwanken stark. Tendenziell gilt: Außerhalb der eigentlichen Branche bezahlen Arbeitgeber oft besser als innerhalb. Teilweise werden auch »Halte-Gelder« bezahlt in dem Bewusstsein, dass der Mitarbeiter mit diesem Gehalt auf dem offenen Arbeitsmarkt nichts anderes finden wird. Klaus hat das bei seinem Versuch, sich woanders zu bewerben, feststellen müssen. Und weiß seitdem, dass ihn das zu hohe Gehalt tatsächlich »verbrennt«. »Auch wenn ich viel weniger Geld akzeptieren wollte, kam das für die Unternehmen nicht in Frage.« Entweder vermuten die Arbeitgeber dann wilde Geschichten hinter dem Wunsch, sich umzuorientieren (wer so viel weniger in Kauf nimmt, hat eine Leiche im Keller!), oder mutmaßten, dass sich Klaus dann nur übergangsweise verpflichten und schnell etwas Neues suchen würde.

Natürlich existiert ein solches Szenario auch umgekehrt: Nicht wenige Entwickler, Berater, Projektleiter arbeiten hoffnungslos unterbezahlt – was oft auch an der fehlenden Kenntnis liegt, welche Gehälter am Markt realisierbar sind. Wer zur falschen Zeit, in einer Konjunkturflaute, eingestiegen ist, bleibt meist ewig im alten Niedriggehalt stecken. Und steigt nur noch durch einen Jobwechsel aus der Talsohle heraus.

Informieren Sie sich deshalb gründlich über die in Ihrem Bereich üblichen Gehälter. Machen Sie sich auch bewusst, dass – wie im Fall von Klaus – ein hohes Gehalt zwar immer schön ist, aber auch zum Fluch werden kann, wenn Sie etwas Neues suchen – und den derzeitigen Verdienst nicht verschweigen.

Wer verdient am meisten?

Angebot und Nachfrage – nirgends sonst dominiert dieser Grundsatz die Gehälter mehr als in der IT. Das führte in der Vergangenheit zu erheblichen Schwankungen. Am deutlichsten und frühesten sind diese immer an Freelancer-Honoraren abzulesen. Diese spiegeln den Markt, und deshalb lohnt es sich auch für Angestellte, ab und zu bei Gulp, Resoom oder Freelancermap vorbeizusurfen und sich die aktuellen Honorarstatistiken anzuschauen. Ganz seltene (und gefragte) Kenntnisse werden so leicht mit 100.000 Euro und mehr vergütet. Bewerber mit weniger gefragten, sehr verbreiteten Kompetenzen schaffen den Sprung über die 50.000 Euro nicht. Auch entlang den Tätigkeiten ergeben sich Unterschiede. Konzeption bezahlen Arbeitgeber immer sehr viel besser als Administration. Wer strategisch arbeitet, ist mehr »wert« als jemand, der nur operativ für den Betrieb sorgt.

Teure Tätigkeiten (>50.000)	»Billige« Tätigkeiten (<50.000)
Analysieren	Fehler finden
Konzeptionieren	Betrieb gewährleisten
Strategie entwerfen	Aktualisieren
Planen	Dokumentieren
Geschäftsprozesse optimieren	Testen
Präsentieren	Reports erstellen
Durchsetzen	Entscheidungsvorlagen vorbereiten
Kunden gewinnen	Trainieren/Schulen
Kunden etwas verkaufen	Helfen/Supporten

Auch je nach Bereich gibt es Unterschiede. So wird im Microsoft-Umfeld eher schlecht bezahlt, für SAP-Kenntnisse dagegen gibt es viel Geld. Spitzenverdiener sind die Berater, allen voran SAP- und Strategieberater. Manager komplexer IT-Projekte können mehr als 200.000 Euro jährlich verdienen. Doch längst nicht jeder Berater und Projektleiter erhält ein so enorm hohes Gehalt: Der Durchschnittsverdienst eines IT-Projektleiters liegt bei 64.468 Euro und der eines SAP-Beraters bei 62.814 Euro im Jahr (Quelle: *Computerwoche* 2008). IT-Leiter beziehungsweise CIOs bekommen 94.397 Euro im Jahr.

Ingenieursgehälter bewegen sich in einem ähnlichen Bereich. Verlässt man den eigentlichen IT-Bereich Richtung Internetwirtschaft, bläst dünnere Gehaltsluft. Agenturen zahlen selbst Führungskräften, etwa im Online-Marketing, kaum mehr als 50.000 Euro. Auch Programmierer bleiben eher unter dieser Schwelle, könnten also bei einem Wirtschaftsunternehmen oft besser verdienen.

Was Projektmanager verdienen								
	Durchschnitt Branchen	Auto-Hersteller	Bau	Chemie	Elektronik	Energieerz.	IT	Planungs-büros
Unteres Quartil	48.100	52.800	41.000	59.700	49.600	53.700	49.500	39.400
Median	59.500	64.800	52.500	68.000	61.600	64.400	61.300	50.000
Oberes Quartil	71.200	74.400	60.300	77.800	74.300	79.800	76.400	59.900

Quelle: Verein Deutscher Ingenieure, April 2007

Faktoren, die das Gehalt beeinflussen

Was kann man denn so als XY verdienen? Diese Frage wird mir oft gestellt. Leider ist sie nicht so einfach zu beantworten, denn die Spanne ist breit. Mehrere Faktoren bestimmen im IT-Bereich das Gehalt:

Ertragssituation:
Vor allem im Management hängt das Einstiegsgehalt oft direkt von der Ertragslage ab. Ist ein Unternehmen im Wachstum begriffen und erzielt dauerhaft hohe Gewinne, wirkt sich das auch positiv auf die Höhe der Einstiegsgehälter aus. Hochkonjunktur bewirkt ebenfalls ein Plus.

Unternehmensgröße:
Konzerne zahlen tendenziell höhere Einstiegsgehälter als mittelständische Unternehmen, wobei sich dies im IT-Bereich gerade verändert. Immer mehr mittelständische Unternehmen zwingt der Fachkräftemangel, überdurchschnittliche Gehälter zu zahlen. Das führt teilweise zu abenteuerlichen Summen, selbst für Berufseinsteiger (allerdings auch nur für solche, die beispielsweise ein seltenes Zertifikat etwa im Cisco-Bereich vorzuweisen haben).»Wenn ich das höhere Gehalt nicht zahle, macht es mein Konkurrent«, sagt ein

Geschäftsführer. Dies hat etwa die Zeitschrift *Computerwoche* in ihrer Gehalts-studie festgestellt.

Die Gehaltsstudien von Alma Mater bestätigen, dass für andere Bereiche dieser Trend (noch) nicht gilt. Hier ist eindeutig nachlesbar, dass das durchschnittliche Einstiegsgehalt für Absolventen mit zunehmender Firmengröße steigt. So können Berufseinsteiger in einem Großunternehmen (mehr als 5.000 Mitarbeiter) im Durchschnitt bis zu 11,8 Prozent mehr verdienen als Absolventen in einem mittelgroßen Unternehmen (zwischen 1.000 und 5.000 Mitarbeitern).

Unternehmensherkunft:
Firmen, die es gewohnt sind, schnell anzuheuern und wieder zu entlassen, sind oft großzügiger, auch wenn Sie mit den Gesetzen in Deutschland auf Kriegsfuß stehen. Bei amerikanischen Unternehmen gibt es somit oft etwa zehn Prozent mehr als bei deutschen – sozusagen ein Risikoausgleich. Denn: Die Fluktuation in US-Firmen ist »gefühlt« – eine Studie habe ich nicht gefunden – größer als in deutschen Firmen. Auch die Branchenzugehörigkeit spielt eine Rolle.

Branchenzugehörigkeit:
Dass die Pharmaindustrie besonders gut bezahlt, hat sich herumgesprochen. Das gilt nicht nur für Produktmanager, sondern auch für die dort beschäftigten ITler. Schlechtzahler sind dagegen der Handel oder auch der Tourismus. Allerdings kann es sein, dass IT-Positionen in den sonst schlecht zahlenden Branchen etwas besser vergütet werden, da andernfalls kein Nachwuchs gewonnen werden könnte. Insgesamt bewegt sich das Gehaltsniveau innerhalb einer Branche aber auf ähnlichem Niveau – entweder im Durchschnitt, darunter oder darüber.

Übersicht über Besonders-gut-Zahler:
+ + Banken
+ + + Pharma
+ + Maschinenbau
+ + Wirtschaftsprüfung

Übersicht über Gut-Zahler:
+ Finanzdienstleistung
+ Auto
+ Luftfahrt
+ Medizintechnik
+ Anlagenbau

Übersicht über Schlechtzahler:

- Einzelhandel
- Außenhandel
- Bildung
- Tourismus
- Freizeit
- Verwaltung
- Großhandel
- Gesundheitswesen
- Werbung/Agenturen

Standort:

Auch der Standort des Unternehmens entscheidet mit über die Höhe der Einstiegsgehälter: Im Westen wird deutlich mehr gezahlt als im Osten, in Großstädten mehr als auf dem Land. Auch hier kann sich der Trend aber drehen. So sind Unternehmen auf dem Land gezwungen, tiefer in die Tasche zu greifen, um begehrte Fachkräfte zu gewinnen. Spitzenreiter bei den Gehältern ist Hessen, gefolgt von Bayern, Baden-Württemberg und dem Ruhrgebiet. Eher etwas weniger gibt es in Berlin und den Ost-Großstädten wie Leipzig und Dresden. Deutlich weniger zahlen kleinere Städte in Ostdeutschland, etwa Schwerin.

Dies ist aber auch nicht in allen Bereichen gleich. So bestimmt auch beim Standort Angebot und Nachfrage den Trend. Und da gibt es je nach Branche sehr unterschiedliche Verteilungen. In der Internet-Agenturwelt ist zum Beispiel Berlin eine klare Hauptstadt – neben München. Entsprechend gibt es hier weniger Mitarbeiter, die mit höheren Gehältern geworben werden müssen. So liegt laut Bundesverband für die digitale Wirtschaft BDVW e.V. das Agenturgehalt in Hamburg mit 93 Prozent unter dem Durchschnitt. Gleichzeitig ist die durchschnittliche Arbeitsbelastung dort mit 104 Prozent höher als etwa in München.

Metropole	Jahresgehalts-Index		Arbeitszeit-Index	
	%	(n)	%	(n)
Berlin	105	(215)	99	(215)
Hamburg	93	(60)	104	(60)
Köln	94	(86)	102	(86)
München	106	(137)	96	(137)
keine Metropole	104	(696)	99	(712)
Gesamt	100	(1.194)	100	(1.210)

Quelle: BVDW Gehaltsspiegel 2005/2006

Flexible Vergütungssysteme:

Gehalt ist nicht gleich Gehalt: Um ein angebotenes Einstiegsgehalt richtig einzuschätzen, ist es wichtig, das gesamte Vergütungspaket aus Zusatz- und Sozial-
leistungen sowie Prämien zu betrachten. Hinzu kommen betriebliche Darlehen,
vermögenswirksame Leistungen oder eine betriebliche Altersvorsorge. Verschiedene Unternehmen bieten eine Zusatzversicherung, einen Firmenwagen,
ein Mobiltelefon oder einen Blackberry und neuerdings auch den iPod an.
Darüber hinaus werden besondere Leistungen mit variablen Gehaltsanteilen
belohnt, um das unternehmerische Engagement der Mitarbeiter zu fördern.

Bewerberqualifikation:

Strategisch-konzeptionelle Tätigkeiten werden höher bezahlt als administrativ-
operative. Auch Soft Skills wie Teamgeist, Kommunikationsfähigkeit, Engagement, sicheres Auftreten und Verhandlungsgeschick spielen eine Rolle für das
Einstiegsgehalt. Im IT-Bereich sind Zertifikate zudem sehr wichtig, außerdem
Projekterfahrung. Je mehr, desto besser.

Studienabschluss:

Während Ingenieure, Informatiker und Naturwissenschaftler mit FH-, BA-
oder Bachelor-Abschluss zum Teil höhere Einstiegsgehälter als im Vorjahr
erhalten, müssen sich Uni- und Masterabsolventen dagegen mit niedrigerem
Einstiegsgehalt zufriedengeben. FH- und BA-Absolventen können zudem mit
einem höheren Einstiegsgehalt starten, wenn sie über Zusatzqualifikationen wie
Berufsausbildung oder besondere studienbegleitende Tätigkeiten verfügen.
Auch der Ruf einer besuchten Hochschule kann sich positiv auf die Gehaltsver-
handlung auswirken.

Doktor oder MBA:

Ein Doktortitel kann das Gehalt pushen, wenn die Promotion auch mit dem Job
zu tun hat und das Thema praxisnah war. Es gibt jedoch erhebliche branchen-
spezifische Unterschiede. Beim BA sind die Aufschläge mit denen für promovierte Akademiker vergleichbar.

Auslandserfahrung:

Ein Studiensemester oder Berufsjahre im Ausland erhöhen die Einstellungs-
chancen, wirken sich in der Regel aber nicht auf das Einstiegsgehalt aus.

Das vorherige Gehalt:

Was Sie vorher verdient haben, kann mitbestimmen, was Sie nachher bekommen – deshalb ist es nicht immer klug, das frühere bzw. jetzige Gehalt zu nennen. So wird Ihnen z.B. kaum jemand das Gehalt verdoppeln, auch wenn dies am Markt realistisch wäre, wenn er weiß, wie viel (oder wenig) Sie jetzt bekommen.

Psychologie:

Je sicherer und überzeugender Sie auftreten, desto mehr wird man den Qualifikationen trauen und außerdem Versprechungen von »Ich kann mehr« glauben. Insofern steht das Auftreten in Wechselwirkung zum Gehalt. Wichtig ist es, dies auszubalancieren. Fachkenntnisse in der IT sind überprüfbar. Aber da eben auch Soft Skills (oft sogar hoch) bezahlt werden, besteht deutlicher Spielraum.

Trends:

Welche Qualifikation ist gerade besonders gefragt? Gerade in der IT bestimmt dieser Faktor stark die Einstiegsgehälter und erst recht die Honorare. So kann es sein, dass ein Bewerber mit besonders gefragter, neuer und aktueller Qualifikation zu einem weit überdurchschnittlichen Gehalt eingestellt wird, das allerdings drei Jahre später – wenn diese Qualifikation »normal« geworden ist – nicht mehr durchzusetzen ist.

Gehaltsstudien

Traue keiner Zahl, wenn du Sie nicht selbst gefälscht hast: Studien sind immer mit Vorsicht zu genießen, auch Gehaltsstudien sind da keineswegs ausgenommen. So ermittelte die IG Metall für Softwareentwickler ein Einstiegsgehalt von 45.000 Euro im Jahr, mit langjähriger Berufserfahrung sogar eins von 66.500 Euro. Um diese Zahlen zu interpretieren, muss man allerdings näher hinschauen. Die IG Metall ist eine Gewerkschaft, die ermittelten Gehälter stammen aus tarifgebundenen Unternehmen, die dieser Gewerkschaft angeschlossen sind. IG Metaller aber liegen traditionell über den anderen Branchen, es ist eine starke Gewerkschaft. Das hier suggerierte hohe Niveau gilt also nur für einige wenige Unternehmen – und ist keineswegs ein Anhaltspunkt für alle Entwickler. Zumal hier auch noch einmal scharf unterschieden werden muss, welche Softwareentwickler eigentlich gemeint sind. Wer sich auf Webapplikationen spezialisiert hat, verdient meist deutlich weniger, ein guter Java-Programmierer mitunter mehr.

Laut einer Studie, die die Zeitschrift Computerwoche einmal im Jahr gemeinsam mit Personalmarkt durchführt, liegen die Gehälter der Softwareentwickler 2007 bei 40.000 Euro, die der Administratoren bei knapp unter 36.000 Euro. Das sind also ganz andere Zahlen. Der Unterschied entsteht, weil die *Computerwoche* auf einen Branchenmix achtet und kleine, mittlere und große Unternehmen einbezieht. Studien können deshalb nur Anhaltspunkte bieten, und es ist gut, gleich mehrere zu kennen.

Gehaltsstudien:

▸ LohnSpiegel (www.lohnspiegel.de): Studien von der gewerkschaftsnahen Hans-Böckler-Stiftung, deshalb liegen nur Tariflöhne zugrunde. Ein kostenloser Lohn- und Gehaltscheck berücksichtigt ebenfalls nur die tariflichen Gehälter.

▸ Was verdient ein …? (www.was-verdient-ein.de): Selbst gemeldete Gehälter.

▸ Stepstone Gehaltsvergleich (Stepstone.de/gehalt): In Zusammenarbeit mit Personalmarkt erstellt. Meiner Erfahrung nach sehr realitätsnah.

▸ *Computerwoche* (www.computerwoche.de): Die Gehaltsstudie entsteht jährlich in Zusammenarbeit mit dem Hamburger Unternehmen Personalmarkt und erschien im Oktober.

▸ Alma Mater (www.alma-mater.de): Einstiegsgehälter von Hochschulabsolventen. Die Gehaltsstudie 2007 stellt der Recruiting-Spezialist kostenlos zur Verfügung.

▸ Personalmarkt (www.personalmarkt.de*):* Ermittelt Gehälter und führt mit Kooperationspartnern wie *Computerwoche* Gehaltsstudien durch.

▸ Kienbaum (www.kienbaum.de): Die kostenpflichtigen Studien beziehen sich auf die klassische IT und berücksichtigen vor allem größere Unternehmen.

▸ IG Metall (www.igmetall-itk.de): Jährlich zur CeBIT erscheint diese Gehaltsstudie, eingeteilt in unterschiedliche Jobfamilien (EUR 12,90).

▸ Bundesverband Digitale Wirtschaft (www.bvdw.org): Der Verband ermittelt in seinem kostenpflichtigen Gehaltsspiegel die Durchschnittsverdienste bei assoziierten Unternehmen (EUR 14,90).

Gehalt mit MBA

Wie sich der MBA aufs Gehalt auswirkt, ist in Deutschland aufgrund der noch geringen Absolventenzahlen schwer zu sagen. Dass er sich positiv auswirkt, ist aber unbestritten. So landen Kandidaten, die vorher weniger als 50.000 Euro verdient haben, mit MBA meist in der Gruppe 50.000 bis 75.000 Euro – auch, wenn der MBA nicht von einer Super-Business-School wie Insead oder Harvard stammt.

Variable Vergütungen

Immer mehr Unternehmen zahlen einen Teil des Gehalts variabel: Erfüllen Sie Ihre Ziele, gibt es das Geld, wenn nicht, gehen Sie leer aus. Bei Vertrieblern kann der variable Bestandteil schon mal 100 Prozent ausmachen, dann gibt es beispielsweise 40.000 fix und weitere 40.000, wenn alle Ziele erreicht sind. Gängig in nicht-vertrieblerischen Positionen sind 20 Prozent variable Vergütung vom Jahresgehalt. Etwa 35 Prozent der angestellten Spezialisten erhalten einen variablen Anteil.

Um zu messen, ob Sie das Geld verdient haben oder nicht, werden einmal im Jahr Ziele fixiert. Dabei kann rechtlich alles vereinbart werden, dem beide Seiten zustimmen. Entscheidend ist allerdings, dass Ziele messbar sind. Falls Ziele nicht vollständig erreicht werden, können die Prämien auch anteilig ausgezahlt werden. Darüber hinaus gibt es immer die Übererfüllung, d.h., Sie waren besser als vereinbart. Dieser Fall sollte geregelt sein, damit Sie auch davon profitieren können. Denkbar ist eine weitere Prämie.

Karenzgeld

Sie erwerben in IT-Jobs viel Wissen über Interna. Natürlich wollen Unternehmen nicht, dass Sie das direkt an den Konkurrenten weitergeben, wenn Sie Job oder Projekt wechseln. Deshalb verpflichten einigen Firmen Sie, innerhalb eines bestimmten Zeitraums keine Aufgaben bei direkten Wettbewerbern anzunehmen. Dafür bekommen Sie dann auch nach Ihrem Ausscheiden noch ein Gehalt bezahlt oder erhalten eine fixe Summe. Im IT-Bereich sollte die Auszeit allerdings nie länger als sechs Monate umfassen, andernfalls besteht die Gefahr, dass Sie den Anschluss verlieren. Karenzgeld wird teilweise auch in der freiberuflichen Projektarbeit gezahlt. Sie erhalten dann einen höheren Stundensatz und akzeptieren im Gegenzug, innerhalb eines bestimmten Zeitraums nach dem Projekt nicht für ein Konkurrenzunternehmen tätig zu werden. Freiberuflern darf ein Wettbewerbsverbot überhaupt nur dann ausgesprochen werden, wenn sie dafür ein Karenzgeld bekommen.

Gehalt im öffentlichen Dienst

Sie ahnen es sicher schon: Viel Geld können Sie im öffentlichen Dienst nicht verdienen. Als Gegenleistung für den Verzicht auf finanzielle Höhenflüge winkt eine relative Sicherheit. Im öffentlichen Dienst ticken die Uhren auch langsamer, es gibt weniger Stress und Überstunden, jedenfalls tendenziell. Wirtschaftsunternehmen und öffentlicher Dienst sind wenig kompatibel. So ist die Entscheidung für eine Laufbahn in Behörden meist eine endgültige, dies ist jedenfalls meiner Erfahrung nach so – jedenfalls wenn die Richtung aus dem öffentlichen Dienst in die Wirtschaft verläuft und die Bewerber keine absoluten Spezialisten sind. Ich kenne allerdings Fälle, in denen IT-Leiter aus der Wirtschaft die Abteilung in einer Behörde übernommen haben.

Das Gute: Über Gehälter müssen Sie im öffentlichen Dienst nicht groß verhandeln. Denn hier regiert der Tarif für den öffentlichen Dienst, der TVÖD. Im Internet lässt sich einfach nachlesen, was die einzelnen TZVÖD-Stufen bedeutet: In der recht hohen Gruppe E13 gibt es rund 37.000 Euro Bruttojahresgehalt. Diese Gruppe setzt ein Hochschulstudium mit mindestens Masterabschluss voraus. Das Maximale, was Sie je verdienen können ist E15: 44.600 Euro im Jahr. Das sind Gehälter, die weit unter denen der privatwirtschaftlichen Unternehmen liegen, doch Geld ist bekanntlich nicht alles. Einen Tarifrechner finden Sie unter http://oeffentlicher-dienst.info.

Gehalt verhandeln

Wer nichts sagt, bekommt auch nichts. Sie müssen Ihre Gehaltsentwicklung aktiv mitgestalten. Der richtige Zeitpunkt für ein Gespräch über eine Erhöhung ist immer dann gegeben, wenn Sie ein Projekt oder eine Aufgabe erfolgreich abgeschlossen haben oder neue Aufgaben und Verantwortung übernehmen. Verschaffen Sie sich parallel regelmäßig einen Überblick über den eigenen Marktwert. Auch Weiterbildungen erhöhen Ihren Wert. Allerdings sind große Sprünge meist erst bei einem Wechsel zu realisieren. Wer beispielsweise als Fachinformatiker eingestiegen ist, nebenberuflich ein Studium abschließt und danach einen Sprung um 10.000 Euro oder mehr machen möchte, wird beim Chef oft auf Granit beißen.

Gehaltssteigerungen sollten Sie immer mit der eigenen Leistung begründen, nie mit den Gaskosten oder der neuen Ehefrau. Als Rahmen dafür eignet sich ein persönliches Gespräch mit dem Chef, für das Sie mindestens eine Stunde ansetzen sollten. Bitten Sie den Chef auch um eine Einschätzung Ihrer Leistung. Gehaltsgespräche sind die Gelegenheit, um die eigene Leistung gemeinsam zu reflektieren und sich neue Ziele zu setzen,

Kommunizieren Sie klar, was Sie aus Ihrer Sicht geleistet haben, und betonen Sie Ihre persönliche und fachliche Entwicklung. Dazu können Sie ruhig eine schriftliche Liste mit ins Gespräch nehmen, um alle Punkte zu bedenken. Nennen Sie eine klare »Hausnummer«: Das ist die Summe, die Sie erreichen möchten. Sie setzt oberhalb von Ihrem Zielgehalt an, da Sie davon ausgehen müssen, dass die »Hausnummer« nicht sofort akzeptiert wird. Definieren Sie aber auch ein Mindestziel, dass Sie auf jeden Fall erreichen wollen.

Überlegen Sie sich vor dem Gespräch mögliche Kompromisse. Was können Sie alternativ anbieten, um eine Einigung zu erzielen?

Einige Ideen:

▸ Ihre Weiterbildung wird finanziert
▸ Das Gehalt wird schrittweise erhöht
▸ Die Gehaltserhöhung wird an einen weiteren Meilenstein gekoppelt, den Sie mit dem Chef definieren
▸ Statt Gehalt gibt es einen Firmenwagen
▸ Sie arbeiten nur noch 80 Prozent oder nehmen jeden zweiten Freitag frei.

Auch Fringe Benefits sind Gehaltsbestandteile: der Blackberry, der Laptop oder auch die Übernahme der Versicherungskosten. Denken Sie quer und fantasievoll, wenn Sie wissen, dass Ihre Gehaltsziele sonst kaum durchzusetzen sind.

Nutzen Sie im Gespräch das Harvard-Prinzip. Es beruht auf der Annahme, dass Verhandlungen dann besonders gut laufen, wenn jeder Beteiligte gewinnt. Beispiel: Ihr Vorgesetzter wünscht sich weitere Entlastung, um sich auf seine neuen Aufgaben besser konzentrieren zu können. Sie bieten an, einen Teil seiner Aufgaben zu übernehmen. Im Gegenzug werden Sie finanziell und eventuell auch von der Position her besser gestellt. Oder: Ihr Chef weiß ebenso gut wie Sie, dass er befördert wird, wenn Projekt »Pluto« erfolgreich verläuft. Sie legen ihm Ihren Plan dar, wie Sie das gewährleisten, und vereinbaren mit ihm eine Gehaltserhöhung aufgrund der Mehrbelastung.

Wenn Sie Ihr unteres Gehaltsziel nicht realisieren können, überlegen Sie sich vorher, wie Sie damit umgehen. Hat es damit zu tun, dass der Chef mit Ihrer Leistung nicht zufrieden ist und Sie sich falsch eingeschätzt haben? Nehmen Sie die Chance wahr, sich zu verbessern, wenn Ihr Chef Recht haben könnte. Vereinbaren Sie weitere Schritte und einen Zeitpunkt, um über Veränderungen zu sprechen. Dann kann auch das Thema Gehalt wieder auf den Tisch kommen.

Gibt es andere, für Sie nicht nach vollziehbare Gründe? Sagen Sie, dass Sie nicht einverstanden sind, ohne zu drohen. Welche Konsequenzen Sie aus dem Gesprächsergebnis ziehen, überlegen Sie dann in Ruhe.

Tipps für mehr Gehalt:

▸ Ein Job im süddeutschen Raum hebt das Niveau, am besten in Baden-Württemberg. Nach wie vor bestehen ein Nord/Süd- sowie ein West/Ostgefälle.

▸ Die Aufgaben bei Banken, Versicherungen oder Pharmaunternehmen werden fast immer besser vergütet.

▸ Die Faustregel: Je größer das Unternehmen, desto mehr Gehalt, gilt nicht mehr unbedingt. Spezialisten können auch bei kleinen Unternehmen hoch pokern!

▸ Interessieren Sie sich nicht für den Marktführer – die Nummer zwei und drei in einem Segment muss Bewerbern in Sachen Gehalt mehr bieten.

▸ Schauen Sie auf die Zulieferer im B2B-Bereich: Weil sie nicht im Zentrum der Aufmerksamkeit stehen und weniger Bewerbungen bekommen, müssen sie oft besser bezahlen.

▸ Größere Verantwortung ist regelmäßig sehr viel mehr Geld wert als ein eingegrenztes Aufgabengebiet – es sei denn, dies ist eine absolute Spezialistentätigkeit.

▸ Strategisch-konzeptionelle Tätigkeiten sind immer besser bezahlt als operative.

▸ Tätigkeiten mit direktem Kundenkontakt bringen stets mehr als reine Backoffice-Jobs.

▸ Personalverantwortung, vor allem die disziplinarische, bringt ein dickes Plus. Je weniger sie fachlich tätig sind, desto mehr Geld gibt es.

▸ Wenn Sie Wissen und Fähigkeiten besitzen, die andere nicht haben und die derzeit gefragt sind, ist dies eindeutig ein Vorteil.

Honorare

Heute 82 Euro in der Stunde, morgen 90, dann wieder 80: Die Gehälter im IT-Bereich schwanken stark, je nach Konjunktur und Nachfrage. Da ist es manchmal gar nicht so einfach, sicher einzuschätzen, was der derzeit realistische Wert ist.

Gute Einblicke vermitteln die Datenbanken von Gulp.de, Resoom.de oder Freelancermap.de. Allerdings geben diese nicht immer ein realistisches Bild ab. Bei einigen seltenen Logistikmodulen im SAP-Bereich seien fast doppelt so hohe Honorare zu erzielen wie bei Gulp angegeben, so ein Insider. Im Zweifel also noch einmal selbst nachforschen.

Ermitteln Sie aus den recherchierten Werten eine Spanne. Entscheiden Sie dann, wo Sie sich selbst einstufen:

▸ Mit viel Erfahrung eher am oberen Ende
▸ Mit viel Spezial-Know-how ebenso
▸ In süddeutschen Großstädten und Hessen eher oben ansetzen
▸ Wenn das Projekt in einer kleineren Stadt stattfindet, eher oben

Alle anderen entscheiden sich für das Mittelfeld. Das untere Ende empfiehlt sich nur für Einsteiger oder Menschen, die länger kein Projekt gehabt haben.

Außerhalb der IT-Branche, etwa in den Medien oder bei einem direkten Einsatz beim Unternehmen, zahlen Firmen eher Tagessätze. Diese liegen je nach Thema zwischen 250 Euro (Screendesign bei einer Agentur) und 1.500 Euro (Beratung im E-Commerce-Umfeld).

Ein Insider zu den Honoraren im IT-Bereich:

»Oft nennen Internetportale Durchschnittshonorare zwischen 80 und 100 Euro. Doch Durchschnitt ist Durchschnitt – viele liegen darunter und einige darüber. Wer als Quereinsteiger Hardware betreut, kann nicht erwarten, den Stundensatz eines Diplom-Informatikers in der Softwareentwicklung zu bekommen. Der Stundensatz für uns Freiberufler ist eben sehr direkt dem Mechanismus von Angebot und Nachfrage ausgesetzt. Und formal gut ausgebildete Leute mit nennenswerter Berufserfahrung sind zurzeit Mangelware, erhalten also mehr. Weniger gut ausgebildete Menschen bekommen auch weniger, zum Beispiel 40 oder 50 Euro. Ich denke, dass sich das in Zukunft noch sehr viel weiter auseinanderentwickeln wird und es wie bei den Angestellten einen großen Graben zwischen immer höheren guten und sinkenden schlechten Honoraren geben wird.«

Honorare verhandeln

Honorare im IT-Bereich sind manchmal Inklusivhonorare pro Stunde. Kosten für Reise und Unterbringung zahlen die Vermittler ungern. Aber auch hier kommt es aufs Verhandlungsgeschick an. So können Sie unterschiedliche Honorare angeben, je nachdem, ob das Projekt in der Nähe Ihres Wohnorts oder weit entfernt (plus z. B. 8 Euro) stattfindet. Zudem lassen sich Aufschläge durchsetzen. Wie viel, zeigt die folgende Tabelle.

Frage an IT-Freiberufler:
Wie viel schlagen Sie auf Ihren Stundensatz auf, wenn Sie in einer anderen Stadt arbeiten sollen (Unterbringung, Fahrtkosten ...)? (Durchschnittswert)
Frage an Projektanbieter:
Wie viel kann ein Freiberufler auf seinen Stundensatz aufschlagen, wenn er in einer anderen Stadt arbeitet? (Durchschnittswert)

Jahr	2007	2006	2003
IT-Freiberufler	14 Euro	16 Euro	16 Euro
Projektanbieter	13 Euro	13 Euro	27 Euro

Quelle: www.gulp.de

Auch sehr kurze Laufzeiten von Projekten – zum Beispiel drei Monate – rechtfertigen Aufschläge, weil Sie dann schneller wieder suchen müssen und das Risiko eingehen, nicht direkt ein Anschlussprojekt zu bekommen. Umgekehrt wollten viele Vermittler einen Rabatt für lange Laufzeiten. Einige Argumente sprechen aber dagegen:

▸ Je länger Sie in einem Unternehmen arbeiten, desto schneller werden Sie sein, weil Sie Prozesse und Personen kennen

▸ Sie sind mit den Projekten vertraut und brauchen eine kürzere Zeit für Analyse etc.

Frage an IT-Freiberufler:
Wie viel Prozent schlagen Sie auf Ihren Stundensatz auf, wenn ein Projekt eine sehr kurze Laufzeit hat? (Durchschnittswert)
Frage an Projektanbieter:
Wie viel Prozent kann ein Freiberufler auf seinen Stundensatz aufschlagen, wenn ein Projekt eine sehr kurze Laufzeit hat? (Durchschnittswert)

Jahr	2007	2006	2003
IT-Freiberufler	13,0 %	14,0 %	12,4 %
Projektanbieter	12,0 %	10,5 %	17,0 %

Hier zeigen sich die Auftraggeber mit einem akzeptierten Aufschlag von 12 Prozent wesentlich verhandlungsbereiter als noch im Vorjahr. Die Freiberufler halten sich dagegen auch bei Kurzprojekten mit Preisaufschlägen etwas mehr zurück. Damit sind beide Seiten auf dem besten Wege, in diesem Punkt einen gemeinsamen Nenner zu finden. Allerdings sind die freiberuflichen IT-Experten nicht nur bei den Aufpreisen zurückhaltend. Gleiches gilt auch für die von ihnen gewährten Rabatte.

Quelle: www.gulp.de

Als Tabu werten es Vermittler, im laufenden Projekt zu verhandeln. Etwas anders sieht es aus, wenn es um eine Projektverlängerung geht. Dies könnte die ideale Gelegenheit sein, um den höheren Satz durchzusetzen. Schließlich kennt der Kunde Sie bereits, und der Vermittler hat ein Interesse, Sie weiter einzusetzen.

Auch als Freiberufler können Sie kreativ verhandeln, beispielsweise über einen nur 80-prozentigen Einsatz oder über längere Arbeitszeiten und einen freien Tag. Eine Weiterbildung wird Ihnen ein Unternehmen allerdings nur in absoluten Ausnahmefällen finanzieren.

Tipps für mehr Honorar:

▸ Wenn ein Vermittler dazwischengeschaltet ist, orientieren Sie sich an der bei Gulp (www.gulp.de) oder auch Resoom (www.resoom.de) genannten Spanne.

▸ Umfangreiche und einschlägige Erfahrung rechtfertigt es, sich am oberen Ende einzuordnen.

▸ Ohne Vermittler können Honorare, etwa im SAP-Bereich, bis zu doppelt so hoch sein wie die Durchschnittssätze bei Gulp, sagen Insider.

▸ Üblich sind inzwischen All-in-Honorare. Immer mehr Freiberufler gehen jedoch zu Staffelhonoraren über: Findet der Einsatz nicht am Wohnort statt, wird ein Honorarsatz plus x (z.B. Euro für Fahrt und Übernachtung pauschal) verlangt – und inzwischen oft auch wieder bezahlt.

▸ Wenn Sie am oberen Ende der Skala bezahlt werden wollen, brauchen Sie fachliche Argumente für die Antwort auf die Frage, warum Sie das wert sind.

▸ Wenn Sie ein echtes Spitzenhonorar weitab der Gulp-Spanne erzielen wollen, reicht es nicht aus, ein Spezialist zu sein – Sie müssen Guru-Status haben.

Exkurs: Welcher Job passt zu mir?

Der eine bastelt am liebsten an seiner »Maschine«, der andere zieht Energie aus dem stetigen Kontakt mit Menschen – glücklicherweise sieht der Traumjob nicht für jeden Menschen gleich aus.

Weil es unterschiedliche Präferenzen und Interessen gibt, variieren Leistungen und auch der Grad der Zufriedenheit im Job. Deshalb sollten bei der Berufsentscheidung niemals reine Karriereerwägungen dominieren. Denn: Wer sich für den falschen Job entscheidet, wird über kurz oder lang unzufrieden sein.

Und ein falscher Job heißt nicht nur falscher Beruf, sondern auch falsches Umfeld und falsche Rahmenbedingungen. Hinzu kommen die in Deutschland verschärften Bedingungen, die jede Umorientierung zum Kraftakt machen. Während es fast überall sonst auf der Welt einfach ist, vom Personalfachmann zum Projektleiter IT zu werden (vorausgesetzt, die gerne auch informell erworbenen Kompetenzen sind da), ist dies in Deutschland und auch im Nachbarland Österreich schwer. Die Schweiz ist da schon etwas offener, Persönlichkeit zählt hier glücklicherweise mehr.

Leider stelle ich in den letzten Jahren immer häufiger fest, dass sich die Studienwahl nach reinen Karriereerwägungen richtet. Dabei ist der Karrierebegriff in den Köpfen eindimensional zugestutzt worden auf die Aspekte »schnelles Weiterkommen« und »Gehalt«. Offenbar haben die schwierigen Jahre 2000–2004 Narben hinterlassen. Komischerweise scheinen vor allem Dozenten und Professoren diesen Trend zu pushen und vermitteln in den Vorlesungen: »Sucht euch die Top-Unternehmen und Beratungsfirmen. Die nehmen nur die Besten, also strengt euch an.« Dabei muss man sich vor Augen halten, dass viele dieser Dozenten es allenfalls kurz in der Wirtschaft bei einem Top-Unternehmen ausgehalten haben und inzwischen den gemütlichen, aber schlecht honorierten Status als Dozent bevorzugen. Ich habe übrigens selbst einige der heutigen Dozenten beraten, die nichts lieber wollten als aus dem Stressjob auszubrechen und an die Uni zu wechseln.

Das heißt nicht, dass eine Laufbahn in einer Unternehmensberatung oder einem Konzern per se schlecht ist. Man muss einfach nur der Typ dafür sein. Das ist eben lange nicht jeder. Darauf passt nur der kleine Prozentsatz derjenigen, die in ihrer Persönlichkeit dem Leistungssportler ähnlich sind, also die sehr ehrgeizig den Beruf in den Vordergrund ihres Lebens stellen. Deshalb sollten Sie sich zunächst über Ihre Persönlichkeit klar werden.

Sabine war vollkommen fasziniert von der Strategieberatung (McKinsey, Boston Consulting Group) und wollte partout nicht in die IT, obwohl sie umfangreiche Kenntnisse hatte und die Projektarbeit in einem Unternehmen Spaß gemacht hatte. Bei der Analyse in der Karriereberatung stellte sich heraus, dass reine Statuserwägungen den Wunsch in ihr ausgelöst hatten, etwa bei Boston Consulting Group zu arbeiten. Das ist dann so wie die Entscheidung zwischen Adidas und Puma oder einem No-Name-Turnschuh. Doch während man unpassende Schuhe wegstellen kann, hängt einem der Job ewig an. Die Potenzialanalyse ergab unterdurchschnittliche Werte bei der Leistungsorientierung (Ehrgeiz, Willen zur Machtausübung) bei sehr hoher Gewissenhaftig-keit mit Hang zum Perfektionismus. Dies ist für eine Top-Beraterkarriere ein unpassendes Profil. Viele Berater haben überdurchschnittliche Werte bei der Leistungsorientierung bei gleichzeitig normal ausgeprägter Gewissenhaftig-keit. Im Rahmen des Coachings konnten wir so die Motivation aufschlüsseln und im IT-Controlling eine sehr viel interessantere und zur Persönlichkeit besser passende Perspektive finden.

Wichtig ist auch, den eigenen Interessen nachzuspüren. Was interessiert mich, was lese ich, wo höre ich hin? Allerdings ist es aus meiner Sicht falsch, aus-schließlich interessenorientiert zu entscheiden. »Logistik und Chemie finde ich doof, da will ich nicht arbeiten«: solche Sätze höre ich häufiger. Sie kom-men von Bewerbern, die diese Unternehmensbereiche und Branchen meist gar nicht kennen. Die Abneigung resultiert dann aus der Antipathie für das Fach Chemie in der Schule oder der Assoziation von Logistik mit Spedition und Lastwagen (in denen wiederum schwitzende Männer sitzen, deren Haupt-nahrungsmittel Pommes und Bier sind – so das Vorurteil). Aber hatte der Chemiehasser vielleicht nur einen schlechten Lehrer? Ist das Speditionswesen nicht in Wahrheit nur ein kleiner Teil der Logistik, und gibt es nicht auch gut riechende, vegetarische LKW-Fahrer? Wie entstehen überhaupt Abneigungen und Desinteressen?

Genau: Wer so hinterfragt, entdeckt oft, dass Ahnungslosigkeit und sehr individuelle, entweder eigenwillige oder mediengeprägte Interpretationen da-hinterstecken. Informieren Sie sich also besser!

Motivatoren erkennen

Das Auto fährt, weil es einen Motor hat. Was bringt Sie dazu, auf der langen Straße der Arbeit geduldig zu fahren und sich immer neue Wege zu suchen? Der Organisationspsychologe Edgar Schein hat sieben Karriereanker ermittelt, die bestimmen, von welchen Ankern wir uns ans Land ziehen lassen, um dort eine gute Leistung zu bringen. Wer seine Anker kennt, weiß auch, in welches Um-feld er steuern muss. Diese Anker ermitteln Sie am besten im Rahmen eines Coachings. Mitunter bringt aber auch das Nachdenken schon die eine oder andere Erkenntnis.

Hier ein Überblick:

Technisch-funktional (TF)

Wer sich von diesem Anker leiten lässt, begeistert sich für inhaltliche Aspekte. Menschen mit TFK wollen ihre Arbeit gut machen, begeistern sich für das Arbeiten an einem Thema, wollen optimieren und verbessern. Sie brauchen oft ein Fachgebiet, um sich wohlzufühlen. Beispiel: Eine Beratungskundin mit TFK hatte Kommunikationswissenschaften studiert und ärgerte sich, nun von allem ein bisschen, aber nichts wirklich zu wissen. So eine Unzufriedenheit können Sie am besten bekämpfen, indem Sie sich ein Fachgebiet suchen.

Totale Herausforderung (TH)

Diese Menschen sind nie zufrieden, wollen immer mehr, finden alles zu leicht. Sie blühen auf, wenn sie scheinbar unlösbare Aufgaben erhalten. Ideal sind hier Positionen mit wechselnden und hohen Herausforderungen, etwa im technischen Bereich oder auch in der Unternehmensberatung.

Hingabe für eine Sache (HS)

Dieser Karriereanker findet sich im IT-Umfeld selten. Die Hingabe bezieht sich meist auf soziale oder gesellschaftliche Themen. Menschen mit diesem Karriereanker werden Polizist oder auch Entwicklungshelfer oder arbeiten aus Überzeugung bei Greenpeace oder einer NGO.

General Management (GM)

Wer vor allem am beruflichen Fortkommen interessiert ist und ganz hoch hinaus möchte, sieht seinen Karriereanker hier. Inhalte spielen oft kaum mehr eine Rolle, es geht um das Führen und die Machtausübung. Eventuell kann eine technische Aufgabe Vehikel sein, reine Spezialistenkarrieren kommen für GMler nicht in Frage.

Unabhängigkeit (UN)

Wer hier seinen Anker hat, stellt seine eigene Unabhängigkeit über alles. Er möchte entscheiden, gestalten und hasst eng gesteckte Rahmenvorgaben. In einem Konzern fühlt sich so ein Mensch oft unwohl. Er möchte sich nicht mit Firmenpolitik abgeben oder mit Vorgaben, die er selbst für unnütz hält.

Viele, die Ihren Karriereanker hier haben, arbeiten sehr gern als Freelancer – gerade in diesem Bereich bietet die IT ja extrem gute Möglichkeiten.

Unternehmerische Kreativität (UK)

Eigene Ideen verwirklichen, etwas aufbauen, frei sein, selbst entscheiden: Mit diesem Karriereanker spricht viel für eine Gründung. Wer diesen Anker hat, ist oft gleichzeitig durchsetzungsstark und traut sich Führung zu. Sicherlich starten viele Internet-Start-ups mit einem UK-Anker.

Lebensstilintegration (LS)

Menschen, die in der LS den Schwerpunkt setzen, brauchen persönliche Work-Life-Balance. Beruf ist nicht zentral für sie oder ihr Beruf sollte sich komplett ins Leben integrieren lassen. Interessen und Freizeit dominieren oder die Vereinbarkeit mit dem Beruf. Der Beruf sollte das »andere im Leben« ermöglichen. Auch hier kann eine freiberufliche Tätigkeit gut passen, da Freelancer viel eher als andere die Möglichkeit haben, nur vier Tage zu arbeiten oder einige Wochen oder Monate zu pausieren.

Persönlichkeit und Job

Ein weiterer wichtiger Faktor ist Ihre Persönlichkeit. Sind Sie ein Mensch, der offen auf andere zugeht und etwas verkauft? Oder sind Sie lieber der Techniker, der kompetente Ansprechpartner für den Kunden, der lieber technische Probleme löst? Arbeiten Sie gern in der stillen Kammer Konzepte aus, überzeugen Sie gern von Ideen oder setzen Sie lieber etwas um? Leider stellen sich viele Menschen beim Berufseinstieg nicht diese Fragen und landen dann eher zufällig in Jobs, die ihnen eigentlich nicht entsprechen.

Tobias hatte Kulturwissenschaften studiert, sich aber immer schon für die IT interessiert. Nach dem Studium fand er den Einstieg bei einer Firma als Account Manager, also im Vertrieb. Schnell stellte er fest, dass er das »Beraten und Verkaufen« weit weniger mochte als das »Lösungen Finden und Erklären«. Er hatte als Vertriebler das Gefühl, im leeren Raum zu agieren, ohne fachliches Fundament. Gerade das war ihm aber extrem wichtig. Hauptsache, ein Fachgebiet zu haben, in die Tiefe tauchen zu können. Also entschied er sich für ein berufsbegleitendes Studium der Elektrotechnik. Seine Firma ermöglichte ihm zusätzlich, sukzessiv in den Aufgabenbereich des Technikers hineinzuwachsen.

Jeder sollte sich deshalb, vor der Berufsentscheidung ebenso wie vor einem Job-wechsel, über das eigene Persönlichkeitsprofil bewusst werden. Ein Test ist dabei sehr hilfreich – mitunter reicht es aber auch aus, intensiv darüber nachzudenken und sich im Selbstcoaching Fragen zu stellen. Allerdings ist dies nicht für jeden möglich, denn stets fehlt das Fremdbild. Und während einige Menschen mit Ihrer Selbstwahrnehmung sehr dicht an der Fremdeinschätzung sind, klaffen Selbst- und Fremdbild bei anderen wieder stark auseinander.

Extrovertiert und introvertiert

Beim Selbstcoaching können Sie sich an den Unterscheidungslinien eines Tests orientieren. Erst einmal gibt es die grobe Unterteilung in extrovertierte und introvertierte Menschen, also Persönlichkeiten, die auf andere zugehen und offen mit ihnen umgehen, und Menschen, die zurückhaltender sind. Diese Men-schen würden auf einer Party zum Beispiel nicht direkt mit jedem ins Gespräch kommen. Natürlich gibt es auch eine Balance in der Mitte, oder Menschen, die abhängig von der eigenen Stimmung mal extrovertiert und mal introvertiert sein können. Es liegt auf der Hand, dass Extrovertierte überall dort gefragt sind, wo es um Kontakt mit Menschen geht.

Fragen an Sie:
▸ Macht es Ihnen keine Probleme, fremde Menschen anzusprechen? (extrovertiert)
▸ Sprechen Sie z.B. im Supermarkt ganz selbstverständlich mit der Verkäuferin? (extrovertiert)
▸ Ist es für Sie ein Energiegewinn, in einer Umgebung zu sein, wo Sie nie-manden kennen, und reizt es Sie, dort erst einmal Kontakte aufzubauen? (extrovertiert)
▸ Sind Sie auch mal ganz gern für sich allein? (introvertiert)
▸ Sprechen Sie eher nicht mit fremden Menschen? (introvertiert)
▸ Kostet es Sie Energie, in einer Umgebung zu sein, wo Sie niemanden ken-nen, und ist es eher unangenehm für Sie, dort Kontakte aufzubauen? (introvertiert)

Mensch und Sache

Die zweite Unterscheidung ist die zwischen der Mensch- und der Sachorientie-rung. Manche Menschen schöpfen ihre Motivation daraus, Dinge gelöst oder repariert zu haben. Andere brauchen die direkte Resonanz von anderen. Es gibt sogar Menschen, die nur arbeiten können, wenn Sie eine direkte Reaktion erhalten. Andere würden ihre Software auch auf einer einsamen Insel programmieren, der Anstoß kommt aus der Sache heraus. Klar, dass menschenorientierte Persönlichkeiten Tätigkeiten brauchen, wo Sie z.B. andere durch ihre Beratung zufriedenstellen.

Fragen an Sie:

> Lösen Sie gern Aufgaben? (Sache)
> Arbeiten Sie lieber inhaltlich, als sich mit Fragestellungen rund um Mensch, Team, Motivation, Konflikt etc. abzugeben? (Sache)
> Arbeiten Sie gern nah am Menschen? (Mensch)
> Ist Ihnen menschliches Feedback sehr wichtig (Mensch)?

Macher oder Planer

Die dritte Unterscheidung ist die zwischen operativ geprägten Machern und konzeptionell gepolten Strategen. Wenn Sie nicht lange zaudern und Dinge immer sofort umsetzen, spricht das für einen Macher. Ideal sind dann für Sie Vertriebsjobs, vor allem auch, wenn sich zur Extrovertiertheit eine Sachorientierung gesellt. Denn ein Verkäufer sollte sich besser nicht so stark an seinem Gegenüber orientieren, das könnte beim Verkauf blockieren. Wer menschenorientiert ist, interessiert sich dagegen meist mehr für Beratung – hier sind »harmonische« Beziehungen (fast) garantiert, das harte Durchsetzen spielt eine weniger große Rolle. Programmierer sind oft sachorientierte Macher, zaudern nicht lange, ihre Aufgaben zu erfüllen, und bleiben dann kontinuierlich dran bis zur Zielerreichung. Strategisch orientierte Menschen lieben dagegen öfter Tätigkeiten, die den Blick von außen und die Metabetrachtung erfordern. Deshalb mögen sie das konzeptionelle und disziplin- oder abteilungsübergreifende Arbeiten.

Fragen an Sie:

> Gehen Sie Dinge immer sofort und ohne Zaudern an? (Macher)
> Sehen Sie sich erst einmal gern das große Ganze an, bevor Sie sich mit Einzelheiten auseinandersetzen? (Stratege)
> Haben Sie einen Blick für Zusammenhänge und gehen Sie systematisch an Ihre Planungen heran? (Stratege)

Details oder große Schritte

Gehen Sie gern mit Siebenmeilenstiefeln und übergehen Sie dabei auch schon
mal das eine oder andere Detail? Oder ist es genau andersrum, sind Sie der
Schritt-für-Schritt-Mensch, der genau an Dinge herangeht und auf hohe Qualität Wert legt? Detailarbeiter fühlen sich wohler in Tätigkeiten, in denen Sie die
Vorliebe für Kleinigkeiten auch ausleben dürfen, die Große-Schritte-Macher
mögen es dagegen eher, Dinge voranzutreiben und zu entwickeln. Oft sind das
genau die Menschen, die auch in Führungspositionen streben, denn dort ist die
Beschäftigung mit dem Detail unwichtig – die Karriere dreht sich, je höher Sie
kommen, desto mehr um die großen Schritte.

Fragen an Sie:
▸ Arbeiten Sie gern auch an Kleinigkeiten? (Detail)
▸ Ist Ihnen wichtig, dass am Ende alles stimmt, und ärgern Sie sich über die
  20 Prozent, die zur 100-Prozent-Lösung fehlen? (Detail)
▸ Haben Sie keine Lust, sich mit Details zu beschäftigen, und strengt Sie das
  an? (große Schritte)
▸ Denken Sie eher an das Ziel als an all die kleinen Etappen dazwischen?
  (große Schritte)

Was bedeutet das für mich?

In Frankreich existiert schon seit Langem die sogenannte Kompetenzbilanzierung. Das ist eine Zusammenfassung der persönlichen und fachlichen Stärken.
Und die ideale Voraussetzung, um Berufsentscheidungen zu planen. Bei uns
steckt Kompetenzbilanzierung in den Kinderschuhen, angeboten wird sie vereinzelt im Rahmen staatlich geförderter Projekte. Darüber hinaus schaffen Karriereberater einen solchen Überblick über die eigenen Stärken. Eine solche
Kompetenzbilanzierung ist die Basis für weitere berufliche Empfehlungen.

Einige Beispiele: Wer sich als sachorientiert erlebt und gerne mit Inhalten
beschäftigt, braucht vor allem interessante Aufgaben. Welche das sind, legt jeder
Mensch für sich selbst fest. Wenn Sie sich darin nicht sicher sind, sollten Sie Ihre
eigenen Interessen scannen und sich fragen: Was lese ich gern, wo surfe ich im
Internet hin, mit welchen Themen beschäftige ich mich?
     Menschenorientierte Persönlichkeiten dagegen brauchen den Kontakt mit
anderen für die eigene Arbeit. Es ist ihr Überlebenselixier. Kontakte können

für sie den Kern der Tätigkeit bilden, etwa in der Beratung oder im Vertrieb.

Wenn Sie gern detailorientiert arbeiten, bieten sich in der IT z.B. Tätigkeiten in der Entwicklung, im Qualitätsmanagement oder in der Administration an. Gesellt sich eine gewisse Extrovertiertheit und Durchsetzungsfähigkeit dazu, passen Teamleitungen oder Tätigkeiten im Kundenservice. Planerische Menschen mögen oft projektorientiertes Arbeiten, weil sie gut strukturieren und organisieren können. Kommt Durchsetzungsstärke und Sachorientiertheit dazu sowie die Liebe zum Detail, kann auch der Einkauf ein spannendes Feld für sie bieten.

Führungsaufgaben ziehen extrovertierte Menschen an. Als extrovertierter Macher sind Sie prädestiniert für den Vertrieb und für Managementaufgaben. Extrovertierte Strategen lassen sich eher von anderen Bereichen anziehen: etwa von der Projektleitung oder der Unternehmensentwicklung.

Bei der beruflichen Orientierung spielen natürlich noch viele weitere Faktoren eine Rolle, beispielsweise die Interessen oder aber auch sogenannte Lebensmotive. So werden Menschen z.B. von dem Wunsch nach Status erfüllt und davon angetrieben. Sie werden auf einen Titel achten oder auf die Tätigkeit in einem namhaften Unternehmen. Mitunter ist die eigentliche Tätigkeit dann gar nicht mehr so wichtig. All das sollten Sie einmal gemeinsam mit einem Berater analysieren. Erst recht, wenn Sie sich über die eigenen Kompetenzen unsicher sind.

Link:

▸   GIB NRW (http://www.gib.nrw.de/service/downloads/kompetenzbilanz_ nrw.pdf): Kompetenzbilanzierung des Landes NRW – ein ganzes Übungsheft zum kostenlosen Download. Sehr nützlich für den Überblick.

Karriereplanung:
Weiterbildung als Karriere-Turbo

Wir lernen, um das Lernen zu lernen – inzwischen ist dieser Grundsatz auch in den Schulen angekommen. Auf keinen Fall lernen wir fürs Leben, sondern immer nur für einen kurzen Zeitraum. Gerade in der IT: Was heute in ist, ist morgen out. Themen, die gestern stark nachgefragt wurden, sind jetzt kaum noch zu verkaufen. Stetige Veränderung gehört zum Geschäft.

Und Weiterbildung ist das Überlebenselixier der Generation IT. Zu dieser Generation zählen längst nicht mehr nur die Informatiker oder IT-Quereinsteiger, sondern auch alle, die an der Schnittstelle arbeiten, etwa im Einkauf. Sie alle haben mit SAP zu tun, mit ITIL, mit SOA, um nur einige aktuelle Begriffe in den Raum zu werfen. Die Zeiten, in denen eine Ausbildung für eine ganze Generation ausreichte, sind längst vergangen. Zwei kleinere Weiterbildungen im Jahr und eine größere alle drei Jahre – das ist jetzt und künftig ebenso realistisch wie ein Zweitstudium mit 40 oder 50 oder 70 Jahren. Und wenn der Arbeitgeber nicht zahlt, muss es eben aus eigener Tasche finanziert werden.

Viele Angestellte sind sich allerdings dieser Notwendigkeit, ihre Kenntnisse immer wieder auf den neuesten Stand zu bringen, nicht bewusst oder klemmen so in der Komfortzone fest, dass sie dieses Wissen erfolgreich verdrängen. Einmal in ihrer vermeintlich sicheren Position, ignorieren sie die untrügliche Tatsache, dass der Markt draußen sich oft schneller dreht als die Anforderungen »drinnen«.

So wie Frank: Er arbeitete seit 2000 bei einem großen Telekommunikationsdienstleister im Webumfeld. Dort hatte er es sich gemütlich gemacht. Mit dem Gehalt aus dem Jahr 2000, das weit über dem lag, was man acht Jahre später erzielen konnte, und ohne eine einzige Weiterbildung in all den Jahren. »Das wurde auch nicht gefördert«, sagt er. Aktiv gefordert hat er es aber auch nicht. Erst als er sich bewerben musste, wurde ihm bewusst, wie sich der Markt verändert hatte und dass er auf dem heutigen Arbeitsmarkt mit den Qualifikationen von gestern keine Chance mehr hatte.

Weiterbildung nach Plan

Was brauche ich, um meinen Job noch besser zu machen? Welches Wissen fehlt mir, das andere bereits haben? Wer in einem Unternehmen arbeitet, das eher traditionell orientiert ist und Veränderungen im IT-Bereich verhalten gegenübersteht, läuft Gefahr, die Trends zu verschlafen. Von Trends erfährt man in den Magazinen, im Internet, über eigene Informationsnetzwerke und am Stammtisch.

Ich habe von Mitarbeitern in Unternehmen gehört, die ein eigenes informelles Netzwerk gegründet haben, um sich darüber auszutauschen, was möglich wäre, wenn die Geschäftsführung in die IT oder Prozessoptimierung investieren würde. Diese Mitarbeiter waren sehr aktuell informiert.

Aktuell informiert zu sein ist somit eine grundsätzliche Voraussetzung der Weiterbildungsplanung. Nur wenn ich weiß, wo der Trendhase lang läuft, kann ich ihm hinterherhoppeln. Weitere Informationsquellen sind Stelleninserate. Lesen Sie diese ruhig zwei Mal im Jahr, auch wenn Sie sich nicht bewerben. Sie werden sehen, wie sich die Anforderungsprofile verändern, und entdecken somit neue Themen. Auch der Austausch mit Selbstständigen im IT-Bereich ist wertvoll. Da Freelancer bevorzugt dort eingesetzt werden, wo etwas Neues geschaffen wird, sind sie oft besser informiert. Weiterbildung besitzt für sie häufig auch einen höheren Stellenwert.

Jede Weiterbildung sollte einem kurz- und einem langfristigen Ziel folgen. Wo will ich in fünf Jahren stehen? Diese unbeliebte Frage aus manchen Vorstellungsgesprächen ist für die Weiterbildungsplanung essenziell. Möchte ich in fünf Jahren umfangreiche Projektleitungserfahrung in der Materialwirtschaft erlangt haben? Dann ist es an der Zeit, die einzelnen Meilensteine dahin zu definieren: beispielsweise erst eine SAP-Zertifizierung für die fachliche Anerkennung und dann die Qualifizierung zum Projektmanagementfachmann. Anpassungsqualifizierungen, also kürzere Schulungen, um sein Wissen aktuell zu halten, gehören sowieso immer zum Berufsleben dazu.

Welchen Wert hat autodidaktische Weiterbildung?

»Ich habe 1.000 Seiten Java-Kompendium durchgelesen und die Übungen nachgemacht. Wie wertvoll ist eigentlich das Wissen daraus?« Entscheidend ist, ob Sie es in der Praxis anwenden können. Jeder Mensch lernt anders, und manch einer kommt mit dem Buch weiter als mit einer Schulung.

Manuela hatte ein eigenes Open-Source-Projekt ins Leben gerufen und daran drei Jahre programmiert. Das Projekt genoss sogar einen guten Ruf in der Internetwelt, was leicht per Google zu überprüfen war. Es hatte zwar kein Geld, aber jede Menge Erfahrung gebracht. Prädikat für die Arbeitgeber: wertvoll. Deutlich wertvoller als die Teilnahmebescheinigung an einem Kurs.

Dass Praxis wichtiger als theoretische Nachweise ist, gilt vor allem in der Programmierung oder überall da, wo es auf Können ankommt. Dort, wo Wissen, etwa über Methoden, wertvoll ist, hat das Zertifikat einen höheren Stellenwert. In diesen Bereichen ist allerdings Erfahrung trotzdem noch wichtiger. Und als optimal gilt die Kombination aus Erfahrung und Wissen. In einigen Bereichen sind Zertifikate also bedeutsamer als in anderen. Jedenfalls sehen das diejenigen so, die Sie für Jobs auswählen, die Personaler also.

Bereich	Können/Talent	Erfahrung	Methoden-/ Prozesswissen
Programmierung	x	x	
Projektmanagement		x	x
Administration		x	x
Beratung		x	x
Kreation, z.B. Flash	x		

Worin weiterbilden?

Was hat er, was fehlt ihm? Personalentwickler, das sind auf Weiterbildung spezialisierte Personaler, nennen es Bildungsbedarfsanalyse, wenn sie sich die Profile ihrer Mitarbeiter anschauen und daraus den Weiterbildungsbedarf ableiten. Wenn Sie nicht in der komfortablen Situation sind, von einer engagierten Personalabteilung gefördert zu werden, oder sich auch unabhängig vom Bedarf des Unternehmens einfach marktfähig halten wollen, spielen Sie einmal Personalentwickler in eigener Sache.

Analysieren Sie:
1. Welches Wissen, Erfahrung und besonderes Können/Talent habe ich? Das nennt sich dann Ist-Analyse.
2. Fragen Sie sich: Wie und mit welchem Wissen könnte ich meine derzeitige Arbeit effizienter abwickeln und mir neue Gebiete erschließen?

3. Welches Wissen und welche Erfahrung wird von anderen erwartet, die in
   meinem jetzigen Bereich arbeiten oder in dem Bereich, den ich mittel-
   fristig anstrebe? Sprechen Sie mit Personen, die in dem Bereich arbeiten.
   Sammeln Sie in einer Liste.

4. Welche Kompetenzen fordert der Markt? Analysieren Sie dazu Jobange-
   bote. Dazu nutzen Sie einfach eine Metasuchmaschine wie Kimeta.de und
   geben dort Ihr Suchwort, z.b.»Webprogrammierer« oder »SAP-HR-Bera-
   ter« ein. Häufen sich Nennungen, ist dies ein wichtiges Indiz für die Richtung, in die Sie schauen sollten. Wie viele Anzeigen fordern eine Kompetenz, die Sie nicht mitbringen? Auch das gehört in Ihre Liste.

5. Erstellen Sie eine Tabelle mit vier Spalten. Die erste Spalte ist weiß und
   heißt »meine Kompetenzen«, die zweite ist eine Zahlenspalte, die dritte
   grün (»gesucht«) und die vierte Spalte beinhaltet wiederum Zahlen.

6. Welche Kompetenzen sind in welcher Ausprägung vorhanden? Greifen Sie
   auf die Ergebnisse der vorherigen Analyse (1.) zurück und werden Sie
   konkret. Vergeben Sie Punkte von 1 bis 10 und schreiben Sie die Ziffern in
   die grüne Spalte. 1 ist sehr wenig ausgeprägt, 10 sehr hoch.

7. Greifen Sie auf die Ergebnisse aus Punkt 3 und 4 zurück. Gewichten Sie
   nun die aus Marktsicht wichtigsten Kompetenzen in der blauen Spalte.
   1 ist sehr wenig gesucht, 10 sehr gesucht.

Meine fachlichen Kompetenzen		Gesucht	
J2EE	4	UML	10
.NET	10	OOA	5
VBA	5	OOD	5
C#	5	ANT	1
	4	JavaEE	10
	10	.NET	5
	5	VBA	2
	5	C#	5

Im Beispiel hat der Kandidat sehr gute Kenntnisse von .NET, aber nur jeweils
mittelmäßige von VBA oder C#. Die Analyse ergibt, dass JavaEE sehr gesucht
wird. Demzufolge wäre eine Entwicklung der vorhandenen Kenntnisse davon
sinnvoll. Sehr oft fällt in den Anzeigen auch der Begriff UML. Eine weitere Möglichkeit wäre es also, sich Kenntnisse in diesem Bereich anzueignen.

Selbstverständlich können Sie dieses System auch für Ihre persönlichen Kompetenzen anwenden, die Soft Skills.

Meine persönlichen Kompetenzen		Gesucht	
Präsentationsfähigkeit	4	**Beraterqualitäten**	**10**
Teamfähigkeit	10	Durchsetzungsstärke	2
		Verhandlungsgeschick	5
		Präsentationsfähigkeit	**10**
		Durchsetzungsstärke	2
		Verhandlungsgeschick	5

Der Kandidat, ein ABAP-Programmierer (SAP), sollte die bereits vorhandene Präsentationsfähigkeit ausbauen und sich um eine Qualifizierung als Berater kümmern – sofern er in diesen Bereich vorstoßen möchte.

Breite oder Nische?

Ob man nun wie Uri Geller Löffel verbiegt oder wie Pippi Langstrumpf Pferde stemmt: Viel spricht dafür, sich einzigartiges Können anzueignen. Wenn Sie berühmt werden wollen, dann brauchen Sie es auf jeden Fall, aber auch in ganz normalen Jobs.

Nischen bieten eine Garantie dafür, dass Sie keine oder nur wenige Wettbewerber haben, die das Gleiche können. Nischen machen Sie teuer und gefragt. Spezialisten können immer bessere Gehälter erzielen als andere, auch ohne Führung sind Gehälter von 150.000 Euro drin – ganz einfach, weil man Sie halten will und Ihnen mehr bieten muss als die zwei, drei Konkurrenzfirmen.

Allerdings kann es in einer Nische auch ganz schön eng werden, eben weil es so wenige Wettbewerber und adäquate Stellen gibt. Je kleiner die Nische, desto schwieriger wird es. In so einem Fall tun Spezialisten nicht schlecht daran, ihre Nische zu erweitern und sich »kompatible« Kompetenzen zu erwerben, etwa im Managementbereich. In meiner Beratung waren einige ITler, die sich schon in der Schule auf ein Thema gestürzt, aber nie etwas gelernt oder studiert hatten – das Fachwissen hatte sie weit getragen. Aber irgendwann kann damit abrupt Schluss sein, denn die IT ist keine Bäckerei, in der man Brote immer nach

Traditionsrezept backt. Die Zutaten verändern sich, und was heute für guten Geschmack sorgt, kann morgen Bauchschmerzen auslösen. Hier fordert das Berufsleben von ITLern, frei oder angestellt, unternehmerisches Denken. Sie müssen wie ein Unternehmen immer verfolgen, wohin die Reise geht, und sich darauf einstellen, was der Markt jetzt und in Zukunft will.

Zu bedenken ist auch: Eine Nische bedeutet, dass nur wenige Arbeitgeber in Frage kommen und häufige Umzüge wahrscheinlich sind. Wer das mag, würde sagen: Die Chancen auf eine internationale Tätigkeit und viel Abwechslung ist gegeben. Wenige potenzielle Arbeitgeber zu haben birgt besonders bei konjunkturellen Schwankungen eine Gefahr. Zudem ist es sehr anstrengend, sein Expertenwissen dauerhaft auf dem aktuellen Stand zu halten.

Nische (spezielle Fachrichtung)

Pro	Contra
Hohes Gehalt/Honorar möglich	Wahrscheinlich nicht dauerhaft, sondern schwankend je nach Nachfrage
Wenige Arbeitgeber kommen in Frage	Häufige Wohnortwechsel, Reisen
Wenig Wettbewerber	Kann dazu führen, dass man sich selbst nicht richtig einschätzt und den Anschluss verliert
Zum Experten werden	Wird für andere Themen dann nicht mehr gesehen
Gute Verhandlungsbasis, nicht nur, was das Gehalt, sondern auch, was Arbeitszeiten, Home Office etc. betrifft	Als Spezialist kommt man kaum ganz oben auf der Karriereleiter an
Man ist gefragt	Ein neuer Trend kann Expertenstatus schnell auflösen
Man wird gefragt	Verführt dazu, sich nicht mehr um persönliche Weiterentwicklung zu kümmern.

Breite (Weiterbildung Projektmanagement, persönliche Skills etc.)

Pro	Contra
Es gibt viele Stellen …	… und auch viel Wettbewerb
Bei gefragten Kompetenzen trotzdem immer gute Chancen	Es kann zu einem Überschuss kommen, wenn sich zu viele auf ein Thema stürzen
Wahrscheinlich findet man vor Ort etwas	
Gerade persönliche Kompetenzen lassen sich nie in andere Länder outsourcen	

Eine Empfehlung »für alle« gibt es also nicht. Sie müssen sich individuell entscheiden. Es ist auch möglich, im Laufe des Lebens die Strategien zu wechseln.
So hatte Michael als Berater für eine sehr seltene und nur von etwa 80 Firmen
eingesetzte Software begonnen, um sich später von dieser Nischenkompetenz
zu lösen und als IT-Abteilungsleiter zu etablieren.

Altersgerechte Schritte

Oliver Kahn ist es nicht leichtgefallen, mit 39 zu erkennen, dass dies sein letzter
Ball, sein letzter Auftritt im Tor gewesen war. Ein älterer Torhüter springt nicht
mehr so schnell, die Reaktionsfähigkeit nimmt ab. Alter verändert die berufliche
Situation. Auch ältere Programmierer können langsamer werden, nehmen Neu-
es nicht mehr so schnell auf, müssen erkennen, dass die junge Konkurrenz mit
Elan und Schwung ihre Zeilen tippt.

　　Das muss jedoch noch lange nicht heißen, dass es deshalb nun schwieriger
sein muss – wenn rechtzeitig gegengesteuert wird. In einem bestimmten Alter
bekommt das Erfahrungswissen eine wichtigere Bedeutung – das gilt es entsprechend zu betonen. Zudem ist die Persönlichkeit reifer: Man kann besser mit
Menschen und Konflikten umgehen, sicherer organisieren, planen, einteilen,
motivieren. Deshalb ist es eine logische Entwicklung, sich ab 40, 50 in Richtung
Projektmanagement oder Beratung, möglicherweise auch Training weiterzu-
entwickeln. Denn dies trägt auch dann noch, wenn die technische Basis nicht
mehr so aktuell ist wie bei den ganz Jungen oder die Schnelligkeit nachlässt –
zugunsten der sicheren und durchdachten Entscheidung.

Je älter Menschen werden, desto wichtiger wird zudem ihr Erfahrungswissen. Suchen Sie sich Bereiche, in denen Sie genau das einsetzen können. Und lassen Sie die »Jungen« die 16-Stunden-Schichten programmieren.

Verschiedene IT-Weiterbildungen

»Der Dozent liest einfach das SAP-Buch vor. Dann sollen wir das nachlesen«, erzählte mir entrüstet ein SAP-Kursteilnehmer. Längst sind die Zeiten vorbei, als jeder Bäcker zum Programmierer gemacht wurde. Dennoch ist die Qualität der Weiterbildungen im IT-Bereich sehr unterschiedlich, stoßen gerade arbeitsamtunterstützte Kurse nicht immer auf Begeisterung seitens der Teilnehmer. Schuld ist sicher die Kostenstruktur, die es nicht erlaubt, teure Dozenten einzukaufen. Die können gerade in der IT anderswo mehr Geld verdienen. Was nicht heißt, dass teure Dozenten gut und billige schlecht sind: Dort, wo günstige Preise vorherrschen, entscheidet eben letztendlich nur der Zufall.

Es gibt wohl nirgendwo so viele Weiterbildungen wie in der IT. Entsprechend untransparent präsentiert sich der Markt. Der Wert der Weiterbildungen ist auch deshalb schwer einzuschätzen, da immer noch das Theorielernen vorherrscht. Zudem wird nach wie vor überwiegend software- oder hardwareorientiert geschult: Da gibt es Cisco-Kurse oder Navision-Schulungen. In der Praxis steht aber weniger das Produkt als vielmehr das Projekt im Vordergrund. Und das verlangt den Blick über den begrenzenden Tellerrand.

Erst langsam weichen sich diese Strukturen auf, erfolgt ein Umdenken. Bis dahin sind Weiterbildungshungrige darauf angewiesen, auf dem Markt den Kurs zu finden, der am besten zu ihnen passt. Und das zumindest ist eigentlich ganz einfach.

Weniger einfach ist es, sich unter den Bezeichnungen zurechtzufinden, die für Veranstaltungen verwendet werden, die das »Lernen« zum Ziel haben. Um ein wenig Überblick über das Begriffskauderwelsch in der Weiterbildungsbranche zu geben, hier der Versuch der Abgrenzung:

▸ **Zertifikatslehrgänge:** Hier geht es darum, ein bestimmtes Zertifikat zu erwerben. Der Kurs ist die Vorbereitung auf die Prüfung.

▸ **Bootcamps:** Spezieller Begriff aus dem IT/Internet-Umfeld. Ein Wochenende oder länger wird unter Moderation gemeinsam an einem Projekt gearbeitet.

▸ **Schulungen:** Der Umgang mit einem Programm steht im Vordergrund.

▸ **Seminare:** Ein Seminar ist eine Lehrveranstaltung, die Wissen oder Fähigkeiten (auch Soft Skills) vermittelt.

▸ **Workshop:** Hier geht es darum, gemeinsam Lösungen für eine Fragestellung auszuarbeiten.

▸ **Fortbildung:** Ein Begriff, der im Rahmen des Berufsbildungsgesetzes verwendet wird. Er bezeichnet Lehrgänge, die auf Prüfungen vorbereiten.

▸ **Weiterbildung:** Umfasst übergreifend alle Bereiche der persönlichen und fachlichen Fortentwicklung, auch autodidaktische.

▸ **Umschulung:** Eine neue, zweite oder dritte Ausbildung. Wird heute nur noch sehr selten von der Arbeitsagentur gefördert, meist dann, wenn im alten Beruf aus gesundheitlichen Gründen nicht mehr gearbeitet werden kann.

IT-Weiterbildung APO-IT

Chaos! Das kennzeichnete viele Jahre die Berufsbezeichnungen in der IT. Das Fraunhofer-Institut versucht seit 2003, etwas Ordnung hineinzubringen, und hat APO-IT entwickelt. Dieser unschöne Name, der irgendwie an 68er-Protest und Revolution erinnert, steht für arbeitsprozessorientierte Weiterbildung. Solche Begriffe können sich nur Wissenschaftler ausdenken, und das ist möglicherweise auch das Problem von APO-IT. Die Idee nämlich ist gut, leider nur viel zu kompliziert (allein 29 Spezialistenprofile!) und konnte sich sicher auch deshalb nicht in der Breite durchsetzen. Arbeitsprozessorientierte Weiterbildung bedeutet, dass im Unternehmen gelernt wird, anhand von dort bestehenden Prozessen. Der Ansatz: Der Bewerber hat bisher die Aufgaben XY, zum Beispiel als Systemadministrator. Demnächst will er Projekte übernehmen. Nun sucht er gemeinsam mit seinem Vorgesetzten ein geeignetes Projekt, das die Basis für den APO-Lehrgang sein soll. Er führt dieses Projekt durch, dabei unterstützt ihn ein Lernprozessbegleiter, der im Unternehmen sitzen kann, aber auch außerhalb. Dieser Lernbegleiter hat eine didaktische Funktion, motiviert und unterstützt bei der Aufnahme von Wissen. Der fachliche Ansprechpartner dagegen sollte immer im Unternehmen selbst sitzen, er nennt sich fachlicher Berater.

In der APO-Ausbildung werden Spezialisten und Professionals unterschieden. Für beide existieren auch unterschiedliche Prüfungsformen: Die Spezialisten werden in einem neu entwickelten Verfahren gemäß internationalen Personalzertifizierungsnormen geprüft. Dies erfolgt über die Stelle Cert-IT (www.cert-it.de).

Die Zertifizierung muss alle 5 Jahre wiederholt werden, sie ist hersteller- und produktunabhängig. Die Professionals schließen ihre Fortbildung mit einer öffentlich-rechtlichen Prüfung vor einer Industrie- und Handelskammer (IHK) ab. Demnach gibt es folgende Weiterbildungsprofile:

IT-Spezialisten: Die 29 Spezialistenprofile schließen mit einem TGA-Zertifikat nach der Norm DIN EN ISO/IEC 17024 ab. IT-Spezialisten finden sich als Entwickler, Administratoren wieder. Sie arbeiten im operativen Geschäft. Die 29 Spezialisten sind in sechs Funktionsgruppen unterteilt: Software Developer (Softwareentwickler), Coordinator (Entwicklungsbetreuer), Solution Developer (Lösungsentwickler), Technician (Techniker), Administrator (Lösungsbetreuer – davon gibt es allein 5 verschiedene) sowie Advisor (Produkt- und Kundenbetreuer). Die Funktionsgruppen wiederum enthalten drei bis sechs unterschiedliche Spezialistenprofile. Beispiel Administrator: Es gibt den Web-Administrator, den Network Administrator, den IT Systems Administrator, den Database Administrator und den Business Systems Administrator.

Operative IT-Professionals: Die vier operativen IT-Professionals schließen mit einem IHK-Zeugnis nach §46(2) BBiG ab. Ihr Einsatzgebiet liegt in der mittleren Führungsebene.

Strategische IT-Professionals: Die beiden strategischen IT-Professionals erhalten ebenfalls einen IHK-Abschluss. Sie arbeiten (so die Theorie) überwiegend in Geschäftsführerpositionen in KMUs, also kleineren und mittleren Unternehmen bzw. als Hauptabteilungsleiter in Großunternehmen der ITK-Branche.

Ausführliche Profile finden Sie auf den Seiten www.apo-it.de sowie bei www.cert-it.de.

Die Zielgruppe der APO-IT-Weiterbildungen sind Absolventen mit einem berufsqualifizierenden Abschluss in der IT oder in anderen Bereichen, die über eine mindestens einjährige IT-Berufspraxis verfügen. Avisiert werden außerdem Fachkräfte mit mindestens vierjähriger IT-Berufspraxis, auch ohne Berufsabschluss. Sie können auch zugelassen werden, wenn Sie durch Zeugnisse oder auf andere Weise glaubhaft machen können, dass Sie ausreichende Qualifikationen erworben haben.

Wie sinnvoll ist APO-IT?

Interview mit Stefan Grunewald. Grunewald ist Geschäftsführer der Zertifizie-rungsstelle Cert-IT mit Sitz in Berlin.

Wie anerkannt ist APO-IT?
Das ist sehr unterschiedlich. Es gibt Unternehmen, die APO sehr schätzen, etwa die Deutsche Telekom. Dort hat das Zertifikat einen hohen Wert. Andere kennen dieses Zertifikat einfach noch nicht.

Was ist das Besondere?
Bisher sind Zertifizierungen im IT-Bereich fast ausschließlich an Hersteller wie Microsoft, Cisco oder Sun sowie an deren Produkte gebunden. Die Unter-nehmensrealität sieht aber anders aus: Dort sind heterogene Systeme im Einsatz. Es geht darum, unabhängig von Produkten Lösungen zu finden. Da ist APO-IT sehr zeitgemäß.

Warum konnte es sich dennoch bisher nicht auf breiter Front durchsetzen?
Das liegt sicher auch an der Komplexität der Profile. Zudem wurde das Pro-jekt sehr wissenschaftlich kommuniziert. Die meisten verstehen gar nicht, um was es da geht. Deshalb haben wir uns auf unserer Website um eine einfache Darstellung bemüht. Wir bieten zum Beispiel ein Video an, wo sich der Besucher ein Zertifizierungsgespräch selbst ansehen kann und so einen praktischen Einblick gewinnt.

Welche Spezialistenprofile sind denn am meisten gefragt?
Das ist ohne Frage der Bereich der Administration. Hier besteht auch der größte Bedarf in den Unternehmen.

Können sich auch Selbstständige zertifizieren lassen?
Ja, sofern Sie ein Unternehmen gewinnen, wo Sie das Projekt durchführen. Sie brauchen zudem einen Experten, der Ihnen fachlich beisteht.

Besteht jeder die Zertifizierung?
Nein, etwa 25 Prozent fallen durch. Der Grund dafür ist z. B., dass die Teilnehmer es nicht schaffen, die Präsentationszeit von 30 Minuten ein-zuhalten.

Finden Sie die Weiterbildung, die passt

Bevor Sie sich für einen Kurs entscheiden, sollten Sie erst einmal genau analysieren, welche Kenntnisse Ihnen fehlen. Dazu ist es wichtig, ein Ziel vor Augen zu haben: Welche Positionen interessieren Sie? Lesen Sie die Anforderungsprofile und listen Sie die fehlenden Skills auf, die Ihnen dabei begegnen.

Das gleiche System sollten Sie für berufliche Veränderungen anwenden. Wenn Sie jetzt Entwickler für C++ und Java sind, künftig aber mehr im Internetumfeld mit Java arbeiten möchten, sollten Sie genau diese Stellenprofile durchlesen und in einer Liste sammeln, was Ihnen fehlt. Das können z. B. Kenntnisse in Java Server Pages sein (JSP) oder Kenntnisse sogenannter Frameworks (das sind Rahmen und Regeln für die Programmierung).

Das Gleiche gilt auch für die Soft Skills: Wird erwartet, dass Sie präsentieren und reporten, dies aber genau Ihr Schwachpunkt ist, ist klar, wohin die Weiterbildungsreise gehen muss.

Kommen Sie so nicht weiter, etwa weil Sie als Absolvent noch ganz am Anfang stehen, sollten Sie direkt mit der Zielgruppe sprechen, also mit Unternehmen, die Sie einstellen würden. Schildern Sie die Kenntnisse, die Sie bereits haben, und fragen Sie, was die optimale Ergänzung dazu wäre.

Meine Kernkompetenzen	Was fehlt	Wie wichtig für mich in Zukunft?
HTML	XML	3
JavaScript	XSL	2
CSS	Silverlight	3
Flash	Präsentationsfähigkeit	1

Im zweiten Schritt legen Sie nun fest, was Sie für eine Weiterbildung ausgeben können oder möchten und welche Orte in Frage kommen. Recherchieren Sie dann die Anbieter über das Internet.

Welche Weiterbildung brauchen ITler?

Interview mit Tomas Bohinc. Er ist Buchautor (u. a. *Karriere machen, ohne Chef zu sein*) und arbeitet bei der Deutschen Telekom in der Personalentwicklung.

Was verbindet Sie mit der IT?
Wenn man so will, bin ich eigentlich ITler. Vor 23 Jahren habe ich meine
Karriere als Softwareentwickler begonnen. Nach sieben Jahren wechselte ich
dann in eine neu gegründete Abteilung für die Weiterbildung der IT-Mitarbeiter und später in die Personalentwicklung. Vor drei Jahren habe ich eine
Fachkarriere für die IT-Sparte unseres Unternehmens entwickelt, die wir jetzt
weltweit eingeführt haben.

Welche Soft Skills brauchen ITler wirklich? Und muss man diese in der
Bewerbung belegen oder anders beweisen?
Welche Soft Skills ITler brauchen, hängt davon ab, was sie tun. Ein IT-Mitar-
beiter, der in Kundenprojekten als Consultant arbeitet, braucht andere Soft
Skills als ein Mitarbeiter in einem Rechenzentrum. Zum Grundstock aller
Mitarbeiter gehören jedoch Soft Skills, um mit anderen Menschen zu reden,
im Team zu arbeiten und Ergebnisse zu präsentieren. Konkret: kommunizie-
ren, team- und konfliktfähig sein und kompetent auftreten können.

Für Soft Skills gibt es keine Bescheinigungen, höchstens das Urteil anderer Menschen. Dies kann man aber im Bewerbungsprozess nutzen. Im
Anschreiben sollte der Bewerber möglichst konkret beschreiben, wie sich seine
Soft Skills zeigen. Ein Satz wie »Ich bin kommunikativ, teamfähig und kann
überzeugend präsentieren« reicht nicht. Besser ist es, eine Situation zu schildern, in der man diese Fähigkeiten genutzt hat und welche positive Reaktion
von anderen darauf erfolgte. Als Bewerber muss man seine Soft Skills auch in
jedem Kontakt mit der Personalabteilung oder dem künftigen Chef unter
Beweis stellen. Wer bei der angegebenen Kontaktadresse anruft und dort einen
guten Eindruck hinterlässt, hat schon seine kommunikativen Fähigkeiten
bewiesen; wer eine überzeugende Selbstdarstellung im Vorstellungsgespräch
abgibt, hat gezeigt, dass er präsentieren kann. Man kann davon ausgehen,
dass ein Mitarbeiter, der im Bewerbungsprozess von sich überzeugen konnte,
auch im Unternehmen die Soft Skills anwendet, die er in seinem Job braucht.

Muss ein Projektmanager unbedingt Zertifikate besitzen?
Zertifikate werden immer wichtiger. Kunden verlangen immer mehr, dass die
von den Unternehmen eingesetzten Projektmanger auch zertifiziert sind. Dies
gibt ihnen mehr Sicherheit, einen guten Projektleiter zu haben. Andererseits
gibt es aber auch Projektleiter, die ohne Zertifikat Projekte erfolgreich mana-
gen und immer wieder gefragt sind. Zertifikate sind empfehlenswert, denn sie
haben drei Vorteile: Sie zwingen Projektleiter, sich systematisch mit dem

Thema Projektmanagement auseinanderzusetzen, und sorgen so für eine fundiertes Wissen im Projektmanagement, sie sind eine Empfehlung für Kunden und sie helfen bei der Bewerbung um einen neuen Job.

Ist die PMI oder IPMA besser?
Diese Frage ist so nicht zu beantworten. Beide Zertifikate haben Ihre Berechtigung. Die IPMA- Zertifizierung ist in Deutschland weit verbreitet. Wer jedoch international arbeiten will, braucht das PMI-Zertifikat. Denn nur dieses ist international anerkannt. Beide Zertifikate beruhen aber auch auf einer unterschiedlichen Projektmanagement-Methode. Welches Zertifikat besser ist, hängt vom Arbeitsbereich ab, in dem man tätig ist oder tätig sein will.

Welchen Wert hat APO-IT?
APO-IT ist in den Jahren entstanden, als die IT-Branche boomte. Ziel war es, Berufsein- und Umsteigern in den IT-Arbeitsbereich eine fundierte Ausbildung in 29 IT-Gebieten, den sogenannten IT-Profilen, zu geben. Dazu wurde die Lernmethode des arbeitsprozessorientierten Lernens entwickelt. Die Idee ist dabei folgende: Der Lernende eignet sich die Kenntnisse im Arbeitsprozess selbst an, mit der Unterstützung eines sogenannten Lernprozessbegleiters. Nach etwa einem Jahr kann er eine Prüfung ablegen und erhält ein europaweit anerkanntes Zertifikat. Die Methode selbst ist zwar innovativ, hat sich jedoch nicht durchgesetzt. Insofern ist der Marktwert von APO-IT bei der Stellensuche sehr begrenzt. Sie ist zu wenig bekannt und geschätzt, als dass sie einen Wettbewerbsvorteil im Bewerbungsprozess bedeuten könnte. Die Teilnehmer selbst profitieren jedoch von dieser Art der Fortbildung: Sie ist in höchstem Maße praxisorientiert, individuell auf die Lernbedürfnisse des Einzelnen zugeschnitten und er eignet sich eine Selbstlernkompetenz an, die ihm auch bei seinem weiteren Berufsweg hilft, sich schnell in neue Themen einzuarbeiten.

Allgemeine Rechercheadressen
‣ Kursnet (www.kursnet.de): Umfangreiche Datenbank der Arbeitsagentur.
‣ AlleKurse.de (www.allekurse.de): Kursdatenbank für berufliche Weiterbildung und Freizeit
‣ Unternehmensgruppe Schulen, Hochschulen, Akademien (www.fuu.de): Umfangreiche Kursdatenbank
‣ SemiGator (www.semigator.de): gemischte Seminare im ganzen Bundesgebiet

› seminus (www.seminus.de): Weiterbildungsplattform, wie Semigator
› IT-Medien-Hamburg (www.it-medien-hamburg.de): IT-Seminare in
  Hamburg
› IT-Fortbildung (www.it-fortbildung.com): Datenbank für IT-Fortbil-
  dungen und IT-Schulungen

Anbieter mit Schwerpunkt PC/IT

› PC College (www.pc-college.de): In allen Bundesländern, viele auch neue
  Zertifizierungen im IT-Bereich
› GFN Training (www.gfn.de/Training): Zahlreiche Zertifizierungen, unter
  anderem ITIL, Datenschutz, Windows, Linux
› CBT Training (www.cbt-training.de): Microsoft, Linux, ITIL etc.
› New Horizons (www.newhorizons.de): Breites Angebot, Schwerpunkt auf
  klassischen Schulungen wie Office etc.
› Global Knowledge (www.globalknowledge.de): Laut Eigenaussage Welt-
  marktführer für Cisco Trainings, größter Microsoft-Schulungspartner in
  Europa, ITIL, VMWare

Anbieter SAP

› SAP hat selbst eine Consultant Academy in mehreren Städten, die natürlich die erste Wahl ist, aber entsprechend teuer (Infos über www.sap.com/
  germany/services/education/schulungskatalog/consultant_academy).
  Darüber hinaus besitzt SAP eine Reihe deutscher Schulungspartner (u.a.
  WBS Training, aber auch die Studiengemeinschaft Darmstadt sgd). Eine
  vollständige Liste finden Sie unter www.sap.com/germany/services/educa-
  tion/bildungspartner/bpartner.epx.

Weiterbildungen im Bereich Online-Marketing

› Google (https://adwords.google.com/select/ProfessionalWelcome): Die
  derzeit beste Qualifizierung im Online-Marketing-Bereich ist auch noch
  kostenlos: die zum Google Advertising Professional
› die dialog akademie (www.dda-online.de): Weiterbildung zum Online-
  Marketing-Fachwirt, vom Bundesverband Digitale Wirtschaft
  (BVDW e.V.) ins Leben gerufen, bundesweit
› WAK Köln (www.wak-koeln.de): Die Westdeutsche Akademie für Kommunikation in Köln bietet ebenfalls einen Lehrgang zum Online-Marke-
  ting-Fachwirt an, regional

Weiterbildungen als E-Learning

▸ Skillsoft (www.skillsoft.de): Marktführer im E-Learning, bietet 100 Kurse für IT-Zertifizierungen, Schwerpunkt ist allerdings inhouse (in den Firmen). Die komplette MCSE-Prüfungsvorbereitung erhalten Sie z.b. für 1.900 Euro.

Arbeitsamtgeförderte Schulungen

Die meisten Akademien akzeptieren auch die Förderung durch die Arbeitsagenturen oder die ARGE, die in der Regel für Arbeitslosengeld-II-Empfänger zuständig sind. Einige Lehrinstitute finanzieren sich aber zu einem weit überdurchschnittlichen oder auch ausschließlichen Teil über die Arbeitsagenturen. Die Schulungen setzen dann meist auf einem niedrigeren Niveau an, da die Kurse andernfalls gar nicht voll besetzt werden könnten. Schwerpunkt sind einfache technische Schulungen, etwa in Excel. Umfangreiche »Maßnahmen« dauern meist neun Monate, typischerweise finden dabei sechs am Lehrinstitut statt und weitere drei innerhalb eines Praktikums. Über arbeitsamtgeförderte Maßnahmen höre ich sehr viel Unterschiedliches: Lob, aber auch Schelte. Bundesweit tätige Akademien haben möglicherweise in Berlin bessere Dozenten als in München – oder umgekehrt. Sie sollten sich also vorher informieren. Sprechen Sie mit Teilnehmern aus früheren Gruppen und/oder recherchieren Sie im Internet, etwa auf Bewertungsplattformen wie www.ciao.com. Da findet man dann Infos wie diese: »Die Zusammensetzung der Gruppe war nicht sehr homogen. Viele hatten zu wenig Vorkenntnisse, die ausgeglichen werden mussten und anderen die Zeit wegnahmen.« Gehen mehrere Berichte in eine ähnliche Richtung? Das ist sicher ein Indiz. Achten Sie aber auch auf die Zeit, zu der der Bericht publiziert worden ist. Was 2004 schlecht war, kann inzwischen stark verbessert worden sein – und umgekehrt.

Leider wird oft zwischen Arbeitslosengeld-II und Arbeitslosengeld-I-Empfängern unterschieden. Hartz-IV-Bezieher bekommen damit oft die schlechteren Kurse bzw. die, die auf einem niedrigeren Niveau ansetzen. Gerade IT-Fachleute rutschen meiner Erfahrung nach oft in den ALG-II-Bezug, weil sie selbstständig waren, plötzlich krank wurden oder ihnen das Geld aus anderen Gründen ausging. Ohne Zwischenstation über das Arbeitslosengeld I – wie ihre angestellten Kollegen – landen sie damit direkt bei den ARGen oder Jobcentern und bilden gemeinsam mit Langzeitarbeitslosen, die nie etwas gelernt haben, eine alles andere als homogene Gruppe.

Eine Schulung durchzusetzen ist für diese Menschen besonders schwer, wenn sie nicht das Glück haben, auf einen offenen und kompetenten Fallmanager zu stoßen. Dann ist vieles möglich, denn lauter Kann-Bestimmungen lassen dem Entscheider bei der ARGE viele Freiheiten, die er aber natürlich gegenüber seinem Vorgesetzten rechtfertigen muss. Hier hat sich extreme Hartnäckigkeit bewährt. Oft verlangen die ARGEn eine Einstellungszusage, damit sie eine Förderung bewilligen. Dies gilt vor allem für die teureren Schulungen, etwa im SAP-Bereich. Nun können Selbstständige, die auch später als Freelancer arbeiten wollen, diese Einstellungszusage kaum hervorzaubern. Meine Erfahrung: Oft reicht ein »ich würde einstellen bzw. für ein Projekt auf freiberuflicher Basis engagieren« völlig aus. Derjenige, der Ihnen diese Bescheinigung ausstellt, ist dann auch nicht verpflichtet, sein Versprechen später einzulösen.

Akademien, die viele Arbeitsagentur-Teilnehmer haben:

▸ Grone (www.grone.de): In Norddeutschland und den neuen Bundesländern

▸ Rackow (www.rackow.de): Nur in Hamburg aktiv

▸ RWTÜV Akademie (www.rwtuev-akademie.de): Schult auch in SAP, Bildungspartner SAP

▸ Date-up (www.date-up.com): SAP, Datev, CAD u.a., bundesweit

▸ Deutsche Angestellten-Akademie (www.daa-bw.de)

▸ WBS Training AG (www.wbstraining.de): Geförderte Weiterbildungen zum SAP-Anwender oder SAP-Berater, Bildungspartner von SAP

Bildungsgutschein

Sie sind arbeitslos oder beziehen aufstockendes Arbeitslosengeld II? Dann könnte Ihre Wunschmaßnahme, die Sie für den Arbeitsmarkt fit macht, aus dem Topf der Arbeitsagentur (also den Beiträgen zur Arbeitslosenversicherung) oder der ARGE (wird über Steuergelder finanziert) gefördert werden. Der Bildungsgutschein (BGS) ist eine freiwillige Zusage der Bundesagentur für Arbeit über die Kostenübernahme einer Teilnahme an einer längeren Weiterbildung. Die relevanten Paragrafen, auf die Sie sich berufen müssen, sind der § 77 Abs. 3 SGB III (für Arbeitslosengeld-II-Empfänger) und § 16 Abs. 1 SGB II (dieses Gesetzbuch ist für Arbeitslosengeld-II-Bezieher).

Ab Ausstellungsdatum des Bildungsgutscheins hat dieser eine Gültigkeit von maximal drei Monaten bis zum Beginn der Weiterbildung. Sie können sich damit selbst einen Anbieter für Ihre zuvor mit dem Berater besprochene Schulung suchen. Der Berater kann aber auch darauf bestehen, dass Sie an einer bestimmten Maßnahme teilnehmen. Möchten Sie einen weiter entfernten Kurs besuchen, so müssen Sie der ARGE oder der Arbeitsagentur nachweisen, dass es diese spezielle Weiterbildung in Ihrer Umgebung nicht gibt.

Die Zeiten, in denen Arbeitsagenturen sehr offen mit Weiterbildungen umgingen, sind leider vorbei. Wenn überhaupt, werden Arbeitslose in bestimmte, für die Ämter besonders günstige Maßnahmen gesteckt, die allerdings wenig bringen. Lassen Sie sich darauf nicht ein, sondern setzen Sie Ihre Wunschmaßnahme durch, wenn Sie überzeugt sind, dass Sie diese für eine bessere Situation auf dem Arbeitsmarkt brauchen. Oft hilft, gerade im ARGE-Bereich, die schriftliche Stellungnahme eines Experten. Bestehen Sie auf der für Sie richtigen Weiterbildungsmaßnahme und verlangen Sie im Zweifelsfall ein Gespräch mit dem Vorgesetzten Ihres Fallmanagers, wenn Sie dort bei aller Freundlichkeit nicht weiterkommen.

Weiterbildung für Mütter

Nach acht Jahren Erziehungspause schulte das Arbeitsamt die Tischlerin Hanna 2000 zur Webmasterin um. Von da aus entwickelte sie sich zur Programmiererin. In diesem Beruf arbeitet Hanna noch heute. Sehr glücklich und finanziell unabhängig. Leider sind die Zeiten einer solch aktiven Förderung vorbei – auch wenn diese vom Gesetz sogar vorgeschrieben wird. Laut §8 SGB III soll die Arbeitsagentur Berufsrückkehrer bei der Eingliederung in den Arbeitsmarkt unterstützen. Da es meist Mütter sind, die einige Jahre aus dem Beruf ausgeschieden sind und dadurch den Anschluss verloren haben, betrifft dies überwiegend Frauen. Für viele wäre eine Weiterbildung die Eintrittschance zurück in den Job. Leider sieht die Praxis anders aus, als es sich die Väter (und Mütter?) des Sozialgesetzbuches wahrscheinlich gedacht hatten. Ich sehe an meinem Wohnort Schleswig-Holstein, dass Mütter in spezielle Berufsrückkehrerinnenkurse geschickt werden, wo sie Word und Excel lernen – was viele längst können. Für die Bewerbung bringt so ein Kurs nichts, und eine echte Qualifizierung wäre sie auch nicht. Viel sinnvoller: eine individuelle, auf den Vorkenntnissen aufbauende Weiterentwicklung – gern auch im technischen Bereich. Es scheint aber vielmehr so zu sein, dass die Arbeitsämter ganze Müttergenerationen fit fürs Büro machen wollen, und damit für einen Bereich, der sie finanziell kaum auf eigenen Füßen stehen lassen wird.

Lernstil

»Ich komme mit dem Stil des Dozenten einfach nicht klar. Ich muss alles immer noch einmal selbst nachlesen«, so ein Kursteilnehmer. Die Wahrheit ist: Jeder lernt anders. Das jahrelang vorherrschende Frontal-Lernen spricht viele nicht an. Allerdings höre ich auch immer wieder, dass das inzwischen moderne Gruppen- und Projektlernen ebenfalls längst nicht jedermanns Sache ist. Der eine lernt mit Bildern, der andere beim Hören. Und manch einer ist nach dem auto-didaktischen Studium eines umfangreichen Buchs besser für die Praxis gewappnet als mit einem Kurs. Entscheiden Sie deshalb für sich, was die passende Form für Sie ist. Bei Zertifizierungen haben Sie oft die Wahl zwischen Vorbereitungs-kursen, die in einer Gruppe stattfinden, und Online-Lernen. Manche Zertifizie-rung ist auch nicht an einen Vorbereitungskurs geknüpft. Wenn Sie davon über-zeugt sind, sich selbst optimal vorbereitet zu haben, gehen Sie dann nur zur Zertifizierung.

Eine kleine Entscheidungshilfe:
Am besten lerne ich ...

	ja	nein
allein	O	O
mit anderen	O	O
durch Bilder und Grafiken	O	O
indem mir ein anderer etwas erklärt	O	O
wenn ich etwas aufschreibe	O	O
wenn ich etwas aufzeichne	O	O
wenn ich das Prinzip verstanden habe	O	O
wenn ich alle Einzelheiten kenne	O	O
wenn ich etwas selbst ausprobieren kann	O	O
wenn ich zuhöre	O	O
wenn ich etwas lese	O	O

Effektiver Lernen – Infos im Netz:
▸ Effektiver Lernen (www.effektiver-lernen.de/): Große Mengen an Wissen leichter verdauen mit Diplom-Volkswirt Wilfried Busse
▸ Mind Machines (www.mind-machines.de): Tools für geistige Fitness
▸ Speed Reading (www.schnell-lesen.de): Infos über das Turbo-Lesen und weitere Adressen

Trendthemen: Turbos für Ihre Karriere

Welche fachlichen und methodischen Weiterbildungen sind derzeit und in Zukunft besonders gefragt? Womit werde ich morgen erfolgreich sein? In diesem Kapitel stelle ich einige Karriereturbos vor – ohne Anspruch auf Vollständigkeit.

Business Intelligence

Kurz BI – nicht wirklich neu, aber zunehmend gefragt. Dahinter steckt das Wissen, dass ein intelligentes Unternehmen profitabler arbeitet. Die Aufgabe ist dabei zunächst, herauszufinden, was ein Unternehmen eigentlich »schlau« macht, dem Unternehmenswissen auf die Spur zu kommen. Business Intelligence bezeichnet Verfahren und Prozesse, die elektronisch Unternehmensdaten erfassen, auswerten und darstellen. Letztendlich geht es darum, Erkenntnisse zu gewinnen, die bessere operative oder strategische Entscheidungen im Unternehmen ermöglichen. Mit den gewonnenen Erkenntnissen gestalten Unternehmen ihre Geschäftsabläufe, Kunden- und Lieferantenbeziehungen profitabler.

GreenIT

Strom wird immer teurer. Das wirkt sich inzwischen auch auf den Betrieb der externen oder unternehmenseigenen Rechenzentren aus. Energie, früher ein »Unter-ferner-liefen«-Thema, ist zum kritischen Erfolgsfaktor geworden. Wer zu viel verbraucht, minimiert damit seine Gewinne – oder läuft sogar in die Verlustzone. Deshalb stellen manche Rechenzentren bereits auf stromsparenden Betrieb um. Auch Kunden wollen keine Stromfresser mehr, deshalb steht bei GreenIT auch die Entwicklung energiesparender Geräte im Zentrum. Dazu kommt der Bio-Faktor: Kunden schätzen Grünes, nicht nur auf dem Gemüsemarkt.

Ein Markt auch für Geschäftsideen oder für die Geschäftsentwicklung vorhandener Unternehmen. Der Provider Host Europe etwa hat seit Kurzem eine »GreenIT« im Angebot. Seit 2008 betreibt Host Europe seine Datacenter ausschließlich mit CO_2-neutralem, regenerativ erzeugtem Strom und vermeidet so den Ausstoß von mehr als 9.300 Tonnen CO_2 pro Jahr. Mit diesem Logo können sich seine Kunden schmücken und damit signalisieren, dass sie voll im Öko-trend liegen. Bei Hewlett-Packard nennt sich der Grüntrend »Virtual Green«: diese Produktlinie beschreibt besonders stromsparende Hardware. Ohne Frage ist die intelligente Nutzung der Energie im IT-Bereich zu einem vordringlichen Forschungs- und Entwicklungsthema geworden. Und schlau, wer sich darauf spezialisiert oder zumindest über die aktuellen Trends und Produkte informiert.

ITIL

ITIL ist schon mehr als nur ein Trend: Man braucht es dort, wo es eingesetzt wird, also überall, wo IT-Dienstleistungen gemanagt werden. ITIL beschreibt das systematische Vorgehen dabei. So ist es eine Art Best-Practice-Kompendium, das auch laufend verbessert wird. Es hilft, die IT-Abteilung besser zu strukturieren und zu organisieren. ITIL ist die Abkürzung für den durch die CCTA in England im Auftrag der britischen Regierung entwickelten Leitfaden der IT Infrastructure Library. Das sind mehrere Bücher, die das optimale Vorgehen beim Umgang mit IT-Dienstleistungen beschreiben.

Unified Communications

Weltweit haben bislang laut der IT-Marktforscher Gartner Group erst 20 Prozent der Unternehmen mit Telefonvermittlungsanlagen auf IP-Telefonie umgestellt. Das Telefonieren über die IP-Schnittstelle, also über das Internet, ermöglicht spürbare Kosteneinsparungen, denn es macht die herkömmlichen Netze und ISDN-Anlagen überflüssig. Auch deshalb werden viele Unternehmen in den nächsten Jahren umstellen. Dabei stehen die Unified Communications im Vordergrund. Das bedeutet, dass alle Kommunikationskanäle im Unternehmen an einer zentralen Stelle zusammenlaufen.

Business Process Modeling

Wie funktioniert was? Was passiert nach A, auf dem Weg zum Kunden, bei den Tochterunternehmen? Die Abbildung von Geschäftsprozessen in der IT gewinnt in den nächsten Jahren weiter an Relevanz. Denn: Optimierte Geschäftsprozesse sind die Voraussetzung für effizientes Arbeiten. Die große Herausforderung für Unternehmen in diesem Zusammenhang wird es sein, SOA- (Service-orientierte Architektur) und Business-Process-Verantwortliche zusammenzubringen, sagen Experten. Denn: Business-Process-Management-Lösungen (BPM) werden SOA-Entwicklungen in Zukunft ergänzen.

Modernes Metadatenmanagement

In Unternehmen wachsen in verschiedenen Abteilungen Datenberge, die diese unabhängig voneinander sammelten. Für Unternehmen wird es immer wichtiger, einzelne Stammdaten-Managementprojekte zu einem übergreifenden EIM (Enterprise Information Management) zusammenzuführen. Dabei kommt dem Metadatenmanagement eine tragende Rolle zu. Es sorgt dafür, dass Informationen wieder verwendbar und konsistent sind und in ein gemeinsames System integriert werden können.

Mash-ups

Mash-up ist die Vermischung bereits vorhandener Texte, Bilder, Daten zu neuen Inhalten. So können z.B. Anbieter von Webseiten über die API von Google Maps Landkarten und Satellitenfotos auf der eigenen Webseite einbinden und zusätzlich mit individuellen Markierungen versehen. Bis 2010 etablieren sich laut Gartner Group Web-Mash-ups zum vorherrschenden Modell für den Aufbau von Unternehmensanwendungen. In den folgenden fünf Jahren werden die Mash-up-Technologien dann erwachsen werden.

Projektmanagement

Unternehmen wollen projektorientierte Organisationsformen als Antwort auf Umstrukturierungen, bereichsübergreifende Produktentwicklungen oder unternehmensweite IT-Vorhaben schneller umsetzen. Operative Tätigkeiten lassen sich leicht auslagern. Heute Indien, morgen vielleicht Afrika. Deshalb sind Menschen mit operativem Schwerpunkt, etwa in der Programmierung, immer potenziell gefährdet. Es könnte sein, dass ihre Tätigkeit outgesourct wird. Buchhalter wissen ein Lied davon zu singen, seitdem die Buchhaltung in anderen Ländern organisiert wird. Aber natürlich auch jene Programmierer, die keine weiteren strategischen Aufgaben haben.

Managementkönnen ist nicht auszulagern, man braucht es vor Ort. Ein Studium reicht nicht, um es aufzubauen, und es ist auch nicht an Trends gebunden. Insofern ist eine Weiterentwicklung Richtung Projektmanagement in Zukunft noch wichtiger als heute. Denn es wird immer mehr abteilungsübergreifende Projekte geben. Die Projekte werden immer größer und internationaler und in immer kleinere Teilprojekte gegliedert, die von einer Person geleitet werden müssen.

Real World Web

Der Begriff »Real World Web« steht für die Verknüpfung von Online-Content und Online-Diensten mit Echtzeitdaten. Diese Daten liefern verschiedene Funktechniken wie etwa GPS (Global Positioning System), WLAN oder Mobilfunk. Laut den Experten von Gartner ist das Real World Web eine wahre Fundgrube für innovative Anwendungen.

RFID (Logistik-IT)

In der Logistik geht nichts mehr »ohne«. Die Logistik gilt als eine der innovativsten Branchen, was die Einführung neuer IT-Technologien betrifft. Schließlich sieht die Unternehmensspitze hier vorgenommene Einsparungen sofort, ist Schnelligkeit und Effizienz beim Transport heute der zentrale Wettbewerbsvorteil. Deshalb regieren rund um die Lagerhallen RFID, WLAN und GSM-Paketverfolgung.

Die IT hat beispielsweise die Aufgabe, Konflikte wie etwa den zwischen minimalem Warenbestand und maximaler Liefertreue zu lösen. Lagerhaltung ist teuer, gleichzeitig sorgt Liefertreue für zufriedene Kunden. Die ideale Logistik käme hiernach ohne große Lager aus, alle Warenbewegungen wären so aufeinander abgestimmt, dass der Kunde immer sofort nach der Bestellung sein Produkt erhält. Und in diese Richtung laufen auch die Trends.

Besonders angesagt ist derzeit RFID. Das ist ein Verfahren zur automatischen Identifizierung von Gegenständen und Lebewesen. Genau: Lebewesen, auch Menschen. So wird Straftätern in Großbritannien ein RFID-Chip eingepflanzt, über den jederzeit gesehen werden kann, wo sie sich gerade befinden. Neben der berührungslosen Identifizierung und der Lokalisierung von Gegenständen/Lebewesen steht RFID auch für die automatische Erfassung und Speicherung von Daten.

Ein RFID-System besteht aus einem Transponder, der sich an der Ware oder dem Lebewesen (z. B. einem Tier) befindet. Ein Lesegerät liest die Information aus dem Transponder aus, eine sogenannte RFID-Middleware leitet die Information über Schnittstellen weiter zu weiteren EDV-Systemen und Datenbanken. Mit RFID lassen sich Logistikprozesse deutlich erleichtern. Kenntnisse in diesem Bereich bringen Sie an der Schnittstelle IT/Logistik karrieretechnisch auf jeden Fall voran.

Social Software

Web 2.0 ist überall: Mit Bewertungssystemen, Podcasts, Blogs und Communities. Social Software drängt auch immer stärker in die Firmen-IT, denn die Unternehmen wollen (und müssen) sich mit ihren Kunden austauschen, Empfehlungen generieren oder zum Mitmachen bei Marketingaktionen auffordern. Wer sich hier technisch (etwa mit der Software Ruby on Rails) oder inhaltlich auskennt, hat die Nase vorn. An der derzeit nachwachsenden Generation lässt sich beobachten, wie das Web 2.0 uns alle verändern wird. Kommunikation und Austausch über das Internet dominieren die Aktivitäten von Jugendlichen. Fernsehen spielt bei den heute 14-, 15-Jährigen kaum noch eine Rolle.

SOA

SOA steht für Service-orientierte Architektur und gehört zum Prozess- und Servicemanagement. SOA ist eine Methode, vorhandene EDV-Komponenten wie Programme, Datenbanken, Server und Websites auf eine geschäftsprozessfreundliche Art und Weise zusammenzufassen. So werden Leistungen zu Diensten (»Services«) zusammengefasst. Ein Geschäftsprozess ist zum Beispiel die Bestellung eines Kunden bei einem Versandhändler. Die einzelnen Schritte dieses Prozesses: Erfassung, Verfügbarkeitsprüfung, Bonitätsprüfung, Bestellung, Kommissionierung, Versand, Rechnungsstellung, Zahlungseingang. Mit SOA gibt es für jeden dieser Schritte einen Dienst anstatt einer Software. Die Dienste können auf unterschiedlichen Systemen, sogar in unterschiedlichen Unternehmen implementiert sein. So könnte die Zahlungsfähigkeit des Kunden von einem Finanzdienstleister ermittelt werden oder die diversen Logistikdienste werden von einem Logistikunternehmen erbracht. Schlüsselinformationen wie Kundennummer oder Artikelnummer stellt die IT-Infrastruktur den Diensten zur Verfügung. SOA-Kenntnisse sind besonders für Systemarchitekten unabdingbar.

Online-Marketing

Die Budgets der Marketingabteilungen verlagern sich von Jahr zu Jahr mehr in Richtung Internet. Marketingwissen reicht aber längst nicht aus, um erfolgreiche Maßnahmen im Internet zu steuern. So sind Online-Marketer grundsätzlich technisch versiert und in der Internet-Begriffswelt zu Hause. Da sich der Bereich Online-Marketing sehr schnell verändert, kann kein Studium aktuelles Wissen vermitteln. Wer auf diesen Zug aufspringt, fährt in die richtige Richtung.

Zertifizierungen

Zertifikate sind Eintrittskarten: Sie verschaffen den Zugang zu Jobs und zu Projekten. Sie sorgen außerdem für höhere Gehälter. Die Investition, die mehrere Tausend Euro betragen kann, zahlt sich dabei meist aus. Im IT-Bereich gibt es Hunderte von Zertifizierungen. Eine sehr umfangreiche Liste findet sich bei Wikipedia (www.wikipedia.de). Welche Zertifizierungen besonders wertvoll sind – wiederum ohne Anspruch auf Vollständigkeit – erfahren Sie in diesem Abschnitt.

CISM

Die CISM-Zertifizierung ist sehr nachgefragt und eignet sich für Personen, die die Informationssicherheit eines Unternehmens konzipieren, überwachen und beurteilen. Die Zertifizierung vermittelt internationale Praktiken. Mitarbeiter mit dieser Auszeichnung besitzen die erforderliche Erfahrung und das Knowhow, um effektives Sicherheitsmanagement zu betreiben und professionell zu beraten. Dachorganisation für die Zertifizierung ist die Isaca (www.isaca.org), Zertifizierungen führt unter anderem Firebrandtraining (www.firebrandtraining.de) durch.

CCNA

Die vier Buchstaben stehen für Cisco Certified Network Associate, eine Stufe vor dem CCNP, dem Professional. Cisco steckt in fast jeder Unternehmenshardware. Die Cisco-Zertifizierung richtet sich an Netzwerkspezialisten. Sie werden dabei auf den Umgang mit Cisco Switches und Routern vorbereitet. Besonders nachgefragt sind auch weitere Spezialisierungen im Cisco-Bereich, etwa zur Sicherheit (der CCSP – Cisco Certified Security Professional).

GAP

Der Google Advertising Professional – online zu absolvieren direkt bei Google – ist im Online Marketing sehr angesehen, vor allem dort, wo es speziell um Suchmaschinen geht. Den Kurs kann jeder kostenlos im Internet absolvieren, er setzt allerdings Erfahrung im Suchmaschinenmarketing voraus. In Bewerbungsunterlagen unbedingt angeben, wird hoch geschätzt!

ISTQB

Wenn Sie sich für den Bereich das Softwaretestmanagements interessieren, ist diese Zertifizierung für Sie richtig. Unternehmen schätzen dieses Zertifikat sehr, da es zeigt, dass Sie professionell prüfen und testen können. Es gibt sechs Level bis hin zum Experten. Voraussetzung ist eine Prüfung, die mit oder ohne vorherigen Kurs absolviert werden kann und überwiegend vom German Testing Board entgegengenommen wird. Die ISTQB selbst gibt es erst seit 2002, der Sitz ist in Edingburgh. Das Gute: Die Zertifikate gelten ein Leben lang und fordern keine Wiederholung nach fünf Jahren, wie es in vielen anderen Bereichen üblich ist. Infos über das German Testing Board (www.german-testing-board.info).

ITIL

Für alle, die im IT-Management arbeiten oder auch im IT-Einkauf. Derzeit bieten weltweit zwei große Organisationen Examen auf der Grundlage von ITIL an. Diese sind das Information Systems Examination Board (ISEB) und die EXIN, eine von der holländischen Wirtschaft geförderte Stiftung. Die angebotenen Zertifikate sind derzeit: Foundation Certificate in IT Service Management, Practitioner-Level Examinations and Certificates, Certificate in IT Infrastructure Management. Fast alle Anbieter haben Schulungen und/oder die ITIL-Zertifierung im Programm.

MCSE

Dieses Zertifikat bescheinigt, dass Sie in der Lage sind, ein Windows-Netzwerk zu administrieren – und viele Arbeitgeber sehen das gern schwarz auf weiß. Dies müssen Sie durch sechs Einzelprüfungen nachweisen. Alternativ nutzen Sie die Gelegenheit, den MCSA aufzustocken, das ist die Vorstufe zum MCSE. Die Zertifizierungen erfolgen wie die PMI-Prüfung in Prometric-Testcentern.

MCSD.Net

Früher gab es den Microsoft Certified Solution Developer, dies war und ist eine Premium-Zertifizierung für erfahrene Programmierer. Diese Zertifizierung von Microsoft wird für die nachgewiesene Fähigkeit erteilt, Softwarelösungen für Unternehmen auf der Basis von Microsoft-Produkten und -Technologien zu entwickeln. Da sich hier .NET als Programmiersprache durchgesetzt hat, wurde die Zertifizierung auf dieses Produkt umgestellt. Der Weg zu diesem Zertifikat ist, so sagen Absolventen, unter allen Microsoft-Zertifizierungen der schwierigste überhaupt. Es sind weiterhin vier Prüfungen zu absolvieren.

MCD

Dies ist eine Zertifizierung der Firma Microstrategy und steht für den Microstrategy Certified Developer. Microstrategy ist Markführer im Umfeld der Business Intelligence. Eine Zertifizierung ergänzt zum Beispiel SAP-Berater-Profile und ist empfehlenswert für BI-Spezialisten. Mehr Infos bei Microstrategy direkt (www.microstrategy.de) unter Services/Education.

PMP

PMP steht für Project Management Professional und ist eine vom amerikanischen PMI (Project Management Institute) verliehene, weltweit sehr angesehene Zertifizierung. Die Prüfung für das Examen wird vom PMI als Prometric-Computertest (Prometric ist ein Anbieter für computergestützte Testverfahren) durchgeführt. Innerhalb von vier Stunden sind 200 Multiple-Choice-Fragen zu beantworten. Zu jeder Frage gibt es vier Antworten, von denen eine richtig ist. Die Teilnehmer müssen nach einem gewichteten Auswertungsverfahren 61 % der Fragen richtig beantworten. Die Prometric Testing Center gibt es in Berlin, Frankfurt und München. Zugelassen zur Prüfung werden nur erfahrene Projektmanager. Wer noch nicht so viel Praxis hat, kann das CAPM erwerben. Das steht für Certified Associate Project Management und wird auch an Kandidaten verliehen, die noch nicht selbst eine Leitungsfunktion im Projekt übernehmen durften. Alle Anforderungen sind online nachzulesen im PMP Credential Handbuch (http://www.pmi.org/PDF/PDC_PMPHandbook.pdf).

PMF

Die europäische Variante des PMI nennt sich Projektmanager GPM (Gesellschaft für Projektmanagement) Level C. Bei der GPM, die zur Schweizer Dachorganisation IMPA gehört, gibt es allerdings auch weitere Level, die für Einsteiger passen sind. Außerdem existiert mit Level A eine High-End-Zertifizierung für Profis, die Multiprojektmanagement betreiben. Die Einstiegszertifizierung jedoch ist der Projektmanagement-Fachmann (PMF), Level D. Anders als die PMI erfordert diese Zertifizierung kein Abitur und/oder Studium. Es reicht irgendeine Berufsausbildung.

Prince2

Prince2 ist eine Projektmanagementmethode und Standard in britischen Behörden. Insofern wird es vor allem in angloamerikanischen Unternehmen eingesetzt und geschätzt (etwa bei Ford). Es ist eine Best-Practise-Methode über die optimale und bewährte Vorgehensweise bei der Durchführung von Projekten. Das Zertifikat erlangt man in zwei bis drei Tagen. Voraussetzung ist, dass bereits in Projekten gearbeitet wird. Infos unter Prince2 Deutschland e.V. (www.prince2-deutschland.de).

SAP-Zertifizierungen

SAP unterscheidet Anwender- und Berater-Zertifizierungen. Die Anwenderzertifizierungen eignen sich zum Beispiel für Vertriebsmitarbeiter, die dadurch ihr Profil verbessern wollen. Beraterzertifizierungen beziehen sich auf spezielle SAP-Module oder auf die SAP-Basis-Beratung (die nennt sich Netweaver). Direkt bei SAP erworbene Zertifizierungen sind sehr angesehen – fast gleich, um welches Modul es geht. Hier gilt vielmehr: Das Modul sollte zur bisherigen Laufbahn passen. Wer also aus dem Finanzbereich kommt, ist mit FI/CO gut bedient, Logistiker mit MM/SD. Infos direkt bei SAP unter Training.

Six-Sigma

Die Idee von Six-Sigma wurde 1979 bei Motorola geboren, als ein leitender Mitarbeiter, Art Sundry, bei einem Management-Meeting aufstand und erklärte: »Das eigentliche Problem bei Motorola ist, dass unsere Qualität zum Himmel stinkt!« Sundrys Erklärung bedeutete den Beginn einer neuen Ära bei Motorola und führte zur Entdeckung des äußerst wichtigen Zusammenhangs zwischen höherer Qualität und niedrigeren Entwicklungskosten bei der Fertigung von Produkten aller Art. Six-Sigma wird im Qualitätsmanagement und in der Logistik eingesetzt. Es soll Qualitätskosten und Fehlerquoten senken. Dabei wurde hier nicht irgendeine besondere Vorgehensweise neu erfunden, es ist einfach ein Methodenkoffer für Projektmanager und wird gerade in produzierenden Unternehmen sehr gern gesehen. Die erste Zertifizierung heißt Yellow Belt, die höchste Black Belt. Mehr Info unter Six-Sigma (www.six-sigma.de). Techniker können sich in Richtung Qualitätsmanagement mit Six-Sigma weiterbilden und damit viel Geld verdienen, da diese Zertifizierung äußerst angesehen ist.

Projektmanagement – welche Zertifizierung?

	PMI (Project Management Institute)	IPMA (Internationale Project Management Association)
Wo?	Weltweit, USA	Europa und China, Sitz Schweiz
Einstiegsvoraussetzung	Minimum Abitur, besser Studium sowie 3–5 Jahre Berufserfahrung	Berufsausbildung
Zertifizierung	Online	Verfahren
Struktur	Der Certified Associate Projectmanagement (CAPM) ist die Einstiegsstufe, der PMI die Profi-Zertifizierung	Vier Stufen, der Projektmanagement-Fachmann (Level D) ist die erste. Es folgen C, B und A. Der PMI entspricht dem Level C
Für wen?	Wenn Sie schon lange in Projekten arbeiten und viel Erfahrung habe, wenn Sie international arbeiten	Für Einsteiger ins Projektmanagement, die sich langsam weiterentwickeln wollen
Prüfungstermine	Flexibel	4 x pro Jahr
Kosten	Ca. 3.000 Euro	Ab 3.200 Euro für Level D, Level C kostet 5.500 Euro

Mehr Infos zu den beiden Zertifizierungen finden Sie unter http://www.psconsult.de/publikationen/vergleich_zertifizierungen_pmi_ipma.pdf

Wie kam ich in die IT? Beispiel Volker Kruse

Wer sind Sie?
Ich wurde am 12. Mai 1970 geboren, habe zwei Kinder (16 und 4 Jahre alt) und bin verheiratet. Nach dem Abitur absolvierte ich eine Ausbildung zum DV-Kaufmann. Im Laufe der Zeit erwarb ich Zertifizierungen als MCSE, CNE, PMP und für ITIL-Servicemanagement.

Wie sind Sie zur IT gekommen?
Mein Weg war nicht klassisch. Ich bin mit dem Wandel vom Heimcomputer zum PC aufgewachsen. Da es damals keine praxisnahen und zeitgemäßen

Ausbildungsangebote gab, habe ich mich immer wieder durch Selbststudium und Fortbildung weitergebildet. Die IT ging mir auch schon mal richtig auf die Nerven, sodass ich zwei Jahre etwas völlig anderes gemacht habe. Jetzt macht es mir aber (wieder) sehr viel Freude. Die Arbeit als Multiprojektleiter gefällt mir gut.

Was machen Sie in Ihrem Job als Multiprojektleiter und Service Level Manager?
Ich betreue Projekte in der Phase »Plan und Build« und übergebe in der RUN-Phase. Meine Aufgabe ist es auch, Fachabteilungen zu IT-Betriebsthemen zu beraten. Ich koordiniere Anforderungen mit Internen und mit externen Service-Providern und bin verantwortlich für das Vertragsmanagement mit Service Level Agreements. Ich steuere die technischen Projektleiter, führe Servicegespräche zwischen Provider und Fachabteilung und reporte an die Fachabteilungen. Ganz schön vielseitig, nicht wahr? Und gar nicht so technisch. Bei mir kommt es viel mehr auf die Organisation und Koordination an. Außerdem muss man auch präsentieren und andere überzeugen können.

Was gefällt Ihnen an der Tätigkeit?
Ich habe einen sehr hohen Verantwortungsgrad, und meine Themen sind breit gefächert durch alle IT-Gebiete eines Großkonzerns. Das ist schon sehr anstrengend, jedoch mache ich nicht mehr wie früher die Nächte oder die Wochenenden durch, wie es bei Entwicklern vielfach üblich ist. Es ist spannend, Gesprächspartner auf allen Führungsebenen im Konzern zu sein und teilweise verstärkt internationale Projekte leiten zu dürfen.

Welche Fähigkeiten, Kompetenzen und/oder Fachnachweise braucht man für eine Karriere in der IT?
Die Anforderungen haben sich deutlich spürbar gewandelt. Inzwischen kommt es auf einen hohen Grad an sozialer Kompetenz an. Ganz wichtig ist der sichere Umgang mit Konfliktsituationen. Und natürlich muss man präsentieren können. Ohne übergreifende oder firmeninterne persönliche Netzwerke geht fast nichts. Web-Plattformen spielen dabei nur eine ordnende Rolle oder sind eine Schnittstelle. Der persönliche Kontakt oder Austausch ist wichtiger. Für Arbeitgeber und Projektvermittler liegt das Hauptaugenmerk auf abgeschlossenen Projekten und der darin ausgeübten Rolle. Darauf kommt es wirklich an. ITler brauchen aber auch Fachnachweise etwa in Projektmanagement oder ITIL, Hersteller-Zertifikate spielen nach wie vor eine Rolle,

sind aber eher schon Grundvoraussetzung als eine Zusatzqualifikation. Ich
bin nun schon viele Jahre dabei und finde, dass die generellen Anforderungen deutlich gestiegen sind. Heute ist mehr Praxisnähe gefragt und die
Fähigkeit der schnellen Analyse und Umsetzung.

Ist es besser als Freelancer oder Angestellter in der IT?
Dies ist nicht pauschal zu beantworten. Das ist sicher abhängig von der persönlichen Planung, der Erwartungshaltung und dem Einsatz. Generell gilt
aber, dass Sie als Freelancer schneller einen Job finden. In einer langfristigen Lebensplanung dagegen geht ein Freelancer-Modell nicht unbedingt auf.
Anders, wenn Sie deutliche Alleinstellungsmerkmale haben oder den Sprung
hin zum richtigen »Unternehmen« schaffen.

Welche Weiterbildung?

Erkan kam mit 100 Seiten Schulungsangeboten und verzweifeltem Gesichtsaus-
druck in meine Beratung. »Ich weiß einfach nicht, welche richtig für mich ist.
Was bringt mich wirklich weiter?« Solche Anfragen sind häufig. Selbst Spezialisten können oft nicht einschätzen, welche Entwicklung und Weiterbildung für
sie richtig ist. Das liegt daran, dass es keine Standardantwort auf die Frage nach
dem passenden nächsten Schritt gibt. Dieser ist so individuell wie Erkan. Oder
so individuell wie Sie.

    Unterschiedliche Aspekte wirken auf die Entscheidung – oder sagen wir bes-
ser, sie sollten darauf wirken. Zum einen wirkt Ihr bisheriger Lebenslauf: Weiterbildung heißt auch deshalb »Weiter«-Bildung, weil sie an dem anknüpft, was
bereits vorhanden ist. Die ideale Weiterbildung kann außerdem sofort oder bald
nach dem Abschluss in die Praxis eingesetzt werden. Sie sollten also die Gelegenheit haben oder ergreifen, Gelerntes sofort anzuwenden.

    Entscheiden Sie sich systematisch für eine Weiterbildung. Dabei helfen
Pro- und Contralisten.

Beispiel: SAP-Weiterbildung oder Projektmanagement-Qualifizierung?

SAP R/3-Weiterbildung	
+	**–**
SAP gefragter Bereich	Kurse sind sehr teuer, keine Finanzierungsmoglichkeit
Erste Berührungspunkte waren bereits da	Praxis fehlt, kein Praxisprojekt auf Sicht von zwei Jahren greifbar
SAP-Akademie in Hamburg	Keine unmittelbare Anwendungsmöglickeit

Qualifizierung zum Projektmanagement-Fachmann	
+	**–**
Sehr anerkannt	Bin nicht präsentationssicher und fühle mich ungeeignet
Wunsch, aus der Technik ins Management zu wachsen	Angst vor hohem Schreibanteil bei der Arbeit, da unsicherer Schreiber
Erstes Teilprojekt könnte 2009 kommen, Wissen wird dann anwendbar	
Kosten von rund 3.000 Euro realistisch	
Macht unabhängiger von Spezialwissen	

Empfehlung:

In diesem Beispiel liegen die stärksten Gegenargumente bei SAP R/3, die meisten Pluspunkte bei der Projektmanagement-Qualifizierung. Dagegen sprechen Ängste. Zu klären ist, woher die Unsicherheit vor Präsentationen und dem Schreiben rührt. Eventuell hilft ein zusätzliches Training im Bereich Soft Skills.

Sie können die obigen Pro- und Contralisten auch mathematisch auswerten, indem Sie Plus- und Minuspunkte vergeben. Für den Plus- und den Minusbereich stehen Ihnen dabei jeweils zehn Plus- und zehn Minuspunkte zur Verfügung.

Das sieht dann so aus:

Qualifizierung zum Projektmanagement-Fachmann			
	+	**–**	
Sehr anerkannt	1	2	Nicht präsentationssicher
Wunsch, aus der Technik ins Management zu wachsen	5	3	Angst vor hohem Schreibanteil bei der Arbeit, da unsicherer Schreiber
Erstes Teilprojekt könnte 2009 kommen	3		
Kosten von rund 3.000 Euro realistisch			
Macht unabhängiger von Spezialwissen	1		
	+10	–5	

Vorteil: Sie sehen schwarz auf weiß, welches Ihr Favorit ist. Allerdings gibt es Menschen, die Schwierigkeiten mit der Vergabe eindeutiger Kriterien haben oder sich schon am nächsten Tag nicht mehr sicher sind. Arbeiten Sie deshalb länger mit so einer Tabelle, denken Sie nach und schlafen Sie darüber. Manche Punkte bedürfen vielleicht auch noch einer Klärung. Wer sich nicht präsentationssicher fühlt, könnte z. B. durch einen Kurs an Sicherheit gewinnen. Von diesem Moment an wäre dieser Punkt auch kein Gegenargument mehr, sondern ein Pluspunkt.

»Ich weiß alles und habe alles abgewogen, aber bin trotzdem nicht schlauer.« Manche Menschen können sich trotz sorgfältigen Abwägens von Pros und Cons nicht entscheiden. Manchmal haben sie auch eine sehr niedrige Handlungsorientierung und haben grundsätzlich Schwierigkeiten, sich für oder gegen etwas zu entscheiden. In solchen Momenten helfen auch Gespräche wenig.

Arbeiten Sie in so einer Situation mit einem Coach. Ein Schlüssel zur Lösung könnte etwa Tetralemma aus dem Systemischen Coaching bringen. Dabei werden die beruflichen Alternativen von einem Coach im Raum symbolisiert, beispielsweise durch Figuren, Kissen oder ganz simple Moderationskarten, auf denen die verschiedenen Alternativen stehen.

Wenn der Arbeitgeber zahlt

Wenn Arbeitgeber die Kosten für Ihre Weiterbildung tragen, erwarten sie dafür im Gegenzug, dass Sie sich für eine gewisse Zeit »verpflichten«. Falls Sie kündigen und das Unternehmen früher als vereinbart verlassen, müssen Sie diese Kosten zurückzahlen, oft sind diese gestaffelt, je nachdem, zu welchem Zeitpunkt nach der Weiterbildung Sie aufhören. Je näher Ihr Austrittstermin an der Weiterbildung liegt, desto höher die Rückzahlung. Beispiel: Ihr Arbeitgeber zahlt Ihre Projektmanagement-Weiterbildung für 3.200 Euro. Bedingung ist, dass Sie noch mindestens drei Jahre im Unternehmen bleiben. Gehen Sie schon innerhalb des ersten Jahres nach der Weiterbildung, müssen Sie das ganze Geld zurückzahlen, im zweiten Jahr noch 1600 Euro und vor Ablauf des dritten noch 800 Euro. Solche Vereinbarungen sind zulässig. Sie betreffen jedoch nur umfangreiche Maßnahmen wie etwa eine Projektmanagement-Ausbildung oder eine Zertifizierung. Sie sind nicht üblich für Weiterbildungen im Bereich der Soft Skills oder einfache Schulungen.

Akzeptieren Sie deshalb die Forderung Ihres Arbeitgebers. Es ist verständlich, dass dieser nicht gerne 10.000 Euro in Sie investiert, damit Sie danach bei einem Konkurrenten 20 Prozent mehr Gehalt verdienen. Auf die Staffel allerdings haben Sie Einfluss. Die könnte so aussehen: Wenn Sie im ersten Jahr nach der Weiterbildung das Unternehmen verlassen, zahlen Sie 80 Prozent zurück, im zweiten 50 und im dritten 30 Prozent. Danach sind Sie »frei«.

Aktionsplan

Die Entscheidung ist gefallen, das Ziel ist klar? Dann kann es losgehen. Schreiben Sie auf, was Sie erreichen wollen. Beschreiben Sie es möglichst konkret. Der Vorteil: Sie haben das Ziel schriftlich fixiert, das ist Verpflichtung und hat eine psychologische Wirkung. Außerdem systematisieren Sie so die Zielerreichung. Das ist ähnlich wie im Projektmanagement – es gibt Meilensteine.

Mein Ziel:

_____

_____

Meilensteine:

1.

2.

3.

_____

_____

Das muss ich vorher klären:

_____

_____

Das brauche ich dazu:

_____

_____

So viel Zeit/Geld kostet es:

_____

_____

Anfangen werde ich am:

_____

_____

Fertig bin ich am:

_____

_____

Selbstständig in der IT

Stellen Sie sich vor, Sie arbeiten in einem Unternehmen als angestellter, sagen wir: Projektkoordinator. Sie verdienen wirklich nicht schlecht, im Gegenteil. Täglich begegnen Ihnen seltsame Leute, die sich Freelancer nennen. Die verdienen viel mehr als Sie und haben eine weitere Freiheit: Mit den ewigen Umstrukturierungen, Chefallüren und Mitarbeiterintrigen müssen die sich nicht herumschlagen. Sie bleiben nur kurze Zeit: drei Monate, sechs oder vielleicht auch mal ein ganzes Jahr. Sie werden neidisch?

In der IT gibt es eine seltsame Konstruktion, die anderswo (noch) selten ist. Immer mehr Menschen arbeiten dort als freiberufliche Projektmitarbeiter. Sie heuern nur für einen bestimmten Auftrag an, um dann wieder zu neuen Ufern aufzubrechen. Viele Freelancer schätzen diese Arbeitsweise sehr – vor allem, da sie nichts mit anderen Bereichen gemeinsam hat, die einen hohen »Freien«-Anteil haben, dem Journalismus etwa. Denn während freie Journalisten finanziell eher ausgebeutet werden, erhalten die freien ITler saftige Honorare.

80, 90 oder 120 Euro in der Stunde sind keine Seltenheit – selbst wenn ein sogenannter Vermittler dazwischengeschaltet ist. Das sind spezialisierte Personalberatungsagenturen, die Freiberufler an größere Unternehmen »verleihen«. Anders als in einem Zeitarbeitsunternehmen sind diese aber steuerrechtlich unabhängig. Sie werden auch keineswegs als Arbeitnehmer zweiter Klasse empfunden. »Eher im Gegenteil. Viele beneiden mich und wären selbst sehr gern frei.« Sicherheitsdenken und die »Um-Gottes-willen-Rufe« der Familie stehen dem Freiheitsgefühl aber oft entgegen.

Für manche Freiberufler ist es auch gleich, ob Sie angestellt sind oder nicht, einige wechseln ihren Status mehrmals im Laufe des Lebens. Andere möchten auf gar keinen Fall je wieder angestellt sein. Die Entscheidung ist also sehr individuell. Und sie kann mehrmals im Leben anders und neu getroffen werden, denn für Freelancer ist die Rückkehr in ein Unternehmen als Festangestellter immer möglich. Für richtige »Unternehmer«, also Menschen mit eigener Firma, gilt das nur sehr eingeschränkt. Sie gelten nach fünf, sechs Jahren als nur noch schwer einzugliedern.

Wann lohnt sich die Tätigkeit als Freelancer?

Setzen Sie drei Freiberufler und drei überzeugte Angestellte zum Gedankenaustausch in einen Raum. Es wird eine heiße Diskussion entbrennen. Man wird sich nicht einig werden, was nun besser ist – Freiberuflichkeit oder ein Angestelltenverhältnis. Und jede Partei wird dafür sehr gute und nachvollziehbare Gründe anführen.

Es gibt in der Tat viel, was für die Freiberuflichkeit spricht – und eine Menge dagegen. Rechnet man beide Optionen durch, so wird Sie dies auch nicht wesentlich weiterbringen. Wie soll ein Risiko einkalkuliert werden? Was ist die Absetzbarkeit von Laptop etc. wert? Tatsache ist, dass Freiberufler höhere Kosten haben: Während der Angestellte nur 50 Prozent seiner Krankenkassenbeiträge bezahlt, muss der Freelancer 100 Prozent berappen, das sind für gesetzlich Versicherte schnell 500 Euro und mehr. Er kann auf Beträge zur Rentenversicherung verzichten und spart damit auf den ersten Blick – muss aber zu 100 Prozent vorsorgen und deshalb mindestens 500 Euro im Monat sehr gut anlegen. Er braucht keine Beiträge zur Arbeitslosenversicherung zahlen, läuft dafür aber auch immer wieder Gefahr, von heute auf morgen ohne einen Cent dazustehen. Weiterbildungen zahlt oft der Arbeitgeber, der Freelancer muss sie immer aus eigener Tasche finanzieren. Und die sind in der IT teuer.

Freelancer	Angestellter
Sie möchten selbst bestimmen, wie Sie Ihre Rente anlegen.	Sie wollen eine sichere gesetzliche Rente.
Sie haben wenig Lust, an internen Querelen teilzuhaben.	Sie möchten intern eingebunden sein.
Sie lieben Abwechslung.	Sie mögen Stabilität.
Die übliche Karriereleiter interessiert Sie nicht.	Sie möchten aufsteigen und führen.
Sie möchten gern an wechselnden Orten arbeiten.	Sie sind froh, da arbeiten zu können, wo Ihr Reihenhaus steht.
Acht Stunden – mehr nur, wenn es Spaß macht.	12 Stunden geht auch – selbst wenn die meiste Zeit für Meetings draufgeht.
Sie möchten Ihren Job auch mal auf 80 Prozent der vollen Stundenzahl reduzieren.	Sie wollen Teilzeit beanspruchen oder in Elternzeit gehen – das klappt bei Freiberuflern nicht. Nur Sie haben den gesetzlichen Anspruch.

Freelancer	Angestellter
Sie möchten gern immer die aktuellsten Möglichkeiten nutzen.	Sie wissen, dass sich das Alte bewährt hat, und informieren sich über Neues lieber in der Zeitung.

Der SAP-Berater René Eberstein aus Hamburg erzählt:

Beschreiben Sie sich kurz selbst:
Ich bin 39 Jahre alt, lebe in Hamburg, bin nicht verheiratet und arbeite seit knapp 10 Jahren in der IT und den größten Teil davon als angestellter SAP-Entwickler. Seit 1,5 Jahren bin ich freiberuflicher SAP-Entwickler und seit dem zweiten Monat voll ausgelastet mit Projekten.

Was sind die Vorteile der freiberuflichen Tätigkeit aus Ihrer Sicht?
Einen großen Vorteil für mich sehe ich in der abwechslungsreicheren Tätigkeit. Einerseits lernt man mit neuen Firmen und Branchen auch immer neue Unternehmensprozesse und Kollegen kennen, während man als Angestellter ausschließlich in seinem Arbeitsbereich eingesetzt wird. Als Freiberufler muss man sich neben seiner Kerntätigkeit auch mit den Themen Steuern, Marketing, Vertrieb und anderen Dingen auseinandersetzen. Das finde ich spannend. Ich habe jetzt eine Arbeitswoche von vier Tagen mit dem Kunden vereinbart und genieße das sehr. So ist es einfacher, ein ausgeglichenes Verhältnis zwischen Job und Privatleben zu haben, und ich habe dadurch auch mehr Zeit für meine Weiterbildung, was meiner langfristigen Positionierung auf dem Projektmarkt zugute kommt. Lebenslanges Lernen ist eine Selbstverständlichkeit. Als Freiberufler kann ich selber entscheiden, was mich in der Weiterbildung interessiert und weiterbringt, und mir dann die entsprechenden Kurse auch leisten. Dank der hohen Nachfrage nach SAP-Experten kann ich einen relativ hohen Stundensatz realisieren, was trotz der Viertagewoche ein deutlich höheres Einkommen bedeutet als zu meiner Angestelltenzeit. Es gibt hier auch eine direktere Beziehung zwischen meiner Arbeitskraft und dem Stundensatz (Einkommen), den ich realisieren kann.
Für einen Freiberufler ist die »Politik« innerhalb einer Firma auch nicht so wichtig wie für einen Angestellten. Man wird als Fachmann geholt, um bestimmte technische Herausforderungen zu lösen oder die internen Entwickler zu unterstützen, und die Strömungen und Stimmungen innerhalb einer Firma bleiben dabei – zum Glück – weitgehend außen vor.

Gibt es Nachteile?

Gerade in der Anfangsphase eines Projekts kommt viel auf einen zu, mit neuen Kollegen, neuen SAP-Systemen, neuer Arbeitsumgebung und speziellen Unternehmensprozessen. Da kann es gerade die ersten Tage und Wochen anstrengend sein, die geforderten Arbeitsergebnisse zu erbringen. Was andererseits aber auch seinen Reiz hat: Man muss ständig dazulernen. Die Reisetätigkeit kann abhängig vom Projektstandort zeitlich aufwendig sein. Durch die bewusste Wahl des Projekts habe ich allerdings nicht nur einen großen Einfluss auf meinen Tätigkeitsschwerpunkt, sondern auch auf den Ort, in dem ich arbeite. Die meisten meiner Projekte sind bisher heimatnah gewesen, und ich hoffe, dass es in Zukunft auch so sein wird. IT-Freiberuflern fehlt die Unterstützung der Kollegen aus der eigenen Firma, die jederzeit mit Rat und Tat verfügbar sind. Hier ist es sehr wichtig, aktiv seine Kontakte zu pflegen und ein Netzwerk von guten Kollegen aus den verschiedensten Bereichen aufzubauen, die sich in den verschiedensten Bereichen wiederum gegenseitig helfen können.

Wie arbeitet man als Freelancer?

Der Kontakt zum Endkunden entsteht meist über Personalfirmen. Sie sind dann auch die Vertragspartner, wenn das Projekt mit dem Endkunden zustande kommt. Sie verdienen an der Differenz des Stundensatzes, den sie dem Endkunden in Rechnung stellen, und dem Stundensatz, den ich von der Personalfirma bekomme. Als Freiberufler ist es im Projekt wichtig, in seiner Kerntätigkeit sattelfest zu sein und die entsprechenden SAP-Technologien zu beherrschen. Es ist der Normalfall, dass man die Branche und die firmenspezifischen Prozesse nicht kennt, und daher ist man auf die Hilfe des Kunden und der erfahrenen Kollegen vor Ort angewiesen. Als Entwickler hilft branchenbezogenes Wissen, aber wichtiger ist es, die Technologie zu kennen und sich dann schnell in die jeweiligen Branchenprozesse einzuarbeiten. Eine offene und ehrliche Kommunikation mit dem Kunden ist Voraussetzung für die Zusammenarbeit. Ein SAP-Projekt ist immer das Ergebnis der Zusammenarbeit vieler Leute.

War es ein Risiko für Sie, die Festanstellung aufzugeben?

Mir wurde immer wieder gesagt, dass es mutig gewesen sei, mich aus einer ungekündigten Anstellung selbstständig zu machen, aber das sehe ich nicht so. Die Nachfrage auf dem IT- und SAP-Markt ist derzeit hervorragend, und selbst wenn sich das eines Tages ändern sollte, kann ich immer noch so gut positioniert sein mit meinen Skills, dass ich Projekte finde, und der Weg zurück ins Angestelltenverhältnis bleibt außerdem offen. Aber das plane ich nicht.

Wann kann man aus Ihrer Sicht Freiberufler sein – schon direkt nach dem Studium, oder braucht man Erfahrung?
Es kommt sicher immer auch auf den Bereich an, in dem man sich selbstständig macht. Im IT-Bereich ist Erfahrung sehr wichtig, und daher ist es empfehlenswert, ein paar Jahre Praxis in einer Unternehmensberatung oder in einem Anwenderunternehmen zu haben, um sich die entsprechenden Kenntnisse anzueignen. Entscheidend ist sicher eine gewisse Unternehmerpersönlichkeit. Als IT-Freiberufler ist man schon ein Einzelkämpfer, und man muss genug Kraft, Organisationsfähigkeit und Selbstständigkeit haben, alles Notwendige dafür zu tun, auf dem Projektmarkt zu bestehen und die eigene Weiterbildung parallel zu betreiben, ohne dass einem ein Vorgesetzter den Weg vorgibt.
Für mich war es genau der richtige Schritt, und ich würde immer wieder den Weg in die Selbstständigkeit gehen. Ich bin froh, es getan zu haben.

Was kann ich verdienen?

Eine große Bandbreite an Stundenlöhnen ist in der IT möglich, wobei sich die meisten ITler im mittleren Bereich konzentrieren. Der liegt derzeit bei etwa 70 bis 90 Euro. Doch am oberen Ende winken durchschnittliche Stundenhonorare von 152 Euro für Profis, die das derzeit noch neue XAML/Silverlight (ein Microsoft-Pendant zu Flash) beherrschen, am unteren Ende durchschnittliche 49 Euro für Webdesigner (Heise 2008). Etwa 60.000 Euro Einkommen erzielten Freiberufler 2007 laut derselben Quelle. Gemeint ist mit Einkommen der Gewinn, der oft zum Vergleich mit dem Bruttoeinkommen eines Angestellten herangezogen wird – ein Vergleich mit dickem Hinkebein. Vom Gewinn zahlt der Freelancer nämlich noch 100 Prozent der Krankenversicherung, der Angestellte vom Brutto nur 50, um nur einen einzigen Unterschied zu nennen. Viele Freelancer verdienen indes auch weit über 100.000 Euro – ein Wert, den Angestellte in der IT nur erzielen können, wenn sie absolute Spezialisten oder Topmanager sind.

Indes gilt: Honorare unterliegen in der IT radikal dem Angebot-Nachfrage-prinzip. Neue und noch von wenigen beherrschte Technologien bringen sehr viel mehr Geld als ältere Techniken und Software- oder Programmierkennt-nisse, mit denen sich viele auskennen. Zudem verändert sich der Markt und damit die Bezahlung fast monatlich. Freiberufler haben damit auch ein deutlich höheres Risiko, gute und schlechte Honorarzeiten zu durchleben. Allerdings sind Bereiche wie etwa die SAP-Beratung über die Jahre immer relativ stabil gewesen. Wer nicht als Techie, sondern als Berater arbeitet, macht sich dadurch zudem unabhängiger von den Amplituden nach unten.

Beispielvergleiche:

angestellter SAP-Berater	Freelancer SAP
55.000 Euro Bruttojahresgehalt	Bei durchschnittlichem Stundensatz von 82 Euro und 100-%-Auslastung, kein Urlaub: 13.120 Euro/Monat, ca. 11.000 Euro Gewinn; Jahr: 132.000 Euro
angestellter Datenbankadministrator Oracle	**Freelancer DBA Oracle**
50.000 Euro	Bei durchschnittlichem Stundensatz von 72 Euro und 100-%-Auslastung, kein Urlaub: 11.520 Euro/Monat, ca. 10.000 Euro Gewinn. Jahr: 120.000 Euro

Der Vergleich zeigt, dass gut ausgelastete Freelancer trotz aller Nachteile finan-ziell sehr oft besser dastehen. Auch wenn noch einmal vier Wochen für den (stets unbezahlten) Urlaub abgingen. Zudem birgt das erwirtschaftete Gehalt, auf das meist erst nachträglich Steuern gezahlt werden, Anlagemöglichkeiten, die ein Angestellter nicht hat (Festgeld, Aktien). Ich kenne nicht wenige ITler, die von sich selbst sagen, dass Sie sich mit Ende 40 zur Ruhe setzen können oder nur noch mit den wirklich wichtigen Dingen des Lebens beschäftigen wollen – denn bis dahin ist hochgerechnet genug Geld für den Ruhestand da. Jedenfalls, wenn keine weitere Finanzkrise kommt.

Wie bekomme ich Aufträge?

Freelancer im IT-Bereich arbeiten sehr oft über sogenannte Projektvermittler. Die heißen dann Hays AG oder Götzfried, IT People oder Harvey Nash. Sie garantieren dem Auftraggeber, meist also größeren Unternehmen, die Besetzung von Projekten auch bei Krankheit. Dafür kassieren Sie für jede vermittelte Stunde einen Obolus. Wie viel genau, darüber schweigen sie sich aus. Etwa 20 Prozent, hört man. Wer selbst solche Aufträge vergeben hat, behauptet schon mal: die Provision kann auch gut das Doppelte des eigentlichen Stundensatzes betragen.

Für Berater im Bereich Online-Medien ist diese Art der Vermittlung dagegen eher untypisch – sehr vereinzelt finden sich in den Offerten der unten aufgeführten Vermittler auch (Online-)Marketing-Jobs. Sie bieten sich direkt an – und werden oft auch direkt genommen. Dies mag daran liegen, dass die Medien eher von kleineren Unternehmen geprägt sind, der IT-Projektmarkt aber von großen, internationalen Konzernen, die weniger den einzelnen Berater als vielmehr seine Projektdienstleistung in den Mittelpunkt stellen.

Eine Übersicht von Projektanbietern im IT-Bereich:
▸ Hays AG (www.hays.de)
▸ Goetzfried AG (www.goetzfried-ag.com)
▸ Harvey Nash Deutschland GmbH & Co.KG (www.harveynash.de)
▸ top itservices (www.top-itservices.de)
▸ PASS Consulting Group (www.pass-consulting.de)

Außerdem ist es üblich, sein Profil an verschiedenen Stellen im Netz zu hinterlegen:
▸ Freelancermap (www.freelancermap.de)
▸ Gulp (www.gulp.de)
▸ Resoom (http://projects.resoom.de)
▸ Xing (www.xing.de)

Bei allen Anbietern sollten Sie möglichst alle relevanten Suchwörter verwenden und auch an die verschiedenen Schreibweisen denken. Sehr wichtig ist zudem eine gute Präsentation mit ansprechendem Profil und den wichtigsten Informationen auf einen Blick.

Wie präsentiere ich mich als Freiberufler?

Freiberufler bewerben sich direkt bei einer Projektvermittlungsfirma. Oft sprechen Vermittler und Unternehmen sie aber auch an. Die Grundlage für die Kontaktaufnahme bilden dabei Profile auf einer oder mehreren der oben genannten Seiten. Ihr Profil sollte alle Informationen vermitteln, die ein Dritter benötigt, um Sie einzuordnen. In welchen Bereichen besitzen Sie wie tief gehende Kenntnisse? In welchen Projekten waren Sie beschäftigt und welche Rolle haben Sie dort eingenommen? Auf welche Branchen sind Sie spezialisiert, wo liegen Schwerpunkterfahrungen? Freiberufler-Profile sind oft umfangreicher als Lebensläufe von Selbstständigen. Sie sollen gleichzeitig sehr schnell den »Wert« vermitteln. Deshalb ist es auch üblich, dass bei Honoraren Ross und Reiter, also konkrete Zahlen, genannt werden. Auch die Verfügbarkeit (ab wann, zu wie viel Prozent?) und die Bereitschaft zu Reisen sollte vermerkt sein. Das alles sehr sachlich – die Gestaltungsfreiheit liegt hier eher in der Dosierung und Aufbereitung der Information.

Das Profil ist die Pflicht, weiteres Selbstmarketing die Kür. Wenn Sie als Experte für Business Intelligence auch Fachartikel schreiben oder Vorträge halten, so erhöht das Ihren Wert. Sind Sie als Fachfrau auch Buchautorin, so macht dies bei Ihren Auftraggebern ohne Frage einen guten Eindruck. Zu groß sollte die Präsenz auf anderen Bühnen im Internet allerdings nicht sein. Den absoluten Experten engagiert man nicht mehr für sein Projekt – er wäre zu teuer. Die Dosis macht es also.

Selbstmarketing kann auch über Präsenz in einem Verband oder Arbeitskreis laufen. Wenn Sie Arbeitskreisleiter für ein bestimmtes Thema sind, signalisieren Sie auch damit Ihre Fachkompetenz. Hinzu kommt der wichtige Networkingeffekt. Wer gute Kontakte in die Branche hat – und Verbände fördern diese mit Sicherheit –, bekommt meist bessere Angebote und ist für Krisenzeiten gewappnet. Dann nämlich fallen normalerweise die 30 Prozent durch das Auftragsraster, die entweder nicht ausreichende Qualifikationen haben oder auf solche Kontakte nicht zurückgreifen können.

Wie starte ich in die Freiberuflichkeit?

Die meisten Freiberufler sind erfahrene Leute. Absolventen fassen in diesem Geschäft eher selten Fuß. Internetaffine Studenten gründen lieber das nächste Web 2.0-Unternehmen. Der Schritt in die Selbstständigkeit ist also meist ein späterer Schritt, der dann erfolgt, wenn zumindest erste Berufserfahrung da ist.

Meist schließt sich die Entscheidung pro Freiberuflichkeit an einen vorherigen Bruch mit der alten Firma an. Wer aus einem angestellten Verhältnis heraus kündigt, freut sich oft bereits auf mehrere freiberufliche Angebote.

Jeder, der sich für diesen Schritt entscheidet, sollte zunächst einmal den Markt überprüfen. Wie viel Potenzial steckt in den eigenen Kenntnissen? Wenn Sie aus der klassischen IT kommen, führt ein wichtiger Weg über Gulp (www.gulp.de). Wie viele ITler haben ähnliche Kompetenzen wie Sie, wie viele Projektanfragen standen dem gegenüber? Haben Sie seltene Qualifikationen? Gibt es für Ihre Kenntnisse einen Projektmarkt? Manchmal ist dies über Gulp gar nicht herauszufinden, weil ein Segment viel zu speziell ist. Dann hilft nur eins: Selbst den Hörer in die Hand nehmen und nachfragen.

104 im Quartier

Jede Selbstständigkeit, auch die freiberufliche und im IT-Bereich damit relativ angestelltennahe Tätigkeit, braucht Vorbereitung, viel Vorbereitung. Das Enigma Gründungszentrum in Hamburg hat dazu die »104 im Quartier«-Methode erfunden. Dies ist eine selbst gemachte und kostenlose Marktforschung. Sie befragen 104 Personen Ihrer Zielgruppe, um dadurch wertvolle Informationen für Ihre Selbstständigkeit zu erhalten.

Die Fragen könnten so aussehen:
▸ Beschäftigen Sie externe Freiberufler oder planen Sie, dies zu tun?
▸ In welchen Fachgebieten benötigen Sie künftig Unterstützung?
▸ Arbeiten Sie mit Vermittlern zusammen oder beschäftigen Sie die Freiberufler direkt?
▸ Welches Honorar finden Sie angemessen? (mehrere Spannen angeben)
▸ Wer entscheidet bei Ihnen über die Honorare? (Sie als Fachabteilung, der Einkauf?)

Fragen Sie möglichst direkt dort, wo Ihre künftigen Kunden sitzen, weniger bei Kollegen und Netzwerkpartnern. Um Kunden zu ermitteln, fragen Sie sich: Wer braucht Ihre Expertise? In welcher Branche können Sie am besten arbeiten? Wo ist ein vermuteter hoher Bedarf an Ihrem Know-how?

Aus so einer Umfrage generieren Sie im besten Fall bereits erste Kunden – ganz ohne Mühe und Kosten. Vor allem wissen Sie durch diese Umfrage nun ganz genau, welches Honorar angemessen ist – und können trotzdem ein wenig mehr verlangen.

Steuer und Co.

Einige vergessen, dass auch Freiberufler Steuern zahlen müssen – bei den üblichen Einkommen sogar ganz schön viel. Der beispielhaft vorgestellte SAP-Berater mit dem Gewinn von 111.000 Euro zahlt 40.843 Euro, jedenfalls als Single. Das ist ein ganz schöner Batzen.

Leider werden die Steuern oft erst lange nach dem ersten Geldverdienen fällig. Im ersten Jahr meldet sich das Finanzamt noch gar nicht, es sei denn, Sie bitten es explizit um freiwillige Vorauszahlungen (was auch wieder nicht clever wäre). Dann erledigen Sie Ihre erste Steuererklärung, weil Sie öfter um Aufschub bitten, vielleicht erst ein weiteres Jahr später. Etwa 2,5 Jahre nach dem Start erfolgt dann der erste Steuerbescheid – und mit ihm die Aufforderung, für das erste Jahr sowie das zweite und dritte Jahr im Voraus zu zahlen – was mitunter selbst bei Normalverdienern Summen von 30.000 Euro und mehr ergibt, bei unserem SAP-Berater sogar mehr als 100.000 Euro. Legen Sie das Geld also gleich ordentlich auf die Seite. Das Finanzamt kommt früher oder später, so viel ist sicher. Und bei der Höhe des Gewinns von Mr. SAP auch bald die Betriebsprüfung, denn damit gehört er von der Größenordnung her auch als One-Man-Show in die Kategorie »Mittelbetrieb«, die alle sieben Jahre geprüft wird.

Sie müssen sich als Selbstständiger nicht nur um die Einkommensteuer, sondern auch um die Umsatzsteuer kümmern. Das ist eine Steuer, die auf jede Dienstleistung aufgeschlagen wird und die Sie für den Staat einsammeln. Zu Ihrem Honorar kommt so immer noch eine weitere Summe dazu: die 19 Prozent Mehrwertsteuer machen aus 100 Euro 119 Euro, vermehren damit allerdings nur auf den ersten Blick den Kontostand – der Staat will das Geld ganz schnell überwiesen haben. Als Dankeschön für die Eintreiberei sind Sie im Gegenzug berechtigt, Umsatzsteuern bei betrieblichen Kosten abzuziehen. Meist haben Freiberufler allerdings nicht so viel davon: den Laptop, den PDA, das Briefpapier, die Weiterbildung, KFZ-Kosten – viel mehr kommt oft nicht zusammen, schließlich haben Sie keinen Wareneinkauf. Umsatzsteuern werden die ersten zwei Jahre monatlich fällig, später hängt es von der Gesamthöhe Ihrer gezahlten Umsatzsteuern ab (bei hohen Umsatzsteuerzahlungen an das Finanzamt – über 7.664 Euro im Jahr – bleiben Sie bei monatlich, andernfalls wechseln Sie zu quartalsweise). Dafür müssen Sie einmal im Monat eine Umsatzsteuervoranmeldung abgeben oder dies, was unbedingt zu empfehlen ist, Ihren Steuerberater machen lassen.

	Einkommensteuer	Umsatzsteuer
Wie viel?	So viel, wie auch jeder Angestellte zahlt, Rechner unter www.abgabenrechner.de	Sie verrechnen das, was Sie einnehmen, mit dem, was Sie ausgeben.
Wann?	Nach Ablauf des Jahres, später gibt es monatliche oder quartalsweise Vorauszahlungen	Einmal im Monat die ersten zwei Jahre als Gründer, danach wahrscheinlich ebenfalls einmal im Monat (bei geringeren Umsätzen auch quartalsweise)
Fälligkeit	In der Regel an einem 10. des Monats	Immer am 10. des Folgemonats oder des darauf folgenden Monats (nennt sich dann Dauerfristverlängerung)

Bewahren Sie unbedingt alle Belege für Einnahmen und Ausgaben auf. Überprüfen Sie mit Hilfe der Kontoauszüge Zahlungen. Den Rest (die Buchung und Kontierung) sollte Ihr Steuerberater erledigen. Er übernimmt auch die Korrespondenz mit dem Finanzamt und ist deren erster Ansprechpartner.

Fallen für Freelancer

Warum einfach, wenn es auch kompliziert geht? Einige Fallen hat sich der Staat einfallen lassen, auf die Sie vorbereitet sein sollten. Etwa das Thema »Freiberufler oder Gewerbetreibender«. Die Antwort entscheidet über die Zahlung von Gewerbesteuer sowie über die Pflicht zur Bilanzierung und damit über erheblichen kaufmännischen Mehraufwand. Das ist seit Jahren in der Branche sehr umstritten. Früher galten Systemprogrammierer als ingenieursnah und damit freiberuflich, während im Angesicht der Finanzämter Anwendungsprogrammierer Gewerbetreibende waren. Diese Unterscheidung bezog sich auch auf Berater. Vor einigen Jahren hob ein Urteil des Bundesfinanzhofs die bisher übliche Trennlinie auf. Seitdem können sehr viel mehr ITler Freiberufler sein. Gute Chancen bestehen für alle mit einer akademischen Ausbildung. Das gilt auch für Betriebswirte, die an sich keine typische Informatikausbildung genießen. Doch 2005 stufte das Finanzgericht München einen Betriebswirt und SAP-Berater als Freiberufler ein. Sein einschlägiges Studium zum Diplom-Betriebswirt mit IT-Schwerpunkt qualifizierte ihn als freiberuflich beratenden Betriebswirt. Schlechtere Chancen auf die Anerkennung des Status als Freiberufler haben Nicht-Akademiker. Hier könnte jedoch die einschlägige, mehr als achtjährige Berufserfahrung als gleichwertig angesehen werden.

Gewerblich oder nicht – diese Frage kann nur im Einzelfall beantwortet werden. Oft ist es zudem eine Frage der Argumentationsstrategie, bei der Ihnen auf diesem Gebiet kompetente Berater helfen. Auf dieses Rechtsgebiet hat sich der Bremer Anwalt Dr. Benno Grunewald spezialisiert, auf dessen Webseiten Sie außerdem aktuelle Informationen zum Thema finden.

Die zweite Falle stellt die Rentenversicherung auf. Diese möchte »arme« Selbstständige schützen und lauert deshalb allen auf, die von nur einem Arbeitgeber abhängig sind. Genau dies ist im Projektgeschäft allerdings der typische Fall. Die normale Projektdauer umfasst drei, sechs, zwölf oder auch schon mal 24 Monate. Viele Freelancer arbeiten sogar Jahre nur bei einem Auftraggeber. Damit sind sie angestelltenähnlich und müssten in die Rentenkasse zahlen. Das will nun keiner wirklich gern, der von einem Gewinn von 100.000 Euro 19 Prozent für den Staat abzwacken soll, über die ganzen Steuern hinaus.

Selbstständige sind dann rentenversicherungspflichtig, wenn sie »im Zusammenhang mit ihrer Tätigkeit regelmäßig keinen versicherungspflichtigen Arbeitnehmer beschäftigen, dessen Arbeitsentgelt aus diesem Beschäftigungsverhältnis regelmäßig 400,00 EUR im Monat übersteigt und auf Dauer und im Wesentlichen nur für einen Auftraggeber tätig sind« (§ 2 Satz 1 Nr. 9 SGB VI).

Somit gibt es bei längerer Exklusivverpflichtung für nur einen Auftraggeber nur einen Ausweg: die Einstellung eines Mitarbeiters, der vielleicht ohnehin für die Bewältigung der Buchhaltung und anderer administrativer Aufgaben nützlich wäre. Indes gab es auch hier vor einigen Jahren ein Urteil des Finanzgerichts Aachen, nach dem ein IT-Berater, der drei Jahre für denselben Auftraggeber tätig gewesen war, der Forderung der Deutschen Rentenversicherungsanstalt Bund (Bfa) erfolgreich widersprochen hatte. Im Zweifel können Sie sich auf dieses Urteil berufen. Dennoch empfiehlt es sich auch aus unternehmerischen Gründen, eine zu lange Abhängigkeit von nur einem Brötchengeber zu verhindern!

Vertragsgestaltung

Die meisten Freelancer arbeiten indirekt für ihre meist großen Kunden. Den Vertrag schließen sie mit dem Vermittler ab. Er ist ihr Vertragspartner. Üblich ist, dass IT-Freiberufler und Vermittler einen Rahmenvertrag für IT-Projekte vereinbaren. Dieser regelt die Bedingungen zur Projektvergabe und enthält meist eine Wettbewerbsschutzklausel. Mit dem Rahmenvertrag entsteht noch keine Verpflichtung zur Zusammenarbeit. Mit diesem Rahmenvertrag wird ein Projekteinzelvertrag verbunden, der schließlich die Details zum spezifischen Projekt und Details wie die Vergütung enthält.

Das typische Problem bei der freiberuflichen Vertragsgestaltung: Eigentlich darf das so nicht geregelt werden, denn mit vielen Verträgen wird die Scheinselbstständigkeit (fast) besiegelt. Dies gilt vor allem, was der Normalfall ist, wenn der Auftraggeber die Unternehmensberatung bzw. Vermittlungsagentur ist. Es gibt hier extrem viele Grauzonen, und immer geht es um zwei Fragen: Sind Sie nicht in Wahrheit bei der Beratungs- bzw. Vermittlungsfirma angestellt? Und: Betreibt diese nicht eine unzulässige und erlaubnispflichtige Arbeitnehmerüberlassung? Diese Fragen lassen sich selten eindeutig beantworten, es sei denn, der Vermittler würde die Vermittlung beim Freiberufler in Rechnung stellen. Vertragspartner wäre dann das Unternehmen. Diese Vorgehensweise ist aber unüblich.

Ein wunder Punkt in den Rahmenverträgen ist die Wettbewerbsschutzklausel. Jeder Vermittler fürchtet sich davor, dass der Kunde Sie direkt beauftragen könnte. Schließlich kommen immer wieder Unternehmen auf den Gedanken, auf diese Weise noch den einen oder anderen Euro einzusparen. Erst recht, wenn sie mit den Leistungen ihres Freelancers zufrieden sind. Wettbewerbsschutzklauseln verbieten Ihnen bei Androhung einer Strafe, innerhalb einer gewissen Frist – oft zwei Jahre – direkt für den Kunden tätig zu werden. Aber, gute Nachricht: Diese Wettbewerbsklauseln sind in der Regel ungültig, selbst wenn Sie sie unterschrieben haben. Einem Angestellten oder wirtschaftlich bzw. sozial abhängigen freien Mitarbeiter kann ein Wettbewerbsverbot nur gegen Zahlung einer angemessenen Karenzentschädigung für die Dauer des Verbots wirksam auferlegt werden, die mindestens 50 Prozent der vertraglichen Vergütung betragen sollte (die §§ 74 ff HGB gelten hier entsprechend für alle Arbeitnehmer). Gerichte definierten hier den freiberuflichen Projektmitarbeiter als angestelltenähnlich, weshalb dieser Grundsatz auch für ihn gilt. Da selten Karenzgeld vereinbart und bezahlt wird, hat so eine Vereinbarung also keinen Bestand.

Zudem wird sich der Vermittler im Falle des Falles kaum mit seinem Kunden überwerfen, es sei denn, die Geschäftsbeziehung bricht nach Ihrem Übertritt ganz ab.

Wenn Sie sich tiefer in das Thema einarbeiten möchten, empfehle ich den Ratgeber *Projektverträge im IT- und Agenturbereich*, den Sie im Shop von iBusiness (www.ibusiness.de) bestellen können.

Gründungszuschuss

Wenn Ihnen gekündigt worden ist oder Sie selbst gekündigt haben, haben Sie Anspruch auf einen Gründungszuschuss – auch wenn Sie als Freiberufler von der ersten Stunde an richtig viel Geld verdienen werden. Dieser »GZ« wird allerdings um drei Monate gekürzt, wenn Sie selbst gekündigt haben – es sei denn, Sie haben diese sogenannte »Sperrzeit« bereits hinter sich und in dieser Zeit kein Arbeitslosengeld bekommen.

Der Gründungszuschuss unterstützt Sie neun Monate lang in Höhe des Arbeitslosengeldes sowie weiterer 300 Euro. Weitere sechs Monate lang erhalten Sie nur (oder immerhin) 300 Euro. Dieses Geld bekommen Sie auch, wenn Sie, wie oft in der IT, vom ersten oder zweiten Monat an ausgelastet sind.

Auch Arbeitslosengeld-II-Empfänger können einen Zuschuss erhalten, der ca. 175 Euro beträgt. Sie werden darüber hinaus noch mindestens sechs Monate lang unterstützt, indem die ARGE die Kranken- und Rentenversicherungsbeiträge zahlt. Dies ist allerdings durchaus abhängig vom Einkommen. Verdienen Sie von Anfang an weit über der Hartz-IV-Bemessungsgrenze, so fallen Sie aus dem »System« heraus.

Ob GZ oder Einstiegsgeld: In beiden Fällen müssen Sie für den Antrag ein Gründungskonzept vorlegen, das für den Gründungszuschuss normalerweise etwas anspruchsvoller aussehen sollte. Die Arbeitsagenturen erwarten eine Rentabilitätsvorschau, die aussagt, wann sich Ihre Tätigkeit rechnet. Der Kapitalbedarfsplan verrät, wie viel Geld Sie für Ihre Gründung benötigen.

	Einstiegsgeld	Gründungszuschuss
Zielgruppe	Arbeitslosengeld-II-Empfänger, die selbstständig waren oder sich selbstständig machen wollen In der Regel keine Bezieher von aufstockendem Arbeitslosengeld II (also Selbstständige, die nicht auskommen)	Arbeitslose, die noch mindestens 90 Tage Anspruch auf ALG I haben, ab dem ersten Tag der Arbeitslosigkeit Ein direkter Übergang von Beschäftigung in geförderte Selbstständigkeit ist nicht (mehr) möglich – mindestens ein Tag muss dazwischen liegen
Antrag	Bei der örtlichen ARGE oder der jeweils zuständigen Stelle (früher Sozialamt)	Bei der örtlichen Bundesagentur für Arbeit
Dauer	Oft 6 oder 12 Monate, maximal 24 Monate (in den letzten Monaten kann gekürzt werden)	Maximal 15 Monate Nach 9 Monaten gibt es nur noch 300 Euro pro Monat
Höhe	172 Euro zuzüglich zu den 345 Euro Regelleistung. Pro Familienmitglied gibt es ca. 35 Euro dazu. Ihren Gewinn dürfen Sie leider nur zu einem Mini-Bruchteil behalten: 15 % bis zu einem Einkommen von 1.500 Euro und 30 % zwischen 400 und 900 Euro. Nur in Hamburg wird das Einstiegsgeld als Darlehen gewährt und muss zurückgezahlt werden	In den ersten 9 Monaten entspricht der Gründungszuschuss der Höhe des ALG I zzgl. 300 Euro für Sozialversicherungsabgaben. Für die folgenden 6 Fördermonate ist ein neuer Antrag notwendig. Die Förderhöhe liegt dann pauschal bei 300 Euro pro Monat
Rechtsanspruch	Nein, es ist eine Kann-Leistung	Ja
Voraussetzung	Es muss sich um eine Neugründung handeln	Arbeitslosigkeit und ein Restanspruch von drei Monaten
Art der Selbstständigkeit	Keine Beschränkungen, Unternehmer darf nicht weisungsgebunden sein und muss unternehmerisch handeln. Die Selbstständigkeit muss hauptberuflich ausgeübt werden, d. h. mindestens 15 Stunden pro Woche	Keine Beschränkungen, Unternehmer darf nicht weisungsgebunden sein und muss unternehmerisch handeln; Die Selbstständigkeit muss hauptberuflich ausgeübt werden, d.h. mindestens 15 Stunden pro Woche

	Einstiegsgeld	Gründungszuschuss
Kranken-versicherung	Innerhalb der Bezugsdauer sind Sie über die ARGE versichert bzw. die ARGE zahlt Ihre Krankenversicherung	Nein, keine Pflicht: freiwillige Versicherung
Renten-versicherung	Über die ARGE	Nur bestimmte Berufe, über die Deutsche Rentenversicherung Bund
Zweitjob in Festanstellung	Theoretisch möglich, allerdings müssten Sie das Geld dann an die ARGE weiterreichen	Mini-Job und Teilzeit, die Höhe des Zuverdienstes ist nicht begrenzt
Mindest-einkommen	Keines	Keines
Prüfung des Geschäfts-modells	I.d.R. Businessplan oder kurzes Unternehmenskonzept, muss meist von fachkundiger Stelle geprüft werden.	Businessplan, der von fachkundiger Stelle geprüft werden muss
Steuerliche Behandlung	Das Einstiegsgeld ist steuerfrei und unterliegt auch nicht der Progression.	Förderung geht nicht in die Progression ein, hat also keinen Einfluss auf die Ermittlung des persönlichen Steuersatzes.
Steuerhöhe	Entsprechend den üblichen Steuersätzen	Entsprechend den üblichen Steuersätzen
Steuerarten	Für Freiberufler Einkommensteuer und ggf. Umsatzsteuer	Für Freiberufler Einkommensteuer, Umsatzsteuer
Finanzamt	Einnahmen-Überschuss-Rechnung, auch wenn die ARGEs oft eine »Gewinn-und-Verlust-Rechnung« verlangen: Gemeint ist die EÜR bei Freiberuflern.	Einnahmen-Überschuss-Rechnung
Verfall des Anspruchs	Falls keine unternehmerische Tätigkeit mehr ausgeübt wird, Entscheidung des Fallmanagers	Falls keine unternehmerische Tätigkeit mehr ausgeübt wird (weisungsgebundene Scheinselbstständigkeit)
Rechtsanspruch	Nein	Ja, auf die ersten 9 Monate, nicht auf die Verlängerung

	Einstiegsgeld	Gründungszuschuss
Geeignet für	Alle, die sich auf dem Bezug von Arbeitslosengeld II selbstständig machen wollen.	Alle Bezieher von Arbeitslosengeld, die sich selbstständig machen wollen.
Vorteile	Geld unterstützt ein wenig. In der Zeit des Bezugs werden Sie hochstwahrscheinlich nicht zu 1-Euro-Jobs herangezogen.	Geld bietet ein gutes Polster, um schnell in die Selbstständigkeit zu starten.
Nachteile	Das Geld reicht nicht, um Anschaffungen zu tätigen.	Der Akquisitionsdruck ist gering, wenn der Gründungszuschuss hoch ausfällt; für den Aufbau einer Existenz sind neun Monate viel zu kurz, auch 15 Monate reichen für Freiberufler oft nicht. Kalkulieren Sie mit 2–3 Jahren, bis Ihr Einkommen auf einem tragfähigen Niveau angelangt ist.
Rückkehr in die Arbeitslosigkeit	Wenn es nicht funktioniert, können Sie jederzeit und auch nur für einzelne Monate (wieder) ALG II beantragen.	Wenn es nicht funktioniert, können Sie jederzeit und auch nur für einzelne Monate ALG II oder aufstockendes ALG II beantragen.

Schritt für Schritt in die Selbstständigkeit

1. Überlegen Sie sich gut, ob Sie das Risiko eingehen wollen. Besprechen Sie es mit Ihrer Familie.
2. Unternehmen Sie eine Marktforschung. Fragen Sie auch Projektvermittler, ob diese mit Ihrem Profil eine gute Chance sehen.
3. Legen Sie fest, wann Sie starten möchten. Projekte starten oft kurzfristig. So kann es sein, dass Sie beginnen müssen, ohne ein Projekt sicher zu haben.
4. Entscheiden Sie, ob Sie selbst kündigen oder sich kündigen lassen. Letzteres ist von Vorteil, da Sie dann länger Gründungszuschuss bekommen.
5. Erstellen Sie einen Businessplan. Suchen Sie sich einen Verband oder Unternehmensberater für die fachkundige Stellungnahme.

6. Erstellen oder aktualisieren Sie Ihr Profil. Stellen Sie es auf den wichtigsten Plattformen ein und senden Sie es an Vermittler, die für Ihre Branche wichtig sind.

7. Entscheiden Sie sich, ob Sie sich als Freiberufler oder Einzelunternehmer mit Gewerbebetrieb beim Finanzamt anmelden müssen. Im letzteren Fall brauchen Sie zuvor einen Gewerbeschein, den Sie vom Ordnungsamt bekommen.

8. Geben Sie Businessplan, fachkundige Stellungnahme und Kopie der Anmeldung (Gewerbe oder freiberufliche Anmeldung beim Finanzamt) bei der Arbeitsagentur ab.

9. Bleiben Sie geduldig, wenn sich nicht sofort nach der Gründung ein Projekt ergibt. Ich habe Fälle in meiner Beratung, in denen es drei bis sechs Monate Leerlauf gab, bevor dann der erste Auftrag lockte.

Job- und Auftragssuche in der IT

Eines Nachmittags kam der Anruf des Geschäftsführers. »Ich möchte Sie gern kennenlernen«, sagte er. »Ihr Profil klingt interessant. Ich habe es bei Xing gefunden.« Solche Geschichten passieren ITlern ohne jede Frage häufiger als Sekretärinnen oder Flugzeugmechanikern. Leider sind es noch zu selten die Geschäftsführer selbst, die solche Werbeanrufe tätigen. Oft sind es Personalberater. Und das ist ein ganz spezielles Problem der Branche.

»Die haben alle keine Ahnung« – in dieser Kernaussage verschmilzt die Meinung der Mehrheit. Vor allem die zahlreichen IT-Freelancer sagen das. Grund sind Personalberater, die eher unsystematisch durch das Internet ziehen und jeden ansprechen, der ein bestimmtes Stichwort im Profil hat. Die Eignung des ITlers insgesamt wird nicht hinterfragt. Oft geht das auch gar nicht, da die entsprechenden Personalberater gar nicht die notwendige IT-Kompetenz besitzen.

Auch die Personalabteilungen der Unternehmen besitzen diese in der Regel nicht. Ich weiß von einem namhaften Hamburger Unternehmen, das über zwei Jahre versuchte, die Wissenslücken im IT-Bereich mit externen Beratern zu schließen. Fehlbesetzungen waren zum riesigen Problem geworden. Die eingestellten Mitarbeiter entpuppten sich als unfähig, die Aufgaben im erwünschten und notwendigen Maß zu lösen. Ein Teil der Mitarbeiter überwinterte in überbezahlten Positionen und nutzte vorhandene Potenziale nicht. Ein anderer Teil setzte alles daran, sich nicht anmerken zu lassen, dass sie ihren Aufgabenbereich gar nicht angemessen beherrschten.

Kurzum: In keinem anderen Bereich werden so viele Bewerber auf falsche Stellen eingeladen – vor allem in Nicht-IT-Branchen, bei denen auch in der Fachabteilung nicht ausreichend Know-how vorhanden ist. Das oben vorgestellte Unternehmen bekam übrigens auch durch die externen Berater sein Problem nicht in den Griff – man war nicht einmal in der Lage, unter den Anbietern die Richtigen auszuwählen.

Suche im Internet

Der Traum- oder Realjob darf Ihnen nicht entwischen? Dann sollten Sie sich nicht nur auf eine einzige Stellenbörse verlassen, sondern am besten mehrere einmal wöchentlich durchsuchen – oder sich entsprechende E-Mail-Angebote schicken lassen. Welche Jobbörse die beste ist, lässt sich nicht pauschal sagen: Jede besitzt Vorzüge und Nachteile, und entscheidend ist sowieso letztendlich nur, dass Sie die richtigen Jobs finden. Eine etwas umständliche Suchfunktion ist dann schnell vergessen …

Entscheiden Sie sich, um den Aufwand in Grenzen zu halten, nach einem ersten Check für zwei bis drei Suchmaschinen. Welche die beste Kombi für Sie ist, hängt von Ihrem Lebenslauf und Berufsziel ab. Systemadministratoren, die gern in einer kleineren oder mittelständischen Firma arbeiten möchten, sollten sich bei der Arbeitsagentur, Monster und Stepstone umschauen, Uni-Absolventen auf der Suche nach einem Traineeprogramm empfiehlt sich Jobware.

Soll Ihnen nichts durch die Lappen gehen, surfen Sie dann einmal im Monat zusätzlich weitere Jobbörsen ab und/oder bestellen Sie ein E-Mail-Abo, was bei vielen Börsen möglich ist. Das gilt gerade auch dann, wenn Sie seltene Qualifikationen haben und die Ausbeute an Stellen eher gering ausfällt.

Sich in Datenbanken eintragen

»Geben Sie jetzt Ihren Lebenslauf auf«, lockt der Geschäftsführer von Careerbuilder.de und verspricht, dass Sie sich dafür noch nicht einmal registrieren müssen. In fast allen Stellenmärkten werden Sie aufgefordert, Ihren Lebenslauf einzutippen. Der große Nachteil: Dies erfordert einen erheblichen Tippaufwand, da jede Stellenbörse eigene Formulare hat. Dabei wäre es so einfach, den Lebenslauf als DOC oder PDF hochzuladen, was bei *Monster.de* auch schon möglich ist. Noch leichter wird das Ganze, wenn in hoffentlich naher Zukunft Profile aus Web 2.0-Portalen einfach nur noch in das entsprechende Stellenportal geladen werden müssten. Längst möglich ist das in den USA bei Jobster.com, das Profile aus Facebook oder dem amerikanischen Xing-Pendant Linked In laden kann und Bewerbern somit viel Tipparbeit abnimmt.

Eine zu große Streuung des Lebenslaufs empfiehlt sich nicht, denn oft sind es dieselben Personalberater, die in verschiedenen Jobbörsen nach Nachwuchs fischen. Eine zu hohe Zahl an Anfragen kann nerven, zudem nimmt man sich durch einen so breiten Auftritt etwas vom eigenen Seltenheitswert. Also lieber erst einmal bei einer bekannten, großen Jobbörse ausprobieren und dann weiterschauen. Dabei sind die ersten zwei Wochen nach dem Hochladen meist entscheidend. Wenn Sie dann schnell kontaktiert werden, ist Ihr Lebenslauf interessant. Wenn nicht, wird sich das auch nach den ersten zwei Wochen kaum mehr ändern. Der Fokus der Personaljäger liegt dabei auf den begehrten Qualifikationen, etwa .NET, Java, SAP R/3. Kaum oder wenig Resonanz dagegen werden Online-Redakteure finden oder Menschen, die aus dem Agenturumfeld stammen.

Wenn Sie sich dazu entscheiden, vorgefertigte Profile auszufüllen, arbeiten Sie am besten mit Copy + Paste. Schreiben Sie zudem suchmaschinenoptimiert, also mit Blick darauf, alle relevanten Begriffe und Synonyme einzubauen.

Stichwortliste erstellen

Nur wer weiß, was er sucht, kann es finden. Definieren Sie Stichwörter für Ihre Suche, beispielsweise Berater + CRM oder Online-Marketing + E-Mail. Da Funktionsbezeichnungen leider nicht normiert sind, sollten Sie auch unterschiedliche Begriffe in die Suche einbeziehen, etwa den Berater und den Consultant. Manchmal kann der Berater auch als Projektmanager »getarnt« sein oder als »Spezialist«. Sie müssen also ganz schön rumexperimentieren.

Nur intelligente Suchmaschinen wie Kimeta.de erkennen sofort, dass der Berater auch ein Consultant ist. Der Durchschnittssuchmaschine müssen Sie das vortippen. Der Stellenmarkt von Xing etwa findet den Consultant, aber nicht den Berater (wenn nicht beide Begriffe in der Anzeige vorkommen), bei Monster ist es genauso. Kimeta ist mit künstlicher Intelligenz ausgestattet und deshalb die große Ausnahme.

Die wichtigsten Stellenbörsen

Die Übersicht der wichtigsten Stellenbörsen konzentriert sich auf die Angebote, die sich auf dem breiten Markt durchgesetzt haben. Daneben existieren eine Reihe branchenspezifischer Jobbörsen. Die beste Übersicht über den Gesamtmarkt vermittelt Crosswatersystems (www.crosswatersystems.com) – zwar in verstaubtem Layout, aber sehr aktuell und akribisch recherchiert. Daneben existieren eine Reihe von Klonen des Arbeitsagentur-Datenbestands, die sich einfach angenehmer durchsuchen lassen als die ursprüngliche Datenbank (www.rekruter.de, www.backinjob.de und www.meinestadt.de). Alle sind sehr unterschiedlich, aber der Datenbestand ist derselbe.

Stellenbörse	IT-Stellen	Lebenslauf auch als Word/PDF	Ausschreibende Unternehmen	Plus	Lohnt sich für
Arbeitsagentur.de	Mehr als 500	Ja, Bewerberprofil muss eingegeben werden. Mit Call-Me erlauben Sie interessierten Arbeitgebern auch den direkten Telefonkontakt	Viele private Arbeitsvermittler, die mit Vorsicht zu genießen sind. Kleinere Firmen und Zeitarbeitsunternehmen	Seit Kurzem auch Volltextsuche	Lohnt sich für alle, die eine kleine Firma suchen
Bund.de	Ca. 10% der rund 400 Jobs sind IT-Stellen	Nein, gar keine Bewerberpräsentation	Jobs des Bundes	Übersichtlich, man weiß sofort, wie hoch das Gehalt ist (Angabe der TVÖD-Gruppe)	Für alle, die in der Verwaltung etwas suchen. Für Länderjobs schauen Sie bitte auf die Website Ihres jeweiligen Bundeslandes, z.B. bei www.hamburg.de
Jobscout24.de	Mehr als 500	Nein, muss eingegeben werden	Recht viele Personalberatungsfirmen	Besonders hochwertige Positionen	Eher anspruchsvolle Schnittstellenpositionen als reine IT
Jobware.de	Mehr als 500	Ja, um den Lebenslauf kümmern sich dann richtige Menschen (sofern er interessant genug ist)	Relativ viele Konzerne	Besonders hochwertige Positionen	Eher anspruchsvolle Schnittstellenpositionen als reine IT

Stellenbörse	IT-Stellen	Lebenslauf auch als Word/PDF	Ausschreibende Unternehmen	Plus	Lohnt sich für
Monster.de	Mehr als 5.000	Ja	Viele Beraterfirmen, auch Mittelstand	Die meisten Karriereinfos, größte Community	Speziell Berater aller Disziplinen, Projektleiter
Stepstone.de	6.512	Lebenslauf muss eingegeben werden	Viele Beraterfirmen, Konzerne, auch Mittelstand und Agenturen	Sehr gute Gehaltsinfos	Alle, besonders für Hamburger interessant, da hier die Stellen des *Hamburger Abendblatts* integriert werden
Stepstone.de/it	4.144	–	Viele Beraterfirmen, Konzerne, auch Mittelstand und Agenturen	Sehr übersichtlich gegliedert für ITler	Überwiegend Überschneidungen mit Stepstone.de, aber viel übersichtlicher aufgebaut für ITler
Stellenanzeigen.de/it	Über 1.000	Lebenslauf muss eingegeben werden	*Stellenanzeigen* kooperiert mit 70 Tageszeitungen und veröffentlicht deren Anzeigen im Netz	Auch ganz normale Jobs	Die, die wirklich keine Ausschreibung verpassen wollen. Hier findet man auch so was wie Redakteur »Mobile« (also einen Redakteur, der für Handys textet, oder Screendesigner)

Meta-Suchmaschinen

Meta-Suchmaschinen klappern gleich mehrere Fundstellen im Internet auf der Suche nach Stellenangeboten ab. Dabei sind erst einmal diejenigen besonders gut, die eine große Zahl auch an Firmenwebseiten einbeziehen oder auch den öffentlichen Bereich – die Anzeigen aus den bekannten Stellenmärkten kennt man ja bereits. Jobs von Firmenwebseiten sind aber vielleicht exklusiv dort zu finden, und ohne die Meta-Suchmaschinen wären Sie möglicherweise nie darauf gekommen.

Suchmaschine	Findet	Suchfunktionen	Bewertung
www.icjobs.de	Viel aus Jobbörsen und Unternehmenswebseiten	Mittel, so reicht die Eingabe von IT nicht aus, verlangt wird mindestens noch ein dritter Buchstabe	***
www.kimeta.de	Extrem viel aus Job-börsen und Unternehmenswebseiten	Exzellent, denkt durch den Einsatz künstlicher Intelligenz mit und findet IT-Jobs, auch wenn nicht »IT« drinsteht	*****
www.jobrapido.de	Viel aus Jobbörsen und wenig aus Unternehmenswebseiten	Mittel, die Ergebnisse sind auf keinen Fall nach Relevanz sortiert	***
www.jobworld.de	Eher wenig, kooperiert mit Jobware	So lala, fordert auch mindestens drei Buchstaben	**
www.jobscanner.de	Mittel, konzentriert sich auf Unternehmensweb-sites, eher die größeren	Schlecht, sucht z.B. »IT« im gesamten Text und findet alles. Auswahl nach Regionen anstatt nach Städten ist unglücklich	**

Projektbörsen

Die Zielgruppe der Projektbörsen sind Freiberufler, die sich im Internet- und IT-Umfeld gern auch Freelancer nennen. Im englischsprachigen Ausland sind es auch »Contractors«, also letztendlich Vertragspartner. Projektbörsen funktionieren ähnlich wie Stellenbörsen: Einerseits schreiben Unternehmen und Personalagenturen ihre Projekte aus, andererseits können sich Freelancer auf der Plattform selbst mit einem sogenannten Profil präsentieren. Das ist eine

Übersicht über die wichtigsten Erfahrungen, Kenntnisse und Qualifikationen. Die bekannteste und älteste Projektbörse im IT-Umfeld ist Gulp, groß und etwas weiter gespannt agiert Freelancermap. Keine richtige Projektbörse, aber nichtsdestotrotz empfehlenswert für die Projektsuche ist Xing (www.xing.de). Es bietet einerseits die Möglichkeit, sich zu präsentieren, andrerseits kann konkret nach Ausschreibungen im Forum Freiberufler Projektbörse gesucht werden.

Nachteil der Suche über Projektbörsen: Meist sind die Projektanbieter nicht die Unternehmen, sondern Vermittlungsagenturen, die an Provisionen verdienen, das eigentliche Honorar also um einen unbekannten Faktor schmelzen lassen (die Spanne liegt zwischen 10 und 100 Prozent). Deshalb ist es für alle Freelancer finanziell attraktiver, direkte Aufträge zu akquirieren. Allerdings arbeiten die meisten Unternehmen grundsätzlich aus Angst vor dem Krankheitsrisiko (was tun, wenn der Geschäftspartner ausfällt?) und auch aus versicherungstechnischen Gründen nicht mit Freiberuflern zusammen.

Direkte Aufträge finden Sie am besten über Kontakte und Ihr Netzwerk. Eine andere Möglichkeit bieten Ausschreibungen. Öffentliche Institutionen sind verpflichtet, jeden Auftrag oberhalb einer Bagatellgrenze auszuschreiben, um den nach definierten Kriterien besten Bewerber zu finden. Für größere Ausschreibungen können sich auch Bietergemeinschaften melden. Beispiel: Eine Behörde plant die Umstellung seiner Softwarelösung und sucht dafür eine Unternehmensberatung, das diese komplett aus einer Hand realisiert. In Konzernen hätten Einzelpersonen, die freiberuflich oder in einer Personengesellschaft organisiert sind, keine Chance auf diesen Auftrag. Im öffentlichen Bereich besteht diese sehr wohl – wenn sich mehrere Personen zusammenschließen, die den Auftrag gemeinsam realisieren können. Eine Bedingung ist weiterhin, dass eine Person oder eine Personengesellschaft der alleinige Ansprechpartner für die Rechnungstellung ist. Ausschreibungen finden Sie beim Bund (www.bund.de), den Länderseiten oder im *Deutschen Ausschreibungsblatt* (www.deutsches-ausschreibungsblatt.de). Dieses publiziert öffentliche Ausschreibungen, auch im IT-Bereich, kostet allerdings immerhin 270 Euro im Halbjahr.

Projektbörse	Projekte	Schwerpunkt	Profil	Kurzbeschreibung
Freelancermap.de	Über 10.000	Internet/Web, IT, Marketing	In verschiedenen Sprachen anzulegen, eigenes Profil kann nur von Premiummitgliedern hochgeladen werden.	Große Projektbörse, auf der Projektsuchende sich auch per Video präsentieren können. Nicht nur IT, auch verwandte Bereiche wie Medien und Marketing. Probeaccount, 4,99 EUR/Monat für Premiummitglieder
Freelance.de	Über 1.500	Verschiedene Bereiche, auch Web- und Grafikdesign	Übersichtliche Profile: Bei den Freelancern sieht man sofort, ob sie gerade verfügbar sind.	Buntes Portal, auch für IT-Misch-Berufe und Internet-Spezis ansteuerbar
Gulp.de	Über 600.000	Klassische IT	Starrer Aufbau, kein Upload eigener Dateien	Der Dinosaurier hat nach wie vor das größte Angebot. Besondere Services für Mitglieder ab 15 EUR/Monat
Resoom.de	Rund 4.300	Klassische IT	Upload in verschiedenen Formaten möglich	Neueres Portal mit Print-Magazin. Kostenlos für Fereelancer
Projektwerk	32.000	Viel IT, aber auch andere Bereiche	Freitext und Upload möglich	Über Projektwerk gefundene Anbieter werden auch bewertet. Basis-Account kostenlos, ab 25 EUR im Monat für Freelancer
Xing	K. A.	Keine richtige Projektbörse, funktioniert aber so. Interessant ist der Freiberufler-Projektmarkt mit fast 80.000 Mitgliedern	Kein Upload, Profil muss nach Vorgaben ausgefüllt werden.	Basic-Account frei, sonst 5,95 EUR/Monat

Weitere, kleinere Projektbörsen:

▸ Interconomy.de (www.interconomy.de): Bietet einige Projekte und die Möglichkeit, das eigene Profil einzustellen

▸ IT-Treff (www.it-treff.de): Ausschreibungen meist kleinerer Firmen, überwiegend aus dem westdeutschen Raum

Im Ausland Jobs und Projekte suchen

Die Bereitschaft, ins Ausland zu gehen, steigt meiner Erfahrung nach – vor allem dann, wenn dort bessere Arbeitsbedingungen herrschen oder mehr Geld gezahlt wird. Doch es ist nicht alles Gold, was glänzt. Den höheren Gehältern, beispielsweise in Großbritannien, stehen manchmal auch höhere Lebenshaltungskosten gegenüber. Niedrigere Gehälter oder Honorare werden oft durch geringere Sozialabgaben und Steuern ausgeglichen. Entscheidend ist also immer die Gesamtbetrachtung. So verdient ein ITler in der Schweiz mit etwa 43.000 Euro Durchschnittsgehalt in einer Position ohne Leitung etwa gleich viel, hat aber geringere Abgaben.

Für Freelancer ist entscheidend, wo sie steuerlich veranlagt werden. Was die Schweiz betrifft, so ist der Wohnsitz entscheidend. Befindet sich dieser in Deutschland, muss auch deutsche Steuer bezahlt werden. Mit durchschnittlich mehr als 67,33 Euro liegt der Stundensatz in der Schweiz aber über dem in Deutschland mit 60,88 Euro (Freelancermap). Allerdings ist es üblich, dass Freiberufler, die für ein Projekt in der Schweiz engagiert werden, temporär bei einer Schweizer Agentur angestellt sind. Damit sind Sozialversicherungsbeiträge von gesamt 10,1 Prozent fällig, von denen der Arbeitnehmer, wie in Deutschland ebenfalls üblich, die Hälfte trägt.

Ausländische Job- und Projektbörsen

▸ Jobster (www.jobster.com): Importiert Profile aus Linked In und acebook. Jobs in UK und USA

▸ Hays (www.hays.com): Aus UK und auch in Deutschland tätiger IT-Spezialist

▸ SimplyHired (www.simplyhired.com): Findet den eigenen Standort, bietet aber nur Jobs in den USA

Über Personalagenturen suchen

In England sind sie längst normal, bei uns immer mehr im Kommen. Personalagenturen suchen Kandidaten im Auftrag eines Kunden. Da der Begriff unklar ist und die wenigsten Bewerber verstehen, was diese Agenturen eigentlich machen, ein paar Sätze zur Erklärung vorab. Viele Personalagenturen nennen sich selbst Personalberater. Der Ausdruck »Headhunter« wird dagegen oft für das aktive Abwerben von Kandidaten verwendet, die anderweitig verpflichtet sind. Die Grenzen sind allerdings fließend, und die meisten Personalberater betreiben auch Headhunting, wenn sie dies auch nicht so nennen. Auch Personalvermittler ist ein gängiger Begriff. Der Ausdruck »Arbeitsvermittler« dagegen wird eher im gewerblichen Bereich verwendet und häufiger im Umfeld der von der Arbeitsagentur gesponserten Vermittlung über einen Vermittlungsgutschein.

Die meisten Personalagenturen haben eine überschaubare Größe von ein bis zehn Mitarbeitern, viele sind aber auch groß, filialisiert und international tätig wie etwa Michael Page. Je größer, desto unpersönlicher meist die Beratung, wenn es denn überhaupt eine »Beratung« im Wortsinn gibt. Personalberater verdienen ihr Geld über Provisionen, die ihnen Unternehmen für die Vermittlung von Kandidaten zahlen. Das ist ihr Interesse, und von diesem Interesse geleitet ist natürlich auch die Beratung. Eine objektive und interessenfreie Karriereberatung dürfen Sie hier nicht erwarten, auch wenn einige Personalberater mit dieser Dienstleistung ihr Einkommen aufbessern.

Üblich sind etwa 20 bis 40 Prozent des ersten Bruttogehalts als Provision. Der Job lohnt sich also vor allem, wenn es um die Vermittlung von Gutverdienern geht. Viele Unternehmen dulden es, wenn mehrere Personalberater parallel ausschwärmen, um für denselben Job Fachkräfte oder Manager zu »jagen«. Der Suchauftrag ist eher selten exklusiv. Die Folge: Es kann sein, dass einen verschiedene Agenten ansprechen und den gleichen Job anbieten. Dies ist vor allem bei freiberuflicher Projektarbeit häufig so.

Leider mischen sich viele unseriöse Anbieter unter die seriösen, die vor allem die Vermittlungsprovision abschöpfen wollen und dafür teilweise auf Lebensläufe zurückgreifen, die sie einfach aus dem Internet kopiert und ohne Zustimmung weitergeleitet haben. Einige arbeiten wiederum als Subunternehmer, auch gern Researcher genannt, für Personalagenturen. Und dann gibt es bisweilen sogar Subunternehmer von Subunternehmern. Weiter unten agieren, leider, oft die weniger kompetenten Agenten. Diese über *Xing* und andere Plattformen ausschwärmenden »Headhunter« setzen oft auf Masse. Damit wenigstens nach dem Zufallsprinzip etwas im Netz hängen bleibt, spannen sie ihre Netze möglichst breit, d.h., sie sprechen viele potenzielle Interessenten an, die auf den zweiten Blick völlig unpassend für die ausgeschriebene Stelle sind.

Seriöse Anbieter erkennen

Als Jobsucher haben Sie somit die Aufgabe, die Spreu vom Weizen zu trennen und nicht jeder Anfrage:»Schicken Sie doch mal Ihren Lebenslauf«, zu entsprechen. Folgende Tipps helfen dabei. Damit wirken Sie auch der Gefahr entgegen, dass Personalberater Sie»irrtümlich«ansprechen, weil sie Ihr Profil nicht angesehen und/oder nicht verstanden haben:

▸ Welchen Ruf hat das Unternehmen im Internet – hören Sie sich unter Kollegen um und recherchieren Sie bei Gulp! IT-Freelancer, die zahlende Gulp-Mitglieder sind, können im kostenpflichtigen Membership-Bereich sogenannte»weiße Listen«mit gut bewerteten Vermittlern einsehen.

▸ Klicken Sie auf die Internetseite. Natürlich ist eine kompetente und professionelle Seite nur ein Indiz für einen Profi, eine Baustelle spricht für einen Anfänger oder für jemanden, der das Geschäft nur nebenbei betreibt.

▸ Der professionelle Personalberater hat sich Ihr Profil auch angeschaut – was spätestens ein Telefonat offenbart oder aber eine hinterfragende Mail, die Sie senden, *bevor* Sie Ihren Lebenslauf schicken.

▸ Gute Personalberater können auf Ihre Fragen ebenso kompetent antworten, auch das lässt sich am Telefon feststellen.

▸ Gute Personalberater können sich zur weiteren Vorgehensweise äußern und melden sich auch im vereinbarten Zeitrahmen zurück, wenn sie es versprochen haben.

Einen Headhunter beauftragen

Headhunter verdienen ihr Geld damit, nach Bewerbern zu fahnden, die auf eine ausgeschriebene Stelle passen. Jenseits dieses aktuellen Auftrags ist ihr Interesse am Durchschnittsverdiener eher gering. Zu aufwendig wäre es, für einen Kandidaten nach dem passenden Job zu suchen. Diese romantische Vorstellung pflegen einige Bewerber, die Headhunter als eine Art Jobsucher für Bewerber betrachten. Das sind sie jedoch nicht: Es sind Kandidatensucher für Unternehmen.

Trotzdem kann es sinnvoll sein, sich bei einigen Personalberatern vorzustellen. Das können regional bekannte Headhunter sein oder aber Personalberater, die sich auf ein bestimmtes Themengebiet oder eine (Teil-)Branche spezialisiert haben. Vorteil der Zusammenarbeit mit einem kompetenten Headhunter: Er wird das beste Gehalt für Sie heraushandeln, weil er selbst daran verdient. Außerdem können Sie offen mit ihm sprechen, da er die Interna »seiner« Partnerunternehmen kennt und deshalb auch sagen kann, wo Sie mit Ihrer Persönlichkeit weniger gut aufgehoben sind. Da er Geld zurückzahlen muss, wenn es mit dem Job in den ersten Monaten nicht klappt, achtet er auf Passgenauigkeit. Und wenn heute vielleicht keine passende Stelle da ist, so kann das morgen ganz anders aussehen. Ich kenne zahlreiche Beispiele, wo der Headhunter auch nach drei Jahren immer mal wieder mit Angeboten auf Kandidaten zukommt – das schadet sicher nicht.

Personalagenturen in anderen Ländern

Bei der Jobsuche gilt es, die landesüblichen Gepflogenheiten zu kennen und sich danach zu richten. In Großbritannien etwa ist es fast unmöglich, ohne eine Agentur (Agency) zum Job zu kommen. Die direkte Bewerbung bei einem Unternehmen ist unüblich. Ähnliches gilt für viele andere Länder, etwa Frankreich.

Haben Sie ein »normales« Profil, können sich also nicht zu den gesuchten Top-Fachkräften zählen, stehen Sie immer auch in Konkurrenz zu einheimischen Bewerbern. Ich habe oft die Erfahrung gemacht, dass Sie mit einer deutschen Adresse dann kaum Chancen haben, eingeladen zu werden – Vor-Ort-Bewerber werden bevorzugt. Wenn Sie sich aus einem anderen Land nach Deutschland zurück bewerben, gilt dies leider genauso. Videokonferenzen über das Internet haben sich als Alternative zum Vorstellungsgespräch bislang nur bei wenigen Unternehmen etabliert.

Sie möchten ins Ausland, um einen besser bezahlten Job oder ein attraktiveres Rundumpaket zu bekommen? Fast immer gibt es Personalberatungsagenturen, die auf die jeweiligen Länder spezialisiert sind und die die Gepflogenheiten dort am besten kennen. An diese sollten Sie sich wenden.

IT-Freelancer, die zeitweise im Ausland tätig werden wollen, sollten sich über die für das jeweilige Land geltenden Formalitäten informieren. So muss in der Schweiz bei längeren Projekteinsätzen in eine Rentenkasse eingezahlt werden. Durch die freiwillige Meldung bei der Alters- und Hinterlassenversicherung kann man einer Anstellung, die sonst von Schweizern bevorzugt wird, entgehen. Auf Gulp (www.gulp.de) finden sich zahlreiche Länderinformationen für Freelancer, die von den Kommentaren und Diskussionen der Mitglieder leben.

Jobsuche durch Empfehlungsmanagement

Gleich und gleich gesellt sich gern – das gilt auch im Beruf. Wer selbst kompetent ist, kennt auch andere kompetente Leute. Umgekehrt umgeben sich »Loser« allzu oft ebenfalls mit Verlierertypen. Was sich anhört wie Küchenpsychologie, ist wissenschaftlich erwiesen. In den USA sind Empfehlungen längst der Königsweg zum Job, bei uns fängt das systematische Management von Jobempfehlungen gerade erst an. Oft birgt dieser Weg sehr viel mehr Potenzial, als auf den ersten Blick erkennbar. Wie viele Bekannte könnten Sie wirklich fragen und um Unterstützung beim Finden des idealen Arbeitgebers finden? Wie viele Bekannte haben Ihre Bekannten? Auch diese ließen sich schließlich aktivieren – dazu muss Ihr »Kontakt« einfach den Kontakt zu seinem Kontakt suchen. Ein gutes Briefing ist da wichtig, schließlich muss auch verstanden werden, wonach Sie suchen und was Sie bieten. Ein Kurzprofil mit den wichtigsten sechs, sieben Punkten als Unterstützung ist da eine gute Idee. Klar ist, dass Sie sich anders bedanken müssen, wenn die Unterstützung aus der zweiten Reihe kommt. Ein Essen, eine Einladung, ein Fußballspiel – lassen Sie sich etwas einfallen.

Tipps für die Empfehlungs-Jobsuche:

▸ Informieren Sie Bekannte aktiv über Ihre Jobsuche. Am besten in einem persönlichen Gespräch.

▸ Erörtern Sie gemeinsam die Möglichkeiten Ihres Einsatzes im Unternehmen Ihres Bekannten. Bringen Sie den anderen auf Ideen, wo er nachfragen könnte, wenn er diese nicht von selbst hat (»Gibt es bei dir nicht …?«)

▸ Erarbeiten Sie ein Kurzprofil, das ein Laie versteht und das für einen Fachmann interessant genug ist. Dieses Profil kann weitergegeben bzw. weitergeleitet werden.

▸ Alternativ lassen Sie sich über die Funktion »Vorstellen« bei Xing mit Ihrem Wunsch-Kontakt verbinden.

Selbstdarstellung im Web 2.0

»Meine Jobs habe ich alle über Kontakte bekommen«, erzählt Rolf. »Es war immer irgendjemand in meinem Umfeld, der mich weiterempfohlen hat. Viele Angebote kommen auch ganz direkt über Xing. Da wird ein Kontakt zwischen mir und einer interessierten Firma hergestellt, dann beschnuppert man sich und schaut, ob es zusammenpasst.« Warum soll man sich noch großartig bewerben, wenn die Stellenangebote auch so kommen? Einfach zwei Stichwörter eingeben – etwa »SugarCRM« und »Berater« – und schon präsentiert einem Xing 12 Profile, von denen bei näherer Betrachtung zwei interessant sind. Und zufällig erkennt man dann, dass einer der »Ausgewählten« offenbar bekannt ist mit einem Kollegen, den man sehr schätzt. Es folgt der Klick auf ein stimmiges und fehlerfreies Profil: Ja, das passt. Den kontaktiere ich.

Ich höre sehr oft, dass Bewerber und Freelancer über Xing Jobs bekommen, wer international orientiert ist, auch via Linked-In. Das gilt vor allem für Berater und Manager sowie Fachkräfte, etwa aus dem Online-Marketing. Programmierer werden dagegen eher in Fachforen entdeckt, begeisterte Internetcracks direkt aus der eigenen Web 2.0-Community heraus für junge Start-ups geworben. Manch einer wurde auch aus einem Blog heraus bekannt, etwa Thorsten Koch, der sich mit dem Thema Web 2.0 und Verwaltung profilierte.

Entsprechend wichtig ist die eigene Präsentation – was leider nur ein Bruchteil der Web-Aktiven wirklich erkannt hat. Da werden schlechte Fotos eingestellt oder Profile (bei Xing oder Linked-In) nur unvollständig ausgefüllt. Vor allem aber wird wenig mit der eigenen Präsenz im Internet »gearbeitet«.

Profilieren Sie sich

Wofür wollen Sie stehen? Als »wer« wahrgenommen werden? Schon Absolventen können sich profilieren: durch eine besondere Fachkompetenz, ein besonderes Talent, ihr Netzwerk, ihr Engagement für etwas oder gleich für mehrere Punkte zusammen. Je »besonderer« Sie sich machen, desto leichter finden Sie (normalerweise) Jobs und desto teurer werden Sie für Aufträge bezahlt.

Der erste Schritt zur Profilierung ist die Positionierung als »Marke Ich«. Überlegen Sie, für welche maximal drei Dinge Sie bereits jetzt stehen. Sie können daraus dann ganze Sätze formulieren: »Ich habe schon mit 16 mein erstes Unternehmen gegründet und kenne mich wie kein zweiter in der Free-SMS-Branche aus. Andere wundern sich, weil ich gerade mal Abitur, aber nie etwas studiert habe.« Wahrgenommen werden soll: sehr jung, SMS-Szene, direkt nach dem Abi Karriere gemacht. Wie soll sich mit diesen Voraussetzungen dann eine »Marke Ich« entwickeln? Dies können Sie selbst bestimmen, indem Sie ein »Soll« festlegen. Auch das am besten schriftlich, zwingt dies doch zu konkreten Aussagen und verpflichtet das Aufschreiben dazu, sich selbst ernst zu nehmen und das Geschriebene zu verankern. »Ich möchte in zwei Jahren der im Internet bekannteste SAP HR-Experte sein.« Dies ist schon der Anfang einer Vision, die Angestellte genauso entwickeln können wie Selbstständige. Haben Sie festgelegt, was Ihre »Marke Ich« ausmachen soll, überlegen Sie sich Maßnahmen, mit denen Sie Ihr Ziel erreichen können. Das kann die Eröffnung eines Blogs sein, die Veröffentlichung von Fachbeiträgen oder die aktive Präsenz als Arbeitsgruppenleiter eines Verbands. In jedem Fall harmoniert fortan alles, was Sie im Web öffentlich tun, mit diesem Ziel. Interneteinträge, die dem entgegenstehen, merzen Sie aus.

Ist-Analyse – Dafür stehe ich:

1. _____

2. _____

3. _____

4. _____

Soll-Analyse – Dafür will ich in … Jahren stehen:

1. _____

2. _____

3. _____

4. _____

Der Weg dorthin – Diese Schritte gehe ich:

1. _____

2. _____

3. _____

4. _____

5. _____

6. _____

7. _____

8. _____

Karrierefalle Web 2.0

Klaus ist Mitglied bei den Globalisierungsgegnern von Attac, Gaby sucht bei Blickr einen verflossenen Lover, und Thomas outet sich damit, dass der letzte Job ihn völlig überfordert hat. Welche Spuren sie im Netz hinterlassen, ist selbst ITlern – die das technische Wissen zum Verständnis des Webs haben sollten – nicht wirklich bewusst.

Gerade junge Leute fragen mich oft: Wen interessiert das denn, was ich im Internet schreibe, sage, veröffentliche, zeige? Ich sage:»Alle diejenigen, die sich ein Bild von Ihrer Persönlichkeit machen wollen. Und das sind im Laufe Ihres Lebens eine ganze Reihe von Menschen, allen voran die Personalentscheider.«

Das können manche zunächst nicht glauben. Ich erinnere mich an einen Kurs mit Wirtschaftsingenieurstudenten, die mir erst nicht abnehmen wollten, dass viele Personaler – und auch Geschäftsführer oder Fachverantwortliche – erst einmal einen Standardcheck im Netz machen, um zu prüfen, wer ihnen da (demnächst) gegenübersitzt. Dass er»checkt«, wird keiner offiziell zugeben, unter anderem, da im Zuge des Allgemeinen Gleichbehandlungsgesetzes AGG die meisten Personaler ohnehin verunsichert sind. Niemand sagt Ihnen also, dass er Sie nicht eingestellt hat, weil Sie sich in einem Forumsbeitrag als Betriebsratsfreund geoutet haben. Trotzdem ist es so.

Junge Leute versuchen dann manchmal noch ein Argument Pro-Freiheit-im-Web 2.0: Wer jetzt Personaler wird, sei doch auch mit dem Internet aufgewachsen und könne nicht so spießig sein! Nun hat das alles mit Spießigkeit nichts zu tun, sondern mit einer einzigen schlichten Wahrheit: Die Persönlichkeit ist in Beruf und Privatleben gleich. Auch die innere Einstellung unterscheidet nicht Berufliches und Privates. Wer im Internet distanzfrei über den Professor herzieht, der wird sich auch nicht vor einer Auseinandersetzung mit dem Chef scheuen. Wer mit Komasaufen prahlt, qualifiziert sich damit nicht für den Vertrieb – und wird auch bei Feiern wahrscheinlich wenig Zurückhaltung üben. Und wer aggressiv diskutiert, ist auch in der realen Welt höchstwahrscheinlich recht oft»auf Kontra«.

Was tun gegen Flecken auf der weißen Weste?

▸ Checken Sie bei www.google.de Ihre Einträge. Ziehen Sie auch Personensuchmaschinen wie www.yasni.de und www.stalkerati.de hinzu.

▸ Sie haben keinen gesetzlichen Anspruch auf Löschung von (selbst) vorgenommenen Einträgen, können aber darum bitten – oft wird der Bitte nachgekommen werden.

▸ Legen Sie sich eine zweite Identität für den Spaß im Internet zu, wenn Ihnen dieser wichtig ist (aber bitte nicht den Namen einer anderen Person, die Sie damit schädigen, sondern einen »Nickname«).

▸ Überlegen Sie demnächst bei jedem Eintrag, ob Sie diesen wirklich vornehmen möchten.

▸ Prüfen Sie Rechtschreibung, Stil und Inhalt vor dem Absenden – auch von Diskussionsbeiträgen. Das Web hält Ihnen den »Dimplom-Informatiker« noch jahrelang vor.

Jobsuche für Absolventen

Meine Jobs flogen mir immer zu! Berufserfahrene müssen oft ganze Lebensphasen lang gar nicht suchen. Angebote werden an sie herangetragen, sie werden angesprochen oder finden Jobs über ihr Netzwerk. Für Absolventen gilt das (noch) nicht, jedenfalls, wenn sie sich nicht frühzeitig vernetzt und ihre Fühler ausgestreckt haben oder an einer sehr bekannten Uni studiert haben. Und das tun die wenigsten.

Mit einer Top-Note und kurzem Studium sowie halbwegs interessanten Praktika oder nebenstudentischer Berufserfahrung ist das Hauptproblem beim Jobfinden die Frage nach dem Welchen-Job-will-ich also die Wahl zwischen verschiedenen Alternativen, die für den Lebenslauf prägend sind. Das sollte, siehe Kapitel Berufsfindung, gut vorbereitet sein.

Im Mittelpunkt der Absolventen-Jobsuche steht die Kontaktanbahnung. Ideale Anbahner zu großen Unternehmen sind Messen (für den Informatikbereich z.B. www.connecticum.de, weitere Adressen: www.study-plus.de) oder sogenannte Bewerbertage. Noch intensiver ist die Berührung mit einem Unternehmen und seinen Mitarbeitern in einem Praktikum. Clever ist auch, seine Masterthesis dort zu schreiben, wo später auch ein Arbeitsplatz attraktiv wäre – umso mehr, wenn Sie vorher im Praktikum einen guten Eindruck von dem Unternehmen gewonnen haben. Sammeln Sie bei allen Gelegenheiten Kontakte zu Schlüsselpersonen, etwa Abteilungsleitern. So können Sie auch als Praktikant schon frühzeitig über den Tellerrand schauen und andere Bereiche des Unternehmens kennenlernen, mit denen Sie nicht direkt zu tun haben. Pflegen Sie diese Kontakte, indem Sie sich ab und zu in Erinnerung bringen oder/und beim Weggang etwas Bleibendes hinterlassen, etwa eine Blume oder etwas anderes mit Erinnerungscharakter.

Bei der Auswahl des Jobs sollten Sie zunächst einmal ermitteln, welcher Einstieg für Sie selbst realistisch ist. Die »großen Namen«, die auf der Liste der Traumarbeitgeber von Absolventen stehen, haben oft sehr feine Auswahlkriterien. Gute Noten, interessante Praktika, Dauer des Studiums und Auslandserfahrung müssen sein – oder zumindest das meiste davon. Denken Sie frühzeitig über die richtige Strategie nach, spätestens aber, wenn Sie ein wirtschafts- oder techniknahes Studium absolviert und auf zehn Bewerbungen keine Einladung bekommen haben. Für geisteswissenschaftliche Studiengänge ist die Strategie noch viel wichtiger – gleichzeitig brauchen Sie mehr Geduld, bis der »Treffer« dabei ist.

Generell empfehle ich, den Radius bei der Ausschau nach Arbeitgebern auf die persönlichen Vorstellungen vom Job abzustimmen und weniger darauf, wer einem so gerade einfällt. Die Frage ist nämlich nicht: »Wo würde *ich* gern arbeiten?« Diese Frage verleitet nur dazu, dorthin zu blicken, wo auch schon die anderen hinschauen. Besser wäre es, die Frage anders zu formulieren: Wer könnte mich aufgrund meines Lebenslaufs besonders interessant finden? Eine türkischstämmige Deutsche, die fließend Türkisch, Deutsch und Englisch spricht und davon träumt, zeitweise in Istanbul zu arbeiten, könnte z.B. deutsche Arbeitgeber selektieren, die Töchter in der Türkei haben. Ein Bewerber, der vier Jahre neben dem Studium in einem Lager als Vorarbeiter tätig war, wäre ohne Frage interessant für Firmen, die einem Bewerber schon früh Führung in einem gewerblichen Umfeld und »Hands-on«-Geist zutrauen – etwa in der Produktion.

Entscheidungskriterien – auf welche Stellen bewerbe ich mich?

Da viele Bewerber mehrere Angebote haben oder haben können, ist es sehr wichtig, die richtige Entscheidung zu treffen. Und sich bloß nicht auf jede Stelle zu bewerben, die halbwegs passt. Selektieren Sie besser genauer vor. Ausnahme: Sie möchten in Übung kommen und einige Gespräche führen, um dann gut vorbereitet in die wirklich wichtigen Vorstellungsrunden zu gehen.

Ich empfehle jedem Bewerber, sich für die Jobsuche einen Kriterienkatalog aufzustellen und die eigenen Kriterien noch einmal ordentlich durch den Wolf zu drehen. Definieren Sie erst einmal Ihr berufliches Ziel. Im Englischen gibt es dafür sogar im Lebenslauf einen Platz, die Career Objectives. Beschreiben Sie diese, erst einmal nur für sich, so genau wie möglich. Ein berufserfahrener

Bewerber könnte schreiben: Übernahme einer Teamleitung mit mindestens drei Mitarbeitern im IT-Infrastrukturumfeld. Beim Absolventen könnte stehen: Junior-Berater im IT-Strategie-Umfeld.

Jetzt schreiben Sie auf, was die Stelle auf jeden Fall mitbringen muss, hier einige Beispiele:

▸ Gehalt mehr als 80.000 Euro
▸ In Hamburg oder Berlin
▸ Reisetätigkeit weniger als 20 Prozent
▸ Job bis 1.1.2010
▸ Weiterbildung muss zur Kultur gehören
▸ Unternehmen bietet Potenzial für weiteren Aufstieg (z.B. IT-Leiter könnte befördert werden zum Chief Technical Officer)

Nun versuchen Sie, Ihre Kriterien in eine Rangordnung zu bringen. Was ist wichtiger als alles andere? Worauf würden Sie nie verzichten? Am Ende kommen Sie möglicherweise darauf, dass Sie für »den« Job doch auch nach Frankfurt gehen würden, und die Liste sieht dann so aus:

1. Unternehmen bietet Potenzial für weiteren Aufstieg (z.B. IT-Leiter könnte befördert werden zum Chief Technical Officer)
2. Gehalt mehr als 80.000 Euro
3. Weiterbildung muss zur Kultur gehören
4. Reisetätigkeit weniger als 20 Prozent
5. In Hamburg oder Berlin
6. Job bis 1.1.2010

Solche Entscheidungslisten sehen immer wieder anders aus, immer individuell, denn jeder hat sein eigenes Kriterienset. Am Anfang ist es möglicherweise durch Dritte geprägt. Da sagt der Professor, dass man unbedingt bei A oder B arbeiten müsse, drängt die Ehefrau beim Jobwechsel auf 20 Prozent Plus beim Gehalt – während Sie bei genauerer Betrachtung einfach nur wegwollen und in einer angenehmeren Atmosphäre auch für weniger Geld arbeiten würden.

Meiner Erfahrung nach verändern sich solche Kriterien, wenn man sie hinterfragt. Haben Sie eine Ordnung festgelegt, zu der Sie Ja sagen können, ist diese eine Art Trichter für Ihre Entscheidung. Trifft schon das erste, wichtigste Kriterium nicht zu, brauchen Sie sich mit dem Angebot gar nicht weiter zu befassen. Am unteren Ende sollten Sie offen sein, jedenfalls wenn die Auswahl begrenzt ist.

Weiche Entscheidungskriterien wie »ich muss entscheiden und gestalten«, weil Sie zuvor die Erfahrung gemacht haben, mit bürokratischen Strukturen nicht klarzukommen, können Sie in der Regel nicht mit einem Blick auf die Stellenanzeige abgleichen. Hier hilft nur eins: Erst einmal bewerben, im Anschreiben thematisieren, was Ihnen wichtig ist, und dies im Vorstellungsgespräch offen ansprechen. So wird die Gefahr geringer, dass man sie für etwas einstellt, das gar nicht zu den eigenen Ansprüchen passt. Wenn man mehrere Stellen haben kann, können Sie sich die Optionen ganz locker ansehen. Und lieber in eine Bewerbung etwas mehr Zeit investieren als in viele ein bisschen.

Erfolgreich bewerben in der IT

Thorsten besaß ein sehr spannendes Profil, mit umfassender Projekterfahrung in einem Nischenbereich. Leider war dies in seinem Lebenslauf nicht erkennbar. Den hatte er nach den Regeln eines Bewerbungsratgebers gestaltet und viel Zeit gerade auch in das Anschreiben investiert. »Es hat mich schon irritiert, dass viele das dann gar nicht haben wollten. Oft sollte ich wirklich einfach nur meinen Lebenslauf schicken.« Der war auf den üblichen 2,5 Seiten erstellt, beinhaltete Tätigkeitsbeschreibungen und war, ganz modern, rückwärtschronologisch. Die Projekterfahrung hatte er allerdings nur kurz mit »zahlreiche Projekte« thematisiert. Auf die Aufzählung seiner IT-Kenntnisse verzichtete er ganz. Die seien ja nicht wirklich relevant für die Tätigkeit sagte er. »Ich bin ja kein Techniker.«

Stimmt. So hatte Thorsten ein SAP R/3 CRM-System eingeführt. Dabei standen die zeitliche und personelle Organisation sowie die Kommunikation mit den Auslandsgesellschaften im Vordergrund. Statt technischem Detailwissen war gesundes Überblickswissen, vor allem aber die Fähigkeit, andere Abteilungen und Teammitglieder ins Boot zu holen, gefragt. Soft Skills waren Grundlage für den Erfolg, nicht das Wissen, so war Thorsten überzeugt.

Thorsten war überrascht, dass seine ersten Bewerbungen dennoch nicht erfolgreich waren. Nach unserer Optimierung veränderte sich das. Wir reduzierten den Lebenslauf um eine auf zwei Seiten, erstellen anderthalb Seiten Übersicht über das technische Wissen und fünf Seiten Projektliste. Das sind insgesamt 8,5 Seiten, und wenn Sie jetzt fragen, geht denn das, so gibt es eine klare Antwort: Ja. Je ausführlicher und detailorientierter IT-Lebensläufe sind, desto besser. Thorstens Einladungsquote verbesserte sich nach der Optimierung auf 9:10 (9 Einladungen auf 10 Bewerbungen). Zuvor waren es 2:10 gewesen.

Fazit: Bei der Bewerbung in der IT-Branche sollten Sie sehr konkret beschreiben, was Sie in einem Projekt geleistet haben. Außerdem sollten ITler sehr genau aufzählen, mit welchen Technologien und Methoden sie Erfahrung haben. Die Personalauswahl läuft, auch bei eigentlich nicht primär technischen Jobs, stets über Sachargumente.

Was ist anders bei der Bewerbung in der IT?

Bewerbungsbestandteil	IT, Medien
Anschreiben	z.b. sach- und motivationsorientiert, erfolgsorientiert
Lebenslauf	Kurz, wichtigste Stationen mit Verantwortungsbereich (Führung) oder Aufgaben/Tätigkeitsschwerpunkten
Seite 3	In der Regel nicht empfehlenswert – auf keinen Fall, wenn diese nicht konkreten Mehrwert und handfeste Information bietet
Projektliste	Immer, wenn Sie projektorientiert gearbeitet haben
IT-Skill-Übersicht	Bei sehr umfassenden Skills, sonst reicht umfangreicher Block im Lebenslauf
Arbeitsproben-Übersicht	Für Kreative, z.b. Screendesigner, Flasher
Profil	Eine Übersichtsseite mit den wichtigsten Eckdaten für Freelancer ist ein Kurzprofil. Ein komplettes Profil besteht aus Übersichtsseite, IT-Skill-Übersicht und Projektliste. Angestellte sollten ihr Profil, anders als Freelancer, auch noch mit einem Lebenslauf versehen. Dieser darf bei umfangreicher Skill-Liste und Projektübersicht aber auch kürzer ausfallen.
Zeugnisse	Für Angestellte
Referenzen	Für Freelancer und teilweise auch für Angestellte, die sich z.B. von einem Mentor oder Förderer besondere Leistungen attestieren lassen möchten
Foto	In den Lebenslauf oder das Profil integrieren

Lebenslauf oder Profil?

Ich bin mit Extremen konfrontiert. Der kürzeste Lebenslauf, den ich je von einem ITler gesehen habe, war eine Seite lang. Das mag für einen Malermeister ausreichend sein, für Experten und Manager bietet eine Seite eindeutig zu wenig Platz für notwendige Informationen. Der längste Lebenslauf, den ich je gesehen habe, umfasste 24 Seiten – oder halt, es war kein Lebenslauf, sondern ein sogenanntes Profil. Dieser Begriff wird in der IT und den Medien oft verwendet. Doch was unterscheidet eigentlich einen Lebenslauf von einem Profil? Für die meisten Bewerber ist es offensichtlich dasselbe: Wenn Sie um ein Profil gebeten werden, schicken sie einen Lebenslauf. Doch es gibt einen zentralen Unterschied: Während der Lebenslauf Lebenslaufdaten vorwärts oder rückwärts chronologisch erfasst, bietet das Profil einen Überblick über die fachlichen Kompetenzen und die Erfahrungen des Bewerbers. Dieser Überblick ist frei gestaltbar, sollte aber dem Bedürfnis des Empfängers folgen. Und das ist klar definiert: sich einen Überblick darüber zu verschaffen, ob und in welchem Bereich ein Bewerber einsetzbar ist. Im IT-Bereich reichen Lebenslaufdaten dazu nicht aus. Eine Information wie »2001–2008 IT-Projektleiter« verschweigt, welche konkreten Erfahrungen der Bewerber gemacht hat und welche Kenntnisse er mitbringt. Das wird auch nicht viel besser, wenn Sie die Tätigkeiten – wie in einem modernen Lebenslauf – beschreiben. Da steht dann vielleicht ergänzend »zuständig für Projekte im Bereich der IT-Infrastruktur« – was Ihre Thematik zwar etwas eingrenzt, aber noch nicht genau genug.

Womit wir beim richtigen Profil angelangt wären. Dies sollte Ihre Kompetenzen und Erfahrungen mit allen relevanten Überblicks- und Detailinformationen beschreiben. Ein Lebenslauf kann und sollte bei Angestellten Bestandteil eines Profils sein. Ein Profil aber ist »mehr«.

Wer sind Ihre Leser?

Die ersten Personen, die Ihren Lebenslauf sehen, verstehen ihn wahrscheinlich nicht oder nur teilweise. Oft wählt zunächst ein fachlich wenig versierter Recruiter anhand der über Sie vorliegenden Informationen grob aus. Er leitet die besten Bewerbungen dann an einen Fachverantwortlichen weiter, zum Beispiel den Abteilungsleiter IT. Dieser trifft die Entscheidung, Sie einzuladen. Der Abteilungsleiter hat manchmal, aber auch nicht immer, das Know-how, die Details Ihres Werdegangs zu beurteilen.

Fehlt ihm die Detailkenntnis, leitet er vielleicht Ihr CV noch an einen Experten im Unternehmen weiter. So kommt es, dass ein Profil oft gleich mehrere Personen mit ganz unterschiedlichen Voraussetzungen ansprechen muss. Das bedeutet: Ihre Informationen müssen so aufbereitet sein, dass sie sowohl von einem Laien als auch von einem Fachmann verstanden bzw. dass sie vom Laien zumindest als interessant und relevant wahrgenommen werden.

Kurzprofil

Ihr Leser nimmt zuerst das Allgemeine wahr, bevor er sich dem Speziellen widmet. Auf diesem Wissen sollten Sie Ihr Profil aufbauen. Stellen Sie ein Kurzprofil voran, das die für den Leser wichtigen Informationen in geraffter Form darlegt.

Um Ihre erste Zielgruppe, die Laien, Halblaien oder auch »Bewerbungssortierer« anzusprechen, hat sich ein Kurzprofil bewährt. Das ist eine Zusammenfassung mit den wichtigsten Eckpunkten zur Person, geschrieben in Fließtext oder in Stichpunkten ähnlich der englischen »Summary«, die häufig einem Lebenslauf vorangestellt wird. Diese sollte eine viertel bis halbe Seite umfassen.

Das liest sich dann zum Beispiel so:

PROFIL   KILIAN N. BREMMER

- Diplom-Kaufmann und Industriekaufmann
- Mehr als fünf Jahre Führungserfahrung als regionaler Vertriebsleiter mit umfangreichen strategischen und operativen Aufgaben
- Derzeit verantwortlich für acht Außendienst-Mitarbeiter
- Mehr als 10 Jahre Erfahrung im Bereich Laptopzubehör/ Retail
- Erfahren und gewieft in der Verhandlungsführung
- Regelmäßige quantitative Zielübererfüllung (teilweise zweistellig)
- Eloquent, sicheres und repräsentatives Auftreten, durchsetzungsstark

Oder bei einem Freelancer so:

Kurzprofil

- ☐ Entwickler (COBOL) für Mainframe-Applikationen und Datenbanken (IMS DB, DB2)
- ☐ SAP/R3-Basis-Kenntnisse, inklusive ABAP/4-Entwicklungserfahrung
- ☐ Sehr gute Internet-Kenntnisse: XML, HTML, SQL, MySQL etc.
- ☐ Langjährige Berufserfahrung im Pharma- und Banken- sowie Versicherungsumfeld, vor allem auch in konfliktreichen Situationen (Merger, Fusion)
- ☐ Sehr gute Kenntnisse der BASEL-II- und Schufa-Anforderungen
- ☐ Bis 2006 angestellt tätig, u.a. als EDV-Leiter und Systemanalytiker
- ☐ Gelernter Groß- und Außenhandelskaufmann

Sie können dabei in Stichworten schreiben oder auch in der Ich-Form und mit Fließtext. Das ist Geschmackssache und individueller Stil. Allerdings sollte der Fließtext klar, einfach und nicht blumig formuliert sein. Sachorientierte Menschen mögen dies nicht. Und in der IT gibt es, logisch, mehr sachorientierte Menschen als anderswo.

Um ein gutes Kurzprofil zu erstellen, gehen Sie in folgenden Schritten vor:

▸ Definieren Sie: Was sind die wichtigsten Stichwörter in Ihrem Lebenslauf
  aus der Sicht eines Entscheiders? Was unterscheidet Sie von anderen
  Bewerbern?
▸ Schreiben Sie maximal acht Punkte auf. Das können Produktnamen sein
  (SAP R/3), Firmennamen (DaimlerChrysler), Eckdaten (Einkaufsvolumen
  im siebenstelligen Bereich) oder Zertifikatsbezeichnungen (CNA)
▸ Ist es wichtig, im Kurzprofil auf Ihren Ausbildungsabschluss und die Branchenerfahrung hinzuweisen? Ein Bankkaufmann, der im Bankenumfeld
  arbeitet, sollte seinen Abschluss erwähnen. Sind Sie Germanist, ist Ihre
  10-jährige Bankenerfahrung wichtiger.
▸ Gewichten Sie Ihre Begriffe und erstellen Sie einen Text daraus.

Details, die Ihr Profil spannend machen

Die erste Zielgruppe, die Laien oder Halblaien, brauchen also Informationen,
die auch geeignet sind, von Ihrer Kompetenz zu überzeugen, ohne dass man
diese im Einzelnen versteht. Bei den Laien oder Halblaien sollten Sie einen
Wow-Effekt auslösen. Das ist Voraussetzung dafür, dass diese Ihre Bewerbung
an die eigentlich entscheidenden Personen weiterleiten. Nur selten passiert es,
dass ein Personaler alle Bewerbungen an den Fachmenschen gibt. In der Regel
trifft er (oder sie) die Vorauswahl.

Die zweite Zielgruppe, die Fachkompetenten, erreichen Sie am besten, indem
Sie sachlich in die Details gehen. Welche Kenntnisse haben Sie genau? Wie
weitgehend sind diese Kenntnisse? Gibt es Belege für Ihr Know-how, also Zertifikate? Genauso wichtig wie Kenntnisse sind Erfahrungen, also angewandte
Kenntnisse oder in der Praxis erworbenes Wissen. In welchem Kontext konnten Sie Ihre Kenntnisse anwenden? Wenn dies in Form von Projekten gesche-
hen ist, beschreiben Sie diese genau. Waren es keine Projekte im Sinne der
Definition – also abteilungsübergreifende Vorgehen – so blicken Sie in jedem
Fall auf umfangreiche Aufgaben, Leistungen oder auch Erfolge zurück. Sie
müssen sich auch nicht an der Definition der Gesellschaft für Projektmanagement aufhalten. Wenn Sie sich damit wohlfühlen, nennen Sie Ihre Aufgaben
einfach Projekte. Wenn nicht, wählen Sie andere Begriffe. Beispiel: Wenn Sie
als One-Man-Show eine Software erstellt haben, so ist dies vielleicht per Definition kein Projekt, in jedem Fall aber eine Leistung, die Sie erbracht haben

und die so beschrieben werden sollte, dass Leser verstehen, worin diese genau lag. Es gibt einige Größen, die geeignet sind, Aufgaben oder Projekte qualitativ zu beschreiben:

▸ Was genau war das Ziel des Projekts oder der eigenverantwortlich gelösten Aufgabe?
▸ Die Dauer des Projekts, wie lange Sie an etwas gearbeitet haben
▸ Mit wie vielen Personen/Teammitgliedern Sie tätig waren
▸ Ob es sich um ein internationales Team handelte
▸ Wie viele Zeilen Code Ihre Software enthielt
▸ Die eingesetzten Manntage
▸ Die eingesetzten Technologien
▸ Das Budget für das Projekt
▸ Die Anzahl der involvierten Abteilungen bzw. welche Abteilungen integriert waren
▸ Wie viele Teilprojekte es im Rahmen des Gesamtprojekts gab
▸ An wen Sie berichtet haben (zum Beispiel an den Vorstand)

An welchen Merkmalen erkennen andere, dass ein Projekt erfolgreich oder eine Aufgabe gut gelöst worden ist? Bei verantwortungsvollen Positionen konzentrieren Sie sich nicht auf die reine Beschreibung, sondern liefern auch Informationen, die den Erfolg Ihrer Tätigkeit darlegen. Ein Muss ist dies für IT-Vertriebler, etwa Key Account Manager, sehr empfehlenswert für Einkäufer im IT-Umfeld und Projektmanager sowie alle Führungskräfte.

So lassen sich Erfolge darlegen:

▸ Eine Software ist »immer noch« im Einsatz.
▸ Etwas wurde auch von der Presse sehr gelobt.
▸ Sie waren an einer Piloteinführung beteiligt.
▸ Sie haben erstmals eine bestimmte Technologie verwendet.
▸ Ihnen stand ein sehr hohes Budget zur Verfügung.
▸ Sie erhielten Lob von einer zentralen Person im Unternehmen.
▸ Sie konnten Einsparungen erzielen (schnellere Prozesse, eventuell in Prozent gemessen).
▸ Es gelang Ihnen, typische, bekannte Probleme zu überwinden.
▸ Sie konnten strategisch wichtige Kunden gewinnen.
▸ Sie haben das Projekt in einer kritischen Phase übernommen und konnten die Situation »drehen«.

▸ Sie konnten ungewöhnlich gute Einkaufskonditionen realisieren.

▸ Sie organisierten eine Einkaufspartnerschaft mit einem anderen Unternehmen.

Und so weiter – seien Sie findig, Erfolge können auch überall dort beschrieben werden, wo sie nicht in Zahlen und Daten messbar sind! Das gilt übrigens auch, wenn Sie als Absolvent noch nicht allzu viel Erfahrung haben. Ziehen Sie dann Ihr Studium, eine Nebenbeschäftigung oder Praktika heran. Erfolgsbeschreibungen von Absolventen könnten folgendes beinhalten:

▸ Schneller studiert als die anderen

▸ Bessere Noten (z.B. oberes Drittel)

▸ Studium trotz Notwendigkeit der Studienfinanzierung in Regelzeit geschafft

▸ Eigenes Unternehmen neben dem Studium aufgebaut

▸ Viel mehr Kurse besucht als nötig

▸ Eigene Software entwickelt

▸ Sich neben der Informatik auch mit Philosophie beschäftigt

▸ In einer studentischen Unternehmensberatung engagiert

▸ Einen Verein aufgebaut

▸ In einem Praktikum nicht einfach Kaffee gekocht, sondern ein eigenes Projekt betreut

Schreiben Sie auf, was Sie für relevant halten. Nutzen Sie dies bei der weiteren Profilerstellung als eine Art Baukasten.

Das vierteilige Profil

Das ideale Profil besteht aus vier Teilen: Der erste Teil ist eine Übersichtsseite mit den wichtigsten Informationen auf einen Blick. Diese Übersichtsseite enthält das bereits vorbereitete Kurzprofil sowie die wichtigsten Informationen zu Ihnen selbst. Dann folgen bei Angestellten der Lebenslauf und eine weitere Seite, die über Ihre Kenntnisse von Software, Tools und Methoden informiert. Den krönenden und oft wichtigsten Abschluss bildet eine Projektliste, die sich auf die wichtigsten Projekte der letzten Jahre konzentriert.

Freiberufler können den Lebenslauf auch weglassen. Projektvermittlern reicht meist ein Hinweis, welchen beruflichen Hintergrund Sie haben. Eine genaue

Aufstellung der Lebenslaufdaten ist nicht nötig. Allerdings sollte dafür die Projektliste keine oder nur wenige Lücken aufweisen, also maximal drei bis sechs Monate dauernde Pausen.

Wenn Sie in den Medien oder/und für Agenturen arbeiten, ist diese Vorgehensweise ebenfalls sinnvoll. Absolventen haben oft noch keine Projektliste. Ebenso jene Gruppen von Berufstätigkeiten, die bisher nur zum Teil projektorientiert gearbeitet haben. Würden Sie eine Projektliste erstellen, bestünde diese nur aus ein oder zwei Einträgen. In diesen Fällen ist es sinnvoller, die Projekte direkt in den Lebenslauf zu integrieren und eine eigene Rubrik aufzumachen, die »ausgewählte Projekte« oder nur »Projekte« heißt.

Wichtig: Das Profil sollte ein Bild Ihrer IT- Erfahrung wiedergeben, es geht aber nicht um die absolute Wahrheit. Die Kunst ist es, Unwesentliches wegzulassen und Wesentliches zu betonen.

Entwerfen Sie eine Kopf- und/oder Fußzeile mit Ihren Kontaktdaten, die alle Seiten als zusammengehörig erkennbar macht. Nummerieren Sie die Seiten unbedingt durch. Integrieren Sie im Profil auch den Stand der letzten Überarbeitung (also zum Beispiel 2.12.2008).

Die Übersichtsseite

Auf der Übersichtsseite stehen die wichtigsten Informationen, mit denen Sie schnell einzuordnen sind. Dabei hat sich folgende Aufteilung bewährt:

▸ Kurzprofil mit den Eckpunkten zu Ihrer Person
▸ Foto
▸ Für Freelancer außerdem:
  ○ Beruflicher Hintergrund und wichtigste Erfahrungen
  ○ Zertifizierungen
  ○ Kernkompetenzen (fachlich und persönlich)
  ○ Branchenerfahrung
  ○ Sprachkenntnisse
  ○ Verfügbar ab

Angestellte können diese Übersichtsseite als eine Art Deckblatt nutzen und dem Lebenslauf vorschalten. Oft macht sich als Schmuck und individueller Touch außerdem ein Zitat gut, das Sie aus einer Referenz oder einem Zeugnis nehmen.

KILIAN N. BREMMER
Dipl. Kaufmann

KURZPROFIL   KILIAN N. BREMMER
- Diplom-Kaufmann und Insustriekaufmann
- Mehr als 15 Jahre in der IT-Branche
  (Laptopzubehör/Retail) erfolgreich
- Umfangreiche Branchen- und Technikkenntnisse und
  beste Kontakte
- Mehr als fünf Jahre Führungserfahrung als regionaler
  Vertriebsleiter mit umfangreichen strategischen und
  operativen Aufgaben
- Derzeit verantwortlich für acht Außendienst-Mitarbeiter
- Erfahren und gewieft in der Verhandlungsführung
- Regelmäßige qantitative Zielübererfüllung (teilweise
  zweistellig)
- Sicheres und repräsentatives Auftreten,
  durchsetzungsstark

Übersichtsseite für Angestellte

Michael Kruse

Projektmanager und Consultant
Dipl.-Kaufmann

„Herr Kruse findet auch schon mal unkonventionelle Lösungen und versteht es, seine Teammitglieder auch in kritischen Projektphasen zu motivieren."
(Geschäftsführer ATTA GmbH & Co. KG)

Persönliche Daten

- Jahrgang 1970
- Studium der Betriebswirtschaft an der Universität Köln
- Seit 1992 IT-Erfahrung
- Seit 2001 freiberuflicher Projektmanager
- Seit 2004 Projektmanagement-Fachmann GPM, Level D
- Seit 2006 Projektmanager GPM, Level C

Kurzprofil

- Spezialisiert auf CRM-Projekte (Operational CRM, mobile CRM)
- Professionelle Kenntnisse: Java, Oracle, Siebel, mySAP PLM und SAP PLM Solution Maps
- Projektleitung (Projektdauer bis ein Jahr, Teams bis 15 Personen)
- Projekt- und Meilensteinplanung, Risikomanagement, Ressourcenmanagement, Testmanagement, Budgetmanagement, Projektcontrolling
- Requirements Engineering, Prozessmodellierung
- Sehr gute Präsentationsfähigkeiten, auch vor internationalem Publikum

Sprachen

- Englisch: fließend
- Französisch und Spanisch: Grundkenntnisse

Branchenerfahrung

- E-Commerce
- Handel und Logistik
- Industrie (Automobil, Halbleiter)

Stand: August 2008

Kruse • *clevere* IT-Projekte

Übersichtsseite für Freelancer

Der Lebenslauf

Den Lebenslauf bauen Sie rückwärtschronologisch auf, also mit den aktuellen Informationen zuerst. Teilen Sie den Lebenslauf in sinnvolle Rubriken ein:

▸ Persönliches
▸ Berufliches Ziel (kein Muss, kann aber sinnvoll sein, vor allem bei Absolventen!)
▸ Berufserfahrungen
▸ Studium, Ausbildung, Schule
▸ Weiterbildungen
▸ Zertifizierungen (optional)
▸ Sprachen
▸ Ehrenämter (optional)
▸ Freizeit (optional)

Absolventen beginnen direkt mit dem Studium. Bauen Sie die Berufserfahrungen systematisch auf: Erst die Position, Funktion oder Aufgabe, dann folgt der Unternehmensname einschließlich Firmenbezeichnung (AG oder GmbH). Unbekannte Unternehmen sollten Sie ganz kurz einordnen: welche Branche, wie groß? Danach folgen bei Spezialisten und »normalen« Mitarbeitern die Tätigkeitsschwerpunkte sowie bei Managern die Verantwortungsbereiche.

Wenn Sie schwerpunktmäßig in Projekten tätig sind, reicht es im Lebenslauf aus, allgemein zu beschreiben, was dabei Ihr Fokus ist. Beispiel: »Leitung sämtlicher Infrastrukturprojekte, unter anderem Outsourcing des Rechenzentrums.« Entwickler schreiben, welche Software sie entwickelt und welche weiteren Aufgaben sie hatten. Die konkreten Entwicklungsprojekte kommen in die Projektübersicht.

Manager sollten folgende Eckpunkte beschreiben:

▸ Verantwortungsbereich von – bis
▸ Zahl der Mitarbeiter
▸ Disziplinarische Führung?
▸ Handlungsvollmacht?
▸ Bericht an wen?

Manchmal macht es zudem Sinn, zu beschreiben, wie sich die Tätigkeiten prozentual aufteilten, also zum Beispiel 80 % Führungsanteil, 20 % Fachaufgaben.

Schreiben Sie so, dass der Leser die wichtigsten Begriffe aus der Anzeige wiederfindet. Verzichten Sie auf die Beschreibung von Tätigkeiten, die Sie für den angestrebten Job gar nicht benötigen.

Unterschreiben Sie den Lebenslauf oder scannen Sie Ihre Unterschrift ein, falls Sie ihn als PDF verschicken. Notwendig ist dies allerdings nicht – es sieht nur professioneller aus.

Sie können Ihren Lebenslauf auch am Europass – dem europäischen Lebenslauf – orientieren. Dieser ist allerdings in Deutschland weit davon entfernt, ein Standard zu sein oder zu werden. Aber er ist eine nette Anregung dafür, wie man es auch machen kann. Natürlich können Sie sich auch für einen Mix aus eigenen und Europass-Elementen entscheiden. Teilweise sinnvoll sind die konkreten Einstufungen der Sprachkenntnisse nach Gruppen wie Verstehen, Sprechen, Schreiben. Das Vorhandensein eines Sprachzertifikats macht dies aber überflüssig. Mitunter habe ich bessere Erfahrung mit der Umschreibung gemacht. Wenn Sie bei Englisch »Arbeitssprache, ein Jahr USA« schreiben, ist dies aussagekräftiger als die Einteilung in C1 oder C2 – was die Äquivalente des Europasses für fließende Sprachkenntnisse sind. Den Europass finden Sie im Internet unter www.europass-info.de.

Freelancer benötigen in der Regel keinen Lebenslauf – es sei denn, Sie starten frisch in die Selbstständigkeit. Dann kann der Lebenslauf die von Freiberuflern in jedem Fall erwartete Projektliste ergänzen.

Curriculum Vitae
der Diplom-Informatikerin Christine Meiré

Persönliches

geboren am 23.09.1982 in München
ledig

Berufliches Ziel

Consultant im Umfeld Sicherheit und Datenschutz bei einem
international tätigen Unternehmen

Studium

10/2001–04/2008	Studium der Informatik Universität München

Schwerpunkt:

• Risikoanalyse und -Management von I&K-Systemen
• Ergänzungsfach: Rechtswissenschaft

04/2008	Diplom im Studienfach Informatik Gesamtnote: 1,7
02/2008	Diplomarbeit:

• „Entwicklung eines Sicherheitsfrüherkennungssystems in Java
für die interne Revision mit Schnittstellen zu SAP/R3 ERP für
das Unternehmen Holpswagen"
• Analyse der Standardrollen in Bezug auf
Bundesdatenschutzgesetz, Solvency II und Sarbanes-Oxley

Projektarbeiten im Rahmen des Studiums (Auswahl)

2007	Aktuelle Probleme der IT-Sicherheit: Fallstudie für die Alpha AG
2006	Entwicklung einer Anti-Malware-Software in C++
2005	Entwicklung eines Sicherheitssystems für einen E-Commerce- Shop unter Anwendung von J2EE-Technologien
2004	Entwicklung eines Shopsystems unter Anwendung von J2EE-Technologien, WebSphere und SQL

Projektpraktika

01/2006 bis 03/2006	Forsa Deutschland GmbH, München • Analyse von Malware IBM-kompatibler PCs
04/2006 bis 07/2004	Forsa Deutschland GmbH, München • Entwicklung eines Vertriebskonzepts für eine neue Sicherheitssoftware

Praktische Erfahrungen

Seit 07/2003	Systemadministratorin (20 Stunden) Selected Labs Limited, München • Allein verantwortlich für das gesamte Netzwerk mit acht Clients • Entwicklung eines Sicherheitskonzepts • Umsetzung eines Systemwechsels • First- und Second-Level-Support
12/2001–6/2003	Barkeeperin Inside-Bar, München

Schulbildung

1991 – 2000	Gymnasium Dachau Abschluss: Allgemeine Hochschulreife (2,0)

EDV

Gute Kenntnisse	SAP ERP (insbesondere Berechtigungskonzept), SAP PLM, SAP HR/HCM
Basiskenntnisse	IBM WebSphere AS400, DB2
Experte	Java (insbesondere J2EE), SQL, Perl, LateX MS Excel, MS Word UNIX, Linux Bundesdatenschutzgesetz, Sarbanes-Oxley Act, Solvency II, Basel II

Fähigkeiten + Interessen

Wirtschaft	reges Interesse an ökonomischen Zusammenhängen und Entwicklungen
Fremdsprachen	Englisch: fließend in Wort und Schrift Französisch: gute Kenntnisse
Sport	Laufen, Schwimmen, Beachvolleyball

Hamburg, 12.4.2008

Christine Meiré

Die IT-Skill-Übersicht

Welche Kenntnisse in welchen Bereichen haben Sie? Auf dieser Seite (oder auch anderthalb) bringen Sie es auf den Punkt. Eine Skill-Übersicht (oder Matrix, falls tabellarisch erstellt) brauchen Sie als Freelancer und als Angestellter, sofern Sie sehr umfangreiche technische Kenntnisse haben. Andernfalls räumen Sie dieser Übersicht einfach einen größeren Raum im Lebenslauf ein.

Sie müssen bei der Erstellung neben den bisherigen zwei Lesergruppen noch an eine weitere denken: die Suchmaschinen, die Begriffe auslesen und nur das erkennen, was Ihnen vorher eingegeben worden ist. Diese Seite sollte also auch alle möglichen Synonyme enthalten. Ob Sie eine Liste oder eine Matrix erstellen, ist Ihnen überlassen. Die meisten Arbeitgeber schätzen es, wenn Sie Ihre Kenntnisse zudem selbst bewerten – so, wie dies in den Online-Formularen häufig auch erwartet wird. Welche Legende Sie dabei verwenden, bleibt Ihnen überlassen. Einige Ideen:

▸ Grundkenntnisse, gute Kenntnisse, Experte
▸ Erfahren, sehr erfahren
▸ Seit weniger als drei Jahren, seit mehr als drei Jahren, seit mehr als fünf Jahren

Legen Sie nun Rubriken fest. Sind Sie im Management tätig, sollten Sie dies durch die Nennung der Führungserfahrung und von Methodenkenntnissen einbeziehen. Auch Soft Skills sind wichtig, etwa die Präsentierfähigkeit. So etwas sollten Sie nicht einfach auflisten, sondern genau beschreiben.

Beispiel:

Präsentationserfahren   mindestens eine englischsprachige Präsentation vor dem Vorstand pro Monat, sehr gute Methodenkenntnisse (PowerPoint, Flipchart)

Spezialisten entscheiden sich für eine Einteilung, die ihnen persönlich am besten gerecht wird. Entwickler etwa sollten mit den Programmiersprachen beginnen, die sie beherrschen. Weitere Rubriken könnten Datenbanken, Software, Hardware sowie Tools heißen. Führen Sie zuerst die Kenntnisse auf, die am wichtigsten sind. Eine weitere Methode ist es, die wichtigsten Kompetenzen optisch hervorzuheben.

Wer Erfahrung mit der Entwicklung von Hardware oder hardwarenaher Software hat, sollte hier Angaben über Erfahrungen mit Prozessoren, Bausteinen und Mikroarchitekturen (z.B. 80C167, 8051, ASIC, FPGA, SIM, DSP, RISC, Transputer etc.) machen.

Wer aus dem Marketing, dem Einkauf oder Vertrieb kommt und mit Technologien deshalb nur indirekt zu tun hat, sollte dies vermerken.

Beispiel:

SAP R/3 SD/MM   Sehr gute Anwenderkenntnisse

Oder:

Suchmaschinenoptimierung (SEO) Wissen über Vorgehensweisen und
                                       Trends

Oder:

Internettechnologien   Fundiertes Beratungswissen: sehr gute
(HTML, PHP, Java etc.)   allgemeine Kenntnisse über Möglich-
                                       keiten und Grenzen

Oder:

Content Management Systeme   Gute Kenntnisse der Einsatzmöglichkeiten
(Joomla, Typo 3)   und der Bedienung

Damit vermeiden Sie auch, auf allzu technische Stellen eingeladen zu werden, obwohl Sie gar kein Techniker sind – was leider immer wieder passiert, weil IT-Lebensläufe missverstanden werden.

Skills

- Projektmanagement
  mehr als fünf Jahre Erfahrung als Projektleiter und Gesamtprojektleiter
  mit Teams von bis zu 15 Personen

- **Zertifizierungen**
  GPM-Zertifizierung Level C (Projektmanager)
  GPM-Zertifizierung Level D (Projektmanagement-Fachmann)
  ITIL Service Management

- **Methoden**
  Prozessmodellierung mit ARIS
  Semantisches Objektmodell
  UML

- **Technische Kernkompetenzen**
  CRM-Systeme
  Siebel
  Integration von Siebel in SAP
  SAP/R3 PLM und SCM
  mySAP PLM

- **Programmiersprachen**
  OOP   Experte
  Java   Experte
  C++   gute Kenntnisse
  .NET   Basiskenntnisse
  SQL   gute Kenntnisse

- **Datenbanken**
  Oracle   Experte
  Access   Kenntnisse

BERATERPROFIL

Die Projektliste

Nun zum letzten, oft wichtigsten Teil des Profils, der Projektliste. Die meisten Projektlisten, die ich zu sehen bekomme, sind zu kurz und unsystematisch aufgebaut. Es empfiehlt sich deshalb eine standardisierte Struktur:

▸ Name des Projekts/Teilprojekts
▸ Bei welchem Unternehmen? (Freelancer dürfen hier Namen oft nicht nennen, also allgemein beschreiben)
▸ Dauer von ... bis ...
▸ (optional) Umfang des Projekts (Manntage, beteiligte Personen, einbezogene Tochtergesellschaften etc.)
▸ Rolle im Projekt (Entwickler, Systemarchitekt, Administrator, Business Analyst, Projektleiter oder Teilprojektleiter)
▸ (optional, empfehlenswert bei längeren Projekten) Kurzbeschreibung mit dem Projektziel, den wichtigsten Aufgaben und Ihren persönlichen Leistungen
▸ Eingesetzte Technologien (wenn Sie entwickeln) oder technologisches Umfeld (wenn Sie nur als Manager mit der IT zu tun haben).

Dabei gilt die Regel: Je länger und verantwortungsvoller das Projekt war, desto ausführlicher sollte auch die Projektbeschreibung sein. Wenn Sie sehr berufserfahren sind, ist es legitim, die Projekte auf die letzten fünf oder zehn Jahre zu beschränken und nur kurz zu beschreiben, was vorher war. Bei der Beschreibung Ihrer Projekte sollten Sie darauf achten, was von außen als positiv wahrgenommen wird.

Der Umfang der Projektliste ist variabel: Da gerade bei Technikern Beschreibungen gern auch detaillierter sein dürfen, sind mehrere Seiten zulässig, bei Freelancern auch schon mal sechs oder sieben. Wird die Liste zu umfangreich, kappen Sie sie. Im IT-Bereich sind die letzten fünf, bestenfalls zehn Jahre interessant. Das Gleiche gilt auch für den kreativen Internetbereich. Hier macht es bei den Projektbeschreibungen zusätzlich Sinn, einen Screenshot der erstellten Seite zu zeigen.

Die Sicht der Entscheider: Was ist gut?

+
Lange Projekte (> drei Monate)
Erfolgreiche Projekte (immer noch im Einsatz, Piloteinführung etc.)
Projekte, die eine Vorreiterrolle in der Branche haben (waren die Ersten, die ...)
Projekte, bei denen aktuelles Know-how zum Einsatz kam
Internationale Projekte
Interkulturelle Projekte (gemischte Teams)
Klar definierbare eigene Leistungen im Projekt (war verantwortlich für ...)
Krisenmanagement
Projekte, die in der Presse erwähnt wurden
Projekte, für die Sie besonders gelobt worden sind
Projekte, die für andere Unternehmen Vorbildcharakter hatten

Projekte (Auswahl)

- **Siebel: Konzeption/Integration von Change- und Liefermanagement unter Siebel**
  Kunde: Namhaftes Telekommunikationsunternehmen, Bonn
  Tätigkeit: Gesamtprojektleiter von 25 Personen
  Zeitraum: seit 1/2008
  Technologien: Siebel 7.0.4, AIX 5L, DB2/OS390, Siebel 7.7, WebSphere

- **CRM Framework: Analyse der weltweiten CRM-Aktivitäten im Online-Handel**
  Kunde: Marktführendes Handelsunternehmen, Hamburg
  Tätigkeit: Projektleiter von 5 Personen, Beratung und Moderation
                      international besetzter Workshops
  Zeitraum: 2/2007 – 12/2007
  Technologien: mySAP PLM, Prozessanalyse mit SAP Solution Maps

- **Erweiterung des mobilen CRM-Systems „Heinrich"**
  Kunde: Marktführendes Handelsunternehmen, Köln
  Tätigkeit: Projektleiter von 7 Personen, Beratung, Systemkonzeption,
                      Anforderungsdesign
  Zeitraum: 5/2006 – 1/2007
  Technologien: Java, SAP-BAPI-Schnittstellen

- **Entwicklung des mobilen CRM-Systems „Heinrich"**
  Kunde: Marktführendes Handelsunternehmen, Köln
  Tätigkeit: Teilprojektleiter für 3 Personen, zuständig für Analyse und
                      Anforderungsdesign
  Zeitraum: 1/2005 – 3/2006
  Technologien: Java, SAP-BAPI-Schnittstellen

- **Integration von Siebel in SAP/R3**
  Kunde: Autokonzern, München
  Tätigkeit: Projektmanagement, Beratung
  Zeitraum: 8/2004 – 12/2004
  Technologien: Lotus Notes, .NET, WebMethods

- **Erweiterung des Kosten- und Sortimentsplanungssystem „ALFONS"**
  Kunde: Handelsunternehmen, München
  Tätigkeit: Projektmanagement, Beratung, Prozessanalyse, Unterstützung
                      des Entwicklerteams
  Zeitraum: 5/2004 – 8/2004
  Technologien: Java, OracleDB

- **Entwicklung des Kosten- und Sortimentsplanungssystem „ALFONS"**
  Kunde: Handelsunternehmen, München
  Tätigkeit: Projektmanagement, Beratung, Prozessanalyse, Unterstützung
                      des Entwicklerteams
  Zeitraum: 1/2004 – 5/2004
  Technologien: Java, OracleDB

Stand: August 2008   Kruse • clevere IT-PROJEKTE

So könnte eine etwas umfangreichere Projektbeschreibung aussehen:

Titel	**Umstellung alter Assembler-Programme nach Cobol mit Parameteranpassung im Stammdatenbereich**
Auftraggeber	Bank
Aufgaben	Beratung und Entwicklung (allein verantwortlich)
Kurzbeschreibung	Analyse, Beratung, Auswahl, Customizing Ziel war es, die im Unternehmen vorhandenen Assembler-Programme durch Cobol zu ersetzen
Zeitraum	1/2008–7/2008
Eingesetzte Technologie	z/os Cobol2, Assembler, CICS, DB2, VSAM, JCL, MQ Websphere, MS Office

Profil-Format

Das ideale Format ist vielfach PDF, da Sie dies auch in den meisten Online-Formularen auf den Seiten der Unternehmen hochladen können. Bei Freiberuflern ist dies anders: Vermittler bevorzugen hier Word (doc), weil sie die Profile normalerweise in ihre eigenen Vorlagen kopieren. Sie wollen nicht, dass der Kunde ihren Namen sieht und auf die Idee kommt, sie direkt zu kontaktieren.

Teilweise ist auch das XML-Format gewünscht (etwa bei www.meinwebprofil.de), das klein und sparsam ist und sich optimal eignet, um andere Formate zusammenzuführen. Daten lassen sich mit XML leicht in verschiedene Anwendungen exportieren und importieren. XML ist außerdem zur Sammlung reiner Datensätze ideal, bietet aber leider keine ansprechende Optik. Sie können XML-Dateien einfach in Word erstellen, in dem Sie ein Dokument als XML-Dokument abspeichern.

Gestaltung

Erlaubt ist, was dem anderen gefällt (nicht Ihnen). Deshalb ist es ratsam, mit dem Design sparsam und vorsichtig umzugehen. Das betrifft auch die Farben. Immerhin hat die inzwischen übliche Bewerbung per E-Mail als PDF den Vorteil, dass Sie Farbe nutzen können: Ihr Gegenüber sieht sich die Unterlagen ja oft erst mal (oder auch nur) am Bildschirm an. Einige Beispiele für Gestaltung haben Sie auf den letzten Seiten bereits gesehen. Hier ein weiteres:

HANS LOGISCH

Trainer Str. 93 B | 11111 Burghausen | Tel.: 019 / 1 23 45 60 | E-Mail: hanlo@hanlo.de

▪ ▪ ▪ Bewerbung als Logistik-Trainee

▪ ▪ ▪ Über mich:

- Dipl.-Kaufmann
- Schwerpunkt Logistik, Investition & Finanzierung
- Derzeit Logistik-Trainee in einem Konzern
- Einschlägige Erfahrungen in der Logistik
- SAP/R3 MM + SD
- Gabelstaplerführerschein

▪ ▪ ▪ Wo ich hin will:

- Nach dem Logistik-Trainee im Ausland bei einem internationalen Unternehmen arbeiten
- ... und mich in Six Sigma weiterbilden, Projektleitungs- aufgaben und Führung übernehmen!

HANS LOGISCH

Trainer Str. 93 B I 11111 Burghausen I Tel.: 019 / 1 23 45 60 I E-Mail: hanlo@hanlo.de

Lebenslauf

■ ■ ■ **Persönliches**

  - Geboren am 01.01.1981 in Dresden, ledig

■ ■ ■ **Berufserfahrung**

Seit 09.2007   **Trainee bei LEON AG,** Stuttgart
                    Logistikabteilung im Einrichtungshaus

  - Vom Bestandsmanagement bis zur Steuerung der Disposition
  - Controlling zur Maximierung der Servicelevel (SLAs)
  - Steuerung des Wareneingangs, Pflege und Verwaltung des
    Lagerverwaltungssystems

■ ■ ■ **Studium und Ausbildung**

08.2004 – 10.2007   **Studium der Betriebswirtschaft**
                    Technische Universität Bonn

  - Schwerpunkte: Logistik, Investition/Finanzierung
  - Abschluss: **Diplom-Kaufmann** (Note: 2,8)

                    05.2007 – 10.2007
                    Diplomarbeit bei Luftfahrt Consulting
                    Praxisnahes Logistik-Infrastrukturthema
                    „Leistungsfähigkeit von Möbelfabriken in Indien und China"

                    03.2006 – 07.2006
                    Gandhi Universität Kalkutta, Indien

  - Schwerpunkt: Südostasiatische Märkte

                    09.2006 – 02.2007
                    Praxissemester Luftfahrt Consulting, Bonn
                    Infrastruktur- und Verkehrsberatung

                    Erstellung von Angeboten und Machbarkeitsstudien
                    Organisation von verschiedenen Workshops

08.2002 – 08.2004   Studium der Betriebswirtschaft
                    Universität Leipzig

  - Vordiplom BWL

08.1995 – 08.2002   Elisabeth-Gymnasium in Dresden

  - Abschluss: Abitur

HANS LOGISCH

Trainer Str. 93 B | 11111 Burghausen | Tel.: 019 / 1 23 45 60 | E-Mail: hanlo@hanlo.de

■ ■ ■ Praktika

08.2005 – 10.2005   **Praktikum bei Einkauf Logistics,** Bad Godesberg
Projekt- und Organisationsteam Foodlager

- Vorbereitung/Durchführung/Auswertung von Audits
- Kosten-Nutzenanalyse für ein zentrales Servicecenter
- Analysen zur Lageroptimierung und Prozessverbesserung

03.2004 – 04.2004   **Praktikum bei der KDW gGmbH,** Bonn
Logistikabteilung

- Aufstellung und Analyse von Vorgaben für den Betrieb eines Recyclinghofs

07.2002 – 08.2002   **Praktikum bei der Neon AG,** Bonn
Vertrieb

- Datenbankpflege, Datenaufbereitung, Kundenbetreuung

■ ■ ■ Zusatzqualifikationen

Fremdsprachen

- Englisch (fließend in Wort und Schrift)

■ ■ ■ EDV-Kenntnisse

- MS-Office (sehr gut), Lotus Notes (gut)
- SAP R/3 MM und SD (sehr gut)
- Adobe Photoshop (gut)
- Browser (Explorer, Mozilla, sehr gut)

Ehrenamt und Sport

- Fußball in der Verbandsliga A (seit 20 Jahren)
- Kassenwart beim Fußballverein „11meter", Dresden

Sonstiges

- Gabelstaplerführerschein, Handwerkertalent

Stuttgart, 11/07/2008

Lebenslauf und Profil im Ausland

Den meisten ITlern empfiehlt sich neben dem deutschen auch ein englisches Profil sowie ein englischer Lebenslauf – ob sie nun angestellt sind oder frei arbeiten. Da das hier vorgestellte Profil schon sehr angloamerikanisch ist, reicht die reine Übersetzung. Bei den sonst üblichen älteren deutschen Lebensläufen ist erst einmal eine Umstrukturierung ratsam. Die Übersetzung sollten Sie sicherheitshalber von einem Muttersprachler vornehmen lassen, der Kenntnisse in der IT hat.

Pflegen Sie Ihr deutsches und englisches Profil parallel zueinander. Irgendwann wird in bestimmten Bereichen der Wirtschaft vermutlich sogar die englische Variante ausreichen, aber im Moment sollten Sie zweisprachig vorgehen. Bewerben Sie sich immer in der Sprache, in der auch die Anzeige verfasst ist.

Freiberufler-Profile sind überall auf der Welt ähnlich. Allerdings gibt es Unterschiede bei der Herangehensweise und der Wahrnehmung. So sind im angloamerikanischen Sprachraum sowie in der Schweiz persönliche Qualitäten wichtiger als bei uns. Das Profil in der Schweiz nennt sich »Dossier« und sollte entsprechend einige »Soft Skills« benennen.

Dies gilt auch für den Lebenslauf. Noten haben im Nachbarland (Gott sei Dank!) eine geringere Strahlkraft als bei uns. Es ist nicht üblich, die Noten in die Vita zu schreiben. Wichtig ist, dass Ihre Persönlichkeit zum Ausdruck kommt. Nennen Sie außerdem Ihre Hobbys und Interessen.

Profil 2.0

Xing, Linked In oder Facebook: Sicher haben Sie Ihr Profil auch schon in anderen Anwendungen gespeichert. Leider sind diese bisher nur in Ausnahmefällen kompatibel zueinander, sodass Sie die Daten nicht – wie es theoretisch möglich wäre – von einem Portal ins andere übertragen können. Derzeit heißt es deshalb immer noch: Neues Portal, noch mal alles eingeben – es sei denn, Sie dürfen Ihr Profil als PDF hochladen, was glücklicherweise immer mehr Unternehmen ermöglichen (z.B. Microsoft).

Trotz dieses Mehraufwands sollten Sie sich beim Ausfüllen Mühe geben. Immerhin präsentieren Sie sich öffentlich im Netz und machen so potenzielle Auftraggeber aufmerksam auf sich. Achten Sie, wenn Sie mit Ihrem Profil 2.0 gefunden werden wollen, auf die Suchwörter. Nennen Sie auch Synonyme und nutzen Sie verschiedene Schreibweisen von Begriffen, z.B. Datenbank-Administrator und DBA.

Das Anschreiben

»Motivation« schreibt Lufthansa einfach nur über sein Freitextfeld. Und das ist genau das richtige Wort. Ein Anschreiben sollte nicht die Lebenslaufdaten wiederholen, sondern nach einer kurzen, komprimierten Vorstellung Ihrer Person ausdrücken, warum Sie sich bewerben. Was fasziniert Sie an Aufgabe, Unternehmen, Position? Warum sind Sie der ideale Bewerber? Und was sollten Ihre Leser noch unbedingt wissen, was nicht im Lebenslauf steht?

Schreiben Sie mit dem notwendigen Blick für das eigene Selbstmarketing, aber nicht allzu blumig. Deutsche haben in diesem Punkt eine komplett andere Wahrnehmung als Amerikaner oder Engländer. Adjektive, in UK und USA sehr gern für das Anschreiben genutzt, sind bei uns nur mit Vorsicht und dezent zu verwenden. Erst recht, wenn Sie sich »nur« für eine Expertenposition bewerben. Ein ausgeprägtes Selbstbewusstsein ist gut für einen CEO, bei der Bewerbung eines Durchschnittsangestellten kann es abschrecken.

Verwenden Sie für das Anschreiben maximal vier Abschnitte: einen für die Motivation, einen für eine Kurzvorstellung mit Ihren wichtigsten Eckdaten, einen für die Beschreibung einer besonderen Leistung oder eines Projekts und einen für den Abschluss. Dieser enthält auch Informationen zu Ihrem möglichen Eintrittstermin, falls gefordert zum Gehalt und zum Umgang mit Ihrer Bewerbung. Dazu gehören Sperrvermerke. Der Hinweis darauf ist bei Personalberatern gewünscht. Sie müssen schreiben, an welches Unternehmen die Bewerbung auf keinen Fall weitergeleitet werden darf, beispielsweise weil Sie dort selbst einen Kontakt aufnehmen wollen oder es sich um einen ehemaligen Arbeitgeber handelt. Sperrvermerke schreiben Sie deutlich lesbar unter Ihr Anschreiben: »Bitte nicht weiterleiten an Motto GmbH.«

Philipp Renner
Diplom-Betriebswirt (FH)

Software AG
Frau Klara Klärchen
Personalabteilung
Westkreuz 199
88312 München

München, 13.11.2008

Technisch versierter Junior Online Marketing Manager FCMG
www.monster.de vom 15.06.2008

Sehr geehrte Frau Klärchen,

mit meiner Motivation, meinen Ideen und meiner Fachkompetenz möchte ich zum weiteren Erfolg Ihres Unternehmens beitragen.

Die in der Anzeige beschriebene Aufgabe passt sehr gut zu mir: Ich bin technik- und internetaffin, spreche außerdem sehr gutes und durch Auslandsaufenthalte praktisch erprobtes Englisch. Schon während meines im März 2007 abgeschlossenen Studiums der Betriebswirtschaftslehre habe ich hier meinen Schwerpunkt gesetzt und mich intensiv mit dem Thema Online-Marketing beschäftigt. Für ein Start-up unserer Fachhochschule habe ich Suchmaschinenoptimierung betrieben und sehr viel Praxiserfahrung erworben. Dies floss in meine Diplomarbeit zum Thema „Online-Marketingstrategien für den Handel von Lebensmitteln im Internet" mit ein.

In der Diplomarbeit habe ich auch Affiliate Marketing-Strategien beleuchtet und festgestellt, dass eine hohe Kundennähe entscheidend für den Erfolg der Programme ist. Insofern fühle ich mich gewappnet, ein solches Programm für Sie aufzubauen. Die Entwicklung im Bereich Web 2.0 verfolge ich gespannt und mit Wissen um die Bedeutung von Technologien wie Ruby on Rails, aber auch die strategisch sinnvolle Umsetzung für Unternehmen.

Schon als Werkstudent bei der Consult AG hatte ich mit den besonderen Herausforderungen des Online-Marketings zu tun. Hier war ich an einem Projektteam beteiligt, das innovative Strategien für das Marketing eines B2B-Marktplatzes entwickelte. Dabei habe ich viel über die speziellen Marketing-Anforderungen technischer Produkte im B2B-Bereich gelernt. Weitere Praktika in den USA und China brachten mir Kenntnisse in der Marktbeobachtung und Konkurrenzanalyse sowie der Vermarktung von Fast Moving Consumer Goods (FMCG).

Bei allen Aufgaben habe ich gemerkt, dass mir die Arbeit im Team und der Umgang mit Menschen viel Freude bereitet. Andere schätzen an mir, dass ich beim Finden von Lösungen über den Tellerrand schaue und neue Ideen und andere Blickwinkel einbringe.

Ich freue mich, Sie in einem persönlichen Gespräch sowohl fachlich als auch von meinem guten und verbindlichen persönlichen Auftreten zu überzeugen.

Mit besten Grüßen

Philipp Renner   Anlagen

Wichtigste Regeln

Eine Seite ist das Maximum! Wenn Sie sich kurz fassen, signalisieren Sie: Ich kann auf den Punkt kommen und Wesentliches von Unwesentlichem trennen. Das Anschreiben kann anderthalbzeilig oder einzeilig geschrieben sein. Verwenden Sie die Schrift Arial, sollten Sie nicht kleiner als 10 Punkt formatieren. Ver wenden Sie die konservativere Times, ist 11 Punkt die unterste Grenze. Verdana eignet sich als Internetschrift nur für PDF-Dokumente und sollte nicht kleiner als 10 Punkt gedruckt werden. Andere Schriftarten sind erlaubt, sofern sie gut lesbar und nicht zu auffällig sind.

Ihr Anschreiben sollte zudem der DIN-Norm und den Regeln allgemeiner Lesefreundlichkeit entsprechen:

▹ Oben steht Ihr Briefkopf, darunter die Anschrift des Unternehmens, auch bei PDF-Bewerbungen.

▹ Eine Anschrift soll die vollen Daten enthalten, also auch die Bezeichnung der Abteilung und den Namen des Verantwortlichen.

▹ Ein Datum platzieren Sie rechts neben oder unterhalb der Anschrift.

▹ Wählen Sie einen aussagekräftigen Betreff (z.B. »Bewerbung als ... – Ihr Stelleninserat vom ... in ...«), der ohne das Wort »Betreff« drei bis vier Leerzeilen unter den Empfänger gesetzt wird, z.B. kursiv oder unter-strichen.

▹ Ohne Rechtschreibfehler und grammatikalische Fehltritte schreiben, nach den Regeln der neuen deutschen Rechtschreibung.

▹ Mit einer gängigen Grußformel abschließen, am besten »Mit freundlichen Grüßen«, aber auch modernere Formeln wie »Mit sommerlichen Grüßen« sind in Ordnung.

▹ Schreiben Sie »Anlagen« darunter, ohne diese weiter aufzulisten.

▹ Legen Sie das Anschreiben auf die Mappe. In der PDF-Bewerbungsmappe speichern Sie es als Erstes. Dann folgt der Lebenslauf.

Typische Fehler sollten Sie vermeiden:

▹ Eine Dame nicht mit Herrn ansprechen.

▹ Hinter »Sehr geehrter *Name*« ein Komma setzen oder alternativ ein Aus-rufezeichen und *klein* weiterschreiben.

▹ Hinter »Mit freundlichen Grüßen« auf das Komma verzichten – das gibt es nämlich nur im angloamerikanischen Sprachraum.

▸ Das E-Mail-Anschreiben genauso behandeln wie das Anschreiben per
  Post. Es sollte, wenn es in den Bodytext der Mail eingefügt wird, eine
  Signatur haben, die unter den Text gesetzt ist.

Anschreiben-Typologie

Es gibt keine Regel für ein Anschreiben, sondern mehrere Möglichkeiten, sich
auf bestimmte Art und Weise inhaltlich zu konzentrieren, die sich in verschiedenen Situationen empfehlen:

▸ Motivationsorientiert: Konzentrieren Sie sich darauf, herauszuarbeiten,
  was Sie bewegt, sich gerade bei diesem Unternehmen und/oder für diese
  Stelle zu bewerben. Immer eine gute Herangehensweise, zumindest ein
  Block sollte dies aufgreifen.
▸ Das argumentative Anschreiben antwortet auf die Frage, warum Sie sich
  besonders gut eignen, die Stelle zu bekleiden. Es ist ideal, wenn Sie begrün-
  den wollen, warum Sie auf eine Stelle passen, obwohl dies auf den ersten
  Blick nicht sofort sichtbar ist.
▸ Das erfolgsorientierte Anschreiben stellt Ihre Erfolge mit den wichtigsten
  Daten und Fakten dar. Es ist ideal für Manager.
▸ Das darstellende Anschreiben greift die wichtigsten Aspekte aus dem
  Lebenslauf auf und bringt ergänzende Beispiele. Es ist ideal für Absolventen.
▸ Eine Kombination der verschiedenen Ansätze ist immer möglich und sehr
  oft sogar sinnvoll.

Persönlichkeit beschreiben

Über sich selbst zu sprechen und zu schreiben fällt ITlern oft am schwersten.
Dabei sind persönliche Eigenschaften und ein individueller Anstrich wichtig. In
einem Unternehmen arbeiten Sie mit Menschen zusammen, und zu diesen sollten Sie nicht nur fachlich passen. Vermeiden Sie es, abstrakte Ausdrücke wie
»weiterhin zeichne ich mich aus durch Teamfähigkeit und Kommunikationsge-
schick« zu verwenden, denn diese sagen nichts aus.
  Besser:
  »Teamarbeit ist mir wichtig, denn ich vertrete die Meinung, dass mehrere
Perspektiven das Ergebnis immer besser machen.«
  Oder: »Als aufgeschlossene und interessierte Persönlichkeit gehe ich gern
auf Menschen zu.«

Oder: »Mein Anspruch an die Qualität meiner Arbeit ist hoch. Meine Konzepte sind deshalb immer sehr sorgfältig ausgearbeitet und überzeugen bis ins Detail.«

Oder: »Bei meiner Projektplanung berücksichtige ich alle denkbaren Szenarien und denke systematisch in alle Richtungen. So waren meine Projekte in den letzten fünf Jahren nicht ein einziges Mal im Verzug.«

Kleiner Sprachkurs

48 Stunden für fünf Zeilen Text? Damit stehen Sie nicht allein. Menschen, die nicht täglich schreiben, brauchen länger, um sich richtig auszudrücken. Dabei müssen Sie nur einige Regeln beachten, beispielsweise: klar, einfach und konkret schreiben.

– Zu kompliziert	+ Klar, einfach und konkret
An Ihrem Unternehmen habe ich großes Interesse.	Ich interessiere mich für die Stelle.
Aufgrund meiner Ausbildung und meines bisherigen Lebenslaufs bin ich der Meinung, dass ich der Stelle gerecht werden könnte.	Meine Ausbildung und meine Erfahrung entsprechen Ihren Anforderungen.
Wie mit Ihnen bereits am Telefon besprochen, geht es mir um einen beruflichen Neuanfang.	Telefonisch berichtete ich Ihnen von meinem beruflichen Veränderungswunsch.
Ich zeichne mich durch die Fähigkeit zu motivieren aus.	Mitarbeiter sagen mir oft, dass ich sie durch klare Zielvorgaben motiviere.
Ich sehe meine Stärken in meiner Präsentationsfähigkeit.	Ich präsentiere wöchentlich vor dem Vorstand.

Sie gewinnen viel, wenn Sie Ihre Texte einfach kürzen. So geht es:

– Zu lang	+ Kurz und gut
Unter anderem war ich dabei mit der Konzeption einer Internetseite für die Autobranche betraut.	Unter anderem konzipierte ich ein Internetportal für die Autobranche.
Nach einer Ausbildung zur Außenhandelskauffrau arbeitete ich viele Jahre als Systemadministratorin, um dann ein Studium zu beginnen, das ich im Herbst 2009 mit dem Bachelor beendete.	Ich bin Bachelor of Arts in BWL und Außenhandelskauffrau mit langjähriger Erfahrung in der Systemadministration.
Hiermit möchte ich mich auf die sehr interessante Stelle als Projektmanager bewerben, für die ich alle geforderten Qualifikationen mitbringe.	Für die von Ihnen ausgeschriebene Stelle bringe ich alle benötigten Qualifikationen mit.

Bewerbung online

Post ist out: Wer sich in der IT bewirbt, bewirbt sich entweder per E-Mail oder über ein sogenanntes Online-Formular. Letzteres ist nicht das reinste Vergnügen, sondern oft wie eine Abenteuertour durch die Welt der Programmierungsfehler und Konzeptionssünden. Da werden Sätze abgeschnitten oder Zweitstudiengänge grundsätzlich als nicht abgeschlossen markiert. Im schlimmsten Fall muss sich der Bewerber drei Stunden mit dem Ausfüllen der Formulare und Absolvieren von Online-Tests herumschlagen, denn diese werden immer öfter zum Bestandteil des Bewerbungsverfahrens. Und dann stürzt das System trotzdem ab.

Glücklicherweise haben gerade IT-Firmen im Moment begonnen, die Komplexität Ihrer Bewerbungsformulare zu reduzieren. Viele, etwa Microsoft, fordern nur noch wenige Angaben und den Upload des Lebenslaufs. Das geht dann in rund 15 Minuten. Andere Unternehmen, etwa Lufthansa, erwarten indes immer noch sehr detaillierte Angaben in ihren hauseigenen Formularen. Dazu brauchen Sie manchmal eine Stunde und mehr.

Die Formulare sollten Sie sorgfältig ausfüllen und Fehler vermeiden. Da eventuell elektronisch vorausgewählt wird, achten Sie darauf, dass Ihre Einträge in den richtigen Spalten erfolgen. Zudem sollten alle relevanten Synonyme enthalten sein, nach denen möglicherweise gesucht wird.

Fast immer gibt es Freitextfelder, die teilweise auf eine bestimmte Zeichenanzahl beschränkt sind (z.B. rund 1.400 Zeichen bei Lufthansa). In diese setzen Sie Ihr Motivationsanschreiben, das Sie am besten vorher schon formuliert haben und nur noch per Copy + Paste einfügen.

Achten Sie auf den deutlichen Hinweis, dass Ihr Formular auch wirklich abgesendet worden ist, und speichern Sie eine Kopie auf Ihrem Rechner – für den Fall, dass Sie im Vorstellungsgespräch zur Bewerbung befragt werden.

Haken Sie nach, wenn Sie nicht spätestens nach einer Woche eine Eingangsbestätigung sowie eine Information über die weitere Vorgehensweise erhalten. Manchmal empfiehlt es sich, die eigene Bewerbung »dringend« zu machen. Falls Sie andere Angebote haben, aber sehr gern bei dem bestimmten Unternehmen arbeiten, rufen Sie dort an und schildern Sie Ihre Situation. So etwas hat standardisierte Verfahren schon öfter beschleunigt. Schließlich leben wir in Zeiten des Fachkräftemangels.

Dies gilt natürlich auch, wenn Sie sich per E-Mail beworben haben. E-Mail-Bewerbungen haben sich bei allen Unternehmen durchgesetzt, die sich die aufwendige Software der Konzerne nicht leisten können, also beim Mittelstand. Die E-Mail hat gegenüber der Postbewerbung den Vorteil, dass sie sich leicht in hausinterne Systeme einpflegen lässt, was wiederum für die Dokumentationspflicht wichtig ist, die sich aus dem Allgemeinen Gleichbehandlungsgesetz (AGG) ergibt.

Zur E-Mail-Bewerbung die wichtigsten Regeln im Überblick:

▸ Wählen Sie eine aussagekräftige und professionelle E-Mail-Adresse mit Vorname.Nachname@…
▸ Alle Dokumente in einem PDF speichern. Sie beginnen mit Anschreiben, gefolgt vom Profil und den wichtigsten Zeugnissen.
▸ PDF-Größe: maximal 3 MB.
▸ Das Anschreiben kopieren Sie zusätzlich in den Bodytext der Mail: Doppelt hält besser, denn Unternehmen gehen unterschiedlich mit dem Thema um.
▸ Zeugnisse ordnen Sie wie den Lebenslauf, mit dem wichtigsten zuerst beginnen.
▸ Unbedingt Betreff mit dem Wort »Bewerbung« ausfüllen.

▸ Keine Bilder in der Mail schicken, zum Beispiel eingescannte Unterschriften.

▸ Farbige Formatierungen könnten auch dafür sorgen, dass Sie im Spamfilter verschwinden, also vermeiden.

▸ Die Signatur gehört unter den Text, nicht darüber.

▸ Wenn das Unternehmen per Mail antwortet und einen Termin vorschlägt: Reagieren Sie mit persönlicher und höflicher Ansprache und einem richtigen Text, nicht etwa nur mit »okay, ich komme«.

Mappe

Die Bewerbungsmappenindustrie kämpft gegen den Trend zur E-Mail-Bewerbung – und bringt immer neue Muster auf den Markt. Da gibt es Nadelstreifen oder Goldbesatz: alles überflüssiger Schnickschnack, der Sie eher ins Aus befördert als ins Vorstellungsgespräch geleitet.

Wenn Sie sich doch einmal ausnahmsweise per Post bewerben wollen, entscheiden Sie sich für eine einfache Mappe, zum Beispiel in Klarsicht. Aufwendige dreiteilige Mappenmonster sind wenig beliebt. Sie sind zudem nach einem Versand meist nicht mehr zu gebrauchen und damit unökonomisch.

Fragen und Antworten zur IT-Bewerbung

Frage	Lösung
Ich wechsle in die Freiberuflichkeit. Nun wollen alle Projektübersichten von mir haben. Ich habe aber nie in Projekten gearbeitet.	Letztendlich ist alles ein »Projekt«, das einen Anfang und ein Ende hat (wenn auch nicht nach der offiziellen Definition). Auch die Umstellung aller Rechner im Betrieb auf Windows Vista ist ein Projekt. Oder die Einführung von SAP R/3 in der Abteilung Rechnungswesen. Die Programmierung einer Schnittstelle oder die Entwicklung eines Konzepts zur Steigerung der Konversionsrate (Verhältnis Besucher zu Käufer) auf einem E-Commerce-Portal.
Ich möchte mich auf Projektleiterstellen bewerben, habe aber keine Erfahrung.	Versuchen Sie erst einmal innerhalb Ihres Unternehmens erste Erfahrungen zu gewinnen und absolvieren Sie eine Weiterbildung. Wenn Sie sich jetzt schon bewerben wollen, verweisen Sie auf die geplante Projektmanagement-Ausbildung.

Frage	Lösung
Ich habe neues Wissen erworben, aber keine praktische Erfahrung.	Vielleicht konnten Sie Ihr Wissen außerberuflich einsetzen? Oder Ihnen fällt ein Projekt ein, in das Sie Ihre Kenntnisse einfließen lassen könnten (z.B. Mitprogrammieren bei einem Open-Source-Projekt). Nehmen Sie es in Ihre Bewerbung mit auf, dass Sie Ihr neues Wissen für das Unternehmen gewinnbringend einsetzen möchten und wie das aussehen könnte.
Meine Kenntnisse sind noch nicht sehr tiefgehend.	Wenig Erfahrung kaschieren Sie am besten, indem Sie gar nichts sagen, sondern einfach nur Schlagworte auflisten. Für Details kann man Sie ja fragen ;–)
Meine Projektliste wird endlos lang.	Beschränken Sie sich auf die letzten 5 oder 10 Jahre.
Ich war über drei Jahre in ein und demselben Projekt.	Je länger ein Projekt dauert, desto wichtiger wird es in der Wahrnehmung nach außen. Zerlegen Sie sehr große Projekte in einzelne Teilabschnitte.

Vorstellungsgespräche in der IT

Acht Jahre kein Vorstellungsgespräch mehr, das macht nervös: Claus hatte drei Bewerbungsratgeber gewälzt, seine Antworten auf typische Fragen fein notiert und Stichpunkte auswendig gelernt und vor dem Spiegel geübt. In den folgenden fünf Gesprächen wurde er jedoch »kalt« erwischt. Statt die üblichen persönlichkeitsorientierten Fragen zu stellen, ging es immer nur ums Fachliche. »Am Ende kam jedes Mal heraus, dass wir fachlich einfach nicht zueinander passten.« Die Analyse ergab, dass dabei zwei Dinge eine Rolle spielten: Die Bewerbungsunterlagen, die zu viel Interpretationsspielraum ließen. So hatte Claus als Funktionsbeschreibung lediglich die Information geliefert, dass er als Softwarearchitekt angestellt war und unter anderem Kenntnisse in C++ hatte. Das Gegenüber erwartete da aber jeweils weitere Kenntnisse, immer in einem anderen Gebiet. Worauf Claus stets antwortete, dass »jemand, der eine Programmiersprache kennt, alle kennt und sich schnell einarbeiten könne«. Das aber war der zweite Fehler. Denn das fachliche Gegenüber, das so nicht denkt und nicht dieses autodidaktische schnelle Verständnis hat, fühlte sich durch diese Antwort möglicherweise persönlich angegriffen. Möglicherweise dachte es auch nur, »was für ein Unsinn«. Jedenfalls provozierte die Antwort jedes Mal fachliche Fragen wie »haben Sie schon von XYZ?« gehört. XYZ war dann meist eine sehr spezielle exotische Technik, über die in einem Fachblatt geschrieben worden ist. Fachblätter aber las Claus grundsätzlich nicht. Aber wie kam er dann als Systemarchitekt darauf, neue Technologien einzubeziehen, wenn er eine Lösung suchte? »Wenn ich ein Problem habe, recherchiere ich Lösungen, und dann komme ich schon darauf.« Leider wollte das der Fachverantwortliche – oft wird auch gar kein Verantwortlicher, sondern einfach nur ein fachkompetenter Kollege zum Gespräch geschickt – nicht hören. Denn er selbst war zutiefst davon überzeugt, dass der Weg genau umgekehrt laufen müsste.

Genau betrachtet entstanden so stets kontroverse Gespräche mit zwei unvereinbaren Meinungen. »Bei dem ist Ärger und Widerspruch vorprogrammiert«, mag sich der eine oder andere Gesprächspartner gedacht haben. Jedenfalls holen sich Entscheider oft lieber keine Querdenker ins eigene Team – erst recht nicht, wenn das Profil sowieso nicht zu hundert Prozent passt. Da kann der vielleicht beisitzende, in der Regel aber eben nur beratend tätige Personalreferent noch so inbrünstig betonen, dass gerade diese Persönlichkeit das Team bereichern könne: Im Zweifel entscheidet der Fachverantwortliche.

Ein Vorstellungsgespräch vorbereiten

Meiner Erfahrung nach kommt es in der IT öfter zu Gesprächen als in anderen Branchen. Indes ist auch die Quote der Absagen höher. Das liegt daran, dass Papier die genauen Kenntnisse nur bedingt transportieren kann und auch die Arbeitgeber Ihre eigenen Anforderungen nur unzureichend in einer Anzeige kommunizieren. Der Grund für eine Absage wird sehr oft rein fachlich begründet sein. Aber hier ist auch schon eine Falle aufgestellt. Viele ITler sind »zu ehrlich«. Sie sagen deutlich, was Sie können und was nicht. Dabei sind sie zu kurz angebunden und direkt. Das ist nicht unbedingt geschickt. Manchmal wäre es besser, sich selbst stärker zu verkaufen. Jedenfalls dann, wenn Sie überzeugt sind, sich in ein noch weniger bekanntes Themenfeld leicht einarbeiten zu können. Selbstverständlich sollten Sie aber klar sagen, wo die Grenzen sind. Nur manchmal dürfen Sie diese ruhig etwas weiter ziehen. Dafür müssen Sie inhaltlich gar nichts verändern, sondern nur die Wortwahl variieren. Ein Beispiel:

Statt »Da habe ich keine Erfahrung« sagen Sie: »Darüber habe ich mich bereits umfassend informiert und es gibt etliche Berührungspunkte zu meiner Arbeit.« Punkt. Das sollte natürlich (einigermaßen) der Wahrheit entsprechen.

Ehrlichkeit macht sympathisch, weckt aber auch Befürchtungen. Kann er das? Sie sollten immer das Gefühl vermitteln, Ihre Aufgaben kompetent bewältigen zu können. Dies ist einer der kritischen Punkte in IT-Vorstellungsgesprächen: Den wenigsten gelingt das – vor allem dort, wo sie selbst nicht ganz sicher sind. Das können Sie allerdings üben, indem Sie lernen, positiv über sich selbst und das eigene Können zu sprechen, zum Beispiel vor dem Spiegel. Achten Sie dabei darauf, Wörter wie »Nein«, »Problem« (ohne Lösung) und »nicht« zu vermeiden. Das mag Ihnen »vertrieblerisch« vorkommen, aber es ist Gesprächspsychologie. Entscheidend sollte sein: Es wirkt.

Analysieren Sie vor einem Gespräch zunächst Ihre kritischen oder wunden Punkte. Dabei helfen die folgenden Fragen:

Fachlich:

▸ Decken Sie alle in der Anzeige formulierten technischen Anforderungen ab?

▸ Könnten darüber hinaus mögliche Anforderungen bestehen, die sich aus dem Geschäftsmodell des Unternehmens ergeben?

▸ Könnten darüber hinaus mögliche Anforderungen bestehen, die sich aus der künftigen Ausrichtung der Firma ableiten?

▸ Ist Ihr Wissen auf dem neuesten Stand?

▸ Durften Sie in Ihrer derzeitigen Position die neuesten Möglichkeiten nutzen?

Wie Sie überprüfen können, ob Sie fachlich up-to-date sind:

▸ Lesen Sie sich Seminar- und Kursbeschreibungen durch.

▸ Recherchieren Sie in Foren zu Ihrem Kernthema.

▸ Recherchieren Sie in Fachzeitschriften wie *CIO, Computerwoche, c't.*

▸ Gibt es Entwicklungen in Ihrem Umfeld, von denen Sie noch nichts gehört haben?

Verhaltenscheck

Plötzlich gehen die bisher fest gefalteten Finger hoch. Sie verschränken die Arme. Oder die Stimme wird laut oder auffallend leise. Möglicherweise scharren Sie mit den Füßen oder klicken mit dem Stift. Die meisten Bewerber bemerken Ihre eigene Gestik kaum. Diese sagt aber eine Menge über sie aus – und unterstreicht oder konterkariert das verbal Ausgesprochene. So führen Fragen, die Sie selbst als unerwartet gestellt und unangenehm empfinden, fast automatisch zu einer Verhaltensveränderung bei Ihnen. Sie sprechen lauter, rücken den Stuhl zurecht, zucken nervös.

Das alles können Sie durch Kontrolle abstellen. Je besser Sie vorbereitet sind auf das, was Sie sagen wollen, desto weniger Verhaltensauffälligkeiten wird es geben. Die Zeichen der Angespanntheit werden Sie durch vorheriges Training Ihrer Antworten abmildern oder ablegen können. Denn was gelernt und im Kopf verankert ist, lässt sich leichter und souveräner aussprechen. In dem Moment, wo Sie sich nicht auf den Kopf und das Denken über eine gescheite Antwort konzentrieren müssen, können Sie auch die Gestik kontrollieren – wenn das dann überhaupt noch nötig ist. Oft verschwinden die kleinen körperlichen Zeichen dann ganz von allein.

Das Gespräch

Ein Vorstellungsgespräch durchläuft fast immer die gleichen Phasen. Normalerweise sitzen Ihnen zwei Personen gegenüber, im öffentlichen Bereich können es auch mal sechs oder mehr sein. In der IT sind die Erstgespräche sehr oft rein fachlicher Natur. Ein Personaler ist nicht unbedingt anwesend. Oft wird er erst beim zweiten Gespräch hinzugezogen oder Sie werden später zu ihm geschickt. Teilweise hat er dann ein Vetorecht, kann also der Einstellungsempfehlung der Fachabteilung widersprechen, wenn er Zweifel an Ihrer Persönlichkeit hat.

Die ersten Minuten des Gesprächs sind das Warm-up. Hier steht das Beschnuppern im Vordergrund. Der andere will herausfinden, wer Sie sind. Small Talk macht diese erste Phase leichter und öffnet Sie und das Gegenüber für das Gespräch. ITlern fällt Small Talk oft schwer. Aber: Er ist wichtig, und es geht gar nicht darum, was Sie sagen, sondern dass Sie etwas sagen. Wenn Sie unsicher sind: Das Wetter und die Anreise sind immer ein gutes Thema. Sprechen Sie über die angenehmen Büroräume oder die nette Begrüßung, oder darüber, dass Sie den Kaffee am liebsten schwarz trinken.

Dann folgt eine Einführung des Unternehmens. Danach sind Sie dran mit Ihrem Lebenslauf. Bitte nennen Sie nicht jede einzelne Station mit Datum! Raffen Sie und beginnen Sie mit einer Zusammenfassung: Wer Sie sind und was Sie aktuell machen. Stellen Sie die wichtigsten Punkte aus Ihrem Lebenslauf dar und sagen Sie auch immer, warum Sie etwas getan haben (»für das Studium habe ich mich entschieden, weil ich mich seit meinem sechsten Lebensjahr für PCs begeistere«). Bringen Sie Beispiele aus Ihrem Lebenslauf und hangeln Sie sich nicht nur an Ihren Tätigkeiten entlang. Wichtig: In der Kürze liegt tatsächlich Würze. Drei Minuten reichen für einen Monolog aus. Die Gesprächspartner werden Sie fragen, wenn Ihnen etwas unklar ist.

Tipps für die Darstellung »über mich«:

- Halten Sie sich in jedem Fall kurz und raffen Sie Ihren Lebenslauf so, dass Sie wirklich nur das herausstellen, was für das Unternehmen interessant oder relevant ist.
- Planen Sie nicht mehr als drei Minuten Solo-Redezeit ein.
- Entscheiden Sie sich für die wichtigsten vier bis sieben Meilensteine aus dem Lebenslauf.

▸ Bauen Sie diese chronologisch oder thematisch aufeinander auf.

▸ Finden Sie eine innere Gliederung, die nachvollziehbar ist.

▸ Nutzen Sie Beispiele und die Chance, eine kleine Geschichte zu erzählen. Gehen Sie dabei so vor, dass Sie Ihrer Darstellung immer eine kleine Zusammenfassung voranstellen.

Meist geht es anschließend um Ihre Motivation, warum Sie wechseln möchten. Warum wollen Sie zu diesem Unternehmen? Begründen Sie das mit den Aufgaben, der Firmenphilosophie oder dem nächsten Karriereschritt. Auf Diskussionen über die Schlechtigkeiten des derzeitigen Arbeitgebers lassen Sie sich keinesfalls ein. Genauso wenig geben Sie Interna preis.

Anschließend stehen Fachfragen auf dem Plan. Was können Sie, was wissen Sie, wie würden Sie etwas lösen? Für Fachkräfte ist dieser Part meist »easy«. Schwieriger wird es möglicherweise bei den Führungsfragen, denen sich auch Projektmanager stellen müssen. Wie motivieren Sie Mitarbeiter? Wie verhalten Sie sich gegenüber einem schwierigen Kollegen? Wie schaffen Sie es, die Mitarbeiter in kritischen Projektphasen »bei Laune« zu halten? Überlegen Sie sich Antworten mit einem Beispiel. »In Projekt XY hatte ich einmal so einen Mitarbeiter. Wir haben gemeinsam überlegt, wie seine Motivation wiederhergestellt werden kann. Es kam heraus, dass eine Veränderung der Aufgaben die Lösung war.« Machen Sie sich Ihren eigenen Führungsstil bewusst. Wie schaffen Sie es, Mitarbeiter engagiert zu halten? Was schätzen Mitarbeiter an Ihnen? Sind Sie kollegial, inspirierend, auch mal humorvoll? Bringen Sie wiederum Beispiele.

Nächster Schritt: Ihre Stärken und Kompetenzen aus dem persönlichen Bereich. Wie bereits geschrieben, übergehen manche Firmen diesen Part. Vor allem Entwickler werden dazu nur teilweise befragt. Dennoch sollten Sie vorbereitet sein. Definieren Sie für sich selbst drei Stärken nach folgendem System: 1. die Stärke benennen, 2. sagen, was das für Sie bedeutet, 3. ein Beispiel bringen. Etwa so: »Ich präsentiere sehr überzeugend. 2. Das Feedback der Teilnehmer ist immer exzellent, bei mir schläft niemand ein. Es gibt viele Lacher. 3. So sollte ich letzte Woche Ergebnisse aus dem Projekt vor dem Vorstand präsentieren. Ich habe mich für eine Flipchartpräsentation entschieden und den Verlauf aufgezeichnet. Dafür habe ich sehr viel Lob bekommen. Der CEO hat mir später noch einmal persönlich gesagt, dass er meine Präsentation sehr überzeugend fand.«

Sagen Sie lieber konkret, was Sie tun, gebrauchen Sie Verben, anstatt Substantive zu nutzen – etwa so: »Ich wirke bei der Softwareentwicklung gestaltend mit, bringe Ideen ein und interessiere mich für die Gesamtzusammenhänge. Das hat den Vorteil, dass ich Aufgaben sehr viel effizienter löse. Zudem bin ich sehr zielstrebig. Ich gehe nie nach Hause, ohne mein Ziel erreicht zu haben, das ich mir am Morgen gesetzt habe.«

Bitte vermeiden Sie es, logische Stärken einfach so in den Raum zu stellen. 90 Prozent aller ITler sind logisch-analytisch, so wie 90 Prozent der Vertriebler kommunikativ sind. Das liegt in der Natur der Sache. Nennen Sie bei diesen Stärken unbedingt 2. und 3. wie oben beschrieben. Das macht die Stärke konkret und fassbar.

Schwächen beschreiben Sie kürzer und wenig blumig. Vermeiden Sie es, Schwächen zu nennen, die die Ausübung der Tätigkeit gefährden können. Wenn Sie als Systemadministrator eine Analyseschwäche zugeben, wäre das Ihr »Aus«. Sagen Sie lieber etwas, was nicht schadet und trotzdem ehrlich ist. Gibt es sichtbare Schwächen, so thematisieren Sie, was die anderen ohnehin wahrnehmen. Das macht sympathisch und zeigt, dass Sie sich selbst gut einschätzen können. Beispiel: »Manchmal bin ich wortkarg, das haben Sie vielleicht auch schon gemerkt. Das verändert sich, wenn ich Menschen gut kenne.«

Der kritische Punkt für viele ist der Abschluss. »Haben Sie noch Fragen?« Wenn Sie keine Fragen haben, so sagen Sie das, aber vermeiden Sie hier ein kurzes »Nein«. Besser: »Vielen Dank, Sie haben mir sehr spannende Aufgaben und Perspektiven aufgezeigt. Das reicht erst einmal. Was mich aber interessiert: Wie ist das weitere Prozedere?«

Wenn Sie echte Fragen haben, so stellen Sie diese. Vermeiden Sie aber kritische Fragen oder Fragen, die Ihnen ein Blick auf die Website beantwortet hätte. Fragen zum Gehalt sind in der Regel kein Teil des Erstgesprächs. Sprechen Sie das von sich aus nicht an.

Sie müssen einfach nur sieben Dinge tun:

▸ Geschichten erzählen
▸ Beispiele verwenden
▸ Bilder nutzen
▸ Mit Nutzen argumentieren
▸ Untypische Begriffe verwenden
▸ Gefühle ansprechen
▸ Pausen machen
▸ Nicht, kein und Einschränkungen vermeiden

Übersicht Gesprächsmuster

Ungünstige Gesprächsmuster	Günstige Gesprächsmuster
Sie beginnen mit Details, was es fast unmöglich macht, Ihnen zu folgen.	Sie beginnen mit einer Zusammenfassung und schildern dann die wesentlichen Details. So kann Ihnen jeder folgen.
Sie rechtfertigen sich nach jeder Aussage, ohne sich dessen bewusst zu sein.	Sie stellen Dinge klar, ohne alles zu begründen.
Sie antworten extrem kleinteilig, mit zu vielen Details, die den anderen ermüden. Sehr gewissenhafte Menschen haben dazu eine Neigung.	Sie führen den Gesprächspartner mit Bildern und Beispielen durch Ihre Erzählung.
Sie antworten extrem kurz angebunden, wie in einem Verhör.	Sie antworten gerafft und mit den wesentlichen zwei, drei Argumenten.
Ihre Schilderungen sind rein chronologisch, nicht inhaltsbezogen.	Ihre Schilderungen beziehen sich auf das für den Gesprächspartner Wesentliche, wobei Sie relevante Informationen kombinieren.

Für Ihre Vorbereitung

Phase und Fragen im Vorstellungsgespräch	Ihre Antwort/Notiz – Notieren Sie Stichpunkte
Warm-up	
Ihr Lebenslauf	Nicht mehr als 4–7 Meilensteine!
Nachfragen zum Lebenslauf	
Ihre Motivation, in diesem Unternehmen zu arbeiten	
Fachfragen – Was wissen Sie …?	Welche sind logisch und naheliegend?
Lösungsfrage – Wie würden Sie …?	Welche wäre logisch?
Persönlichkeitsfragen – Wer sind Sie?	Denken an: Stärken, Schwächen und die Fremdsicht!
Führungsstilfragen – Wie führen Sie?	
Lösungsfragen zur Führung – Wie würden Sie …?	
Provokation – Wie reagieren Sie …?	
Letzte Fragen – Was fragen Sie?	

Das zweite Gespräch

Das zweite Gespräch ist bei qualifizierten Jobs üblich. Manchmal gibt es sogar dritte und vierte Gespräche. Oft wird in diesem Folgegespräch die nächsthöhere Führungskraft hinzugebeten, manchmal kommt erst jetzt der Personaler. Sie müssen also noch mal überzeugen. Manchmal werden aber auch schwerpunkt-mäßig Rahmenbedingungen wie das Gehalt besprochen.
Darauf müssen Sie achten:

▸ Bereiten Sie sich genauso gut vor wie auf das erste Gespräch.

▸ Besonderes Augenmerk richten Sie auf Punkte, die im ersten Gespräch nicht so gut gelaufen sind, wo also Nachfragen zu erwarten sind.

▸ Fragen Sie Ihre vorherigen Gesprächspartner nach der Einladung zum zweiten Gespräch, was Thema sein wird und worauf Sie sich vorbereiten sollen.

Spezielle »IT«-Situationen

Wer sich mit einem »normalen« Bewerbungsratgeber auf ein fachliches Gespräch vorbereitet hat, ist nach dem Gespräch in der IT-Branche oft über-rascht: Es kann sein, dass das sogenannte Interview komplett anders abläuft als gedacht. So sind bei berufserfahrenen Programmierern, Systemarchitekten und anderen Technikern ohne Führungs- und Projektmanagementaufgaben Fragen zur Persönlichkeit eher selten. Oder sie kommen in einer witzigen Form daher: »Sie wissen ja, dass das dazugehört, was sind denn nun Ihre Stär-ken?« Wirklich relevant ist die übliche Stärken-Schwächen-Frage indes häufig nicht. Man kauft jemanden mit Fachkenntnissen ein. Und ob diese Person ins Team passt und einigermaßen (oder sehr) sympathisch ist, bekommen die Gesprächspartner durch ein normales oder auch schon mal provozieren-des Gespräch heraus – weniger durch die direkte Frage nach Stärken und Schwächen. Es schadet trotzdem nie, sich seiner persönlichen Kompetenzen bewusst zu sein und diese formulieren zu können. Auch ohne direkt danach gefragt zu werden, kann man diese dann einstreuen und sich so besser ver-kaufen.

Spezielle IT-Situationen sind typisch für Vorstellungsgespräche, in denen es pri-mär auf das Fachwissen ankommt. Deshalb begegnen Ihnen solche Situationen vorwiegend, wenn Sie ein bestimmtes, aber leider schwer überprüfbares Wissen benötigen, um Ihre Aufgaben zu lösen – wie es in der IT meist der Fall ist. Die folgenden Strategien helfen, souveräner damit umzugehen.

»Böse« Fachfragen

»Beschreiben Sie doch mal die letzten beiden Phasen des V-Modells.« Oder: »Erklären Sie den Unterschied zwischen einem SCSI und einem DVL!« Oder »Kennen Sie XYZ?« Auweia, denkt so mancher, der lange keine Zeitung mehr gelesen hat. Oder dem die Theorie aus dem Studium viel zu weit entfernt ist. Ganz schlimm, wenn man überhaupt nicht einschätzen kann, um was es da eigentlich geht. Dann könnte es nämlich sein, dass es eine Fangfrage ist. Und es den tollen Begriff gar nicht gibt. Wer behauptet, XYZ zu kennen, was es aber ja gar nicht gibt, steckt mitten drin in der Interview-Falle.

»In so einem Interview ist nichts mit Show und Schauspielern. Das geht einfach nicht, wenn dir jemand gegenübersitzt, der sehr viel besser informiert ist als du selbst«, erzählte mir ein Projektleiter. Und er hat Recht: Während man im vertrieblichen Umfeld und auch im Marketing eine Menge Wissen »heucheln« kann, ist dies im technischen Umfeld dann unmöglich, wenn einem ein Informatiker, Ingenieur oder einfach nur jemand mit riesig viel Erfahrung gegenübersitzt. Das ist dort eher die Regel, wo die IT das Kerngeschäft ist. Doch es gibt Abteilungen und Unternehmen, die kaufen Wissen und Erfahrung ein, weil sie selbst keines haben. Interviewpartner aus solchen Unternehmen lassen sich ohne Frage leichter an der Nase herumführen. Davon profitiert allerdings keine Partei, weder Sie noch das Unternehmen. Fehlendes Wissen fliegt schnell auf, und eine allzu kurze Stippvisite im Lebenslauf macht sich schlecht.

Die Strategie bei bösen und weniger bösen Fragen kann deshalb nur lauten: Geben Sie zu, wenn Sie etwas nicht wissen, aber positiv. Sagen Sie beispielsweise, dass Sie sich mit einem Thema theoretisch beschäftigt haben und neugierig sind, es in der Praxis anzuwenden. Oder dass Sie sehr gerne eine Schulung machen wollen. Etwas nicht zu wissen oder zu können ist absolut keine Schande – solange das angesprochene Thema keine Selbstverständlichkeit in Ihrem Bereich ist. Dann haben Sie Ihre Hausaufgaben nicht gemacht. Die aber lauten:

▸ Vor dem Gespräch alle aktuellen Berichte zu dem relevanten Thema recherchieren
▸ Medien lesen, die »man« liest – sei es die *Computerwoche, CIO online*, Heises *c't* oder die *VDI nachrichten*.

Gerade Grundlagenwissen arbeitet niemand so einfach auf. Wenn dieses fehlt, hilft nur eins: zugeben und signalisieren, dass Sie sich da reinknien und sich das schnell aneignen werden. Machen Sie am besten direkt einen Vorschlag für eine geeignete Weiterbildung.

Beispiele, wie Sie Defizite positiv formulieren:

Frage	Gut
Haben Sie schon mit Silverlight gearbeitet?	Es ist eine sehr interessante Alternative zu Flash. Gern hätte ich diese bei meinem derzeitigen Arbeitgeber einmal ausprobiert. Ich freue mich, dass das bei Ihnen möglich ist.
Welche Projektmodelle haben Sie bei Ihrem Arbeitgeber denn eingesetzt – Wasserfall- oder V-Modell?	Bei uns gab es die Stationen Anforderungen aufnehmen, Analyse durchführen, Inbetriebnahme, Test, Wartung. (Das ist das später zum V-Modell entwickelte Wasserfallmodell – aber nehmen wir an, das wissen Sie nicht – dann wäre so eine umschreibende Darstellung clever.)
Haben Sie schon von XYZ gehört?	Der Begriff sagt mir jetzt erst mal nichts. Was genau steckt dahinter? (Ball zurückgeben.)
Nennen Sie mal die 10 wichtigsten Begriffe aus dem Bereich der .Net-Technologie!	(Ihnen fällt kein einziger ein, die Frage haut Sie um.) Ich habe da gerade ein Brett vorm Kopf. Könnten wir erst einmal zur nächsten Frage gehen?
Was wissen Sie über ITIL?	(Sie wissen wenig bis nichts.) ITIL ist ein sehr spannendes Thema und hat sich als Standard durchgesetzt. Ich habe mich bereits für einen Kurs angemeldet.

Telefoninterview

Einige Unternehmen führen ein fachliches Telefoninterview, bevor sie einen Kandidaten einladen. In diesem Gespräch soll herausgefunden werden, ob es sich bei Ihnen um einen »Maulhelden« handelt oder die in Papierform beschriebenen Kenntnisse tatsächlich Hand und Fuß haben. Dabei kommt es vor, dass ein Techniker das Interview führt. Es kann aber genauso gut sein, dass ein Personaler vorgeschickt wird, der Ihre Antworten festhält, sie aber selbst gar nicht beurteilen kann. Im schlimmsten Fall ist der Interviewer ein Praktikant oder Trainee, was ich leider einige Male erlebt habe. Wenn Sie dies als berufserfahrener »Senior« merken, bestehen Sie auf einem Gespräch mit einem Personalreferenten. Sie müssen sich nicht alles gefallen lassen, hier ist die Grenze überschritten.

Neben freien Fragen können Fragen auch wie ein Wissenstest im Multiple-Choice-Verfahren aufgebaut sein. Eine Frage könnte dann lauten:»Welche Server arbeiten besonders stromsparend?«, wobei Sie anschließend unter drei Antworten wählen können. Auch wenn Ihnen so etwas »blöd« und vielleicht viel zu simpel vorkommt, da müssen Sie durch. Gerade bei Absolventen können auch Persönlichkeitsfragen im Vordergrund stehen. Da wird dann gefragt, was Ihre Kompetenzen sind. Mit einer Antwort wie »Teamfähigkeit« geben sich die Interviewer dann aber oft nicht zufrieden. Sie wollen wissen, woran sich eine Eigenschaft zeigt, und Beispiele hören. Bereiten Sie diese im Kopf oder auf dem Papier vor.

Identifizieren Sie die für Ihren Bereich logischen Fragen. Ich treffe viele ITler, die einige Jahre im Job sind, sich aber über die Jahre kaum irgendwo weitergebildet oder über laufende Entwicklungen informiert haben. »Bin ich eigentlich auf dem neuesten Stand? Ehrlich gesagt, ich weiß es gar nicht«, verriet mir ein Systemarchitekt. Manchmal besteht ein erheblicher Nachholbedarf, denn nicht wenige Mitarbeiter arbeiten jahrelang in einem mehr oder weniger unveränderten Umfeld. »Draußen« haben sich derweil eine Menge mehr Möglichkeiten eröffnet. Und genau nach diesen könnte in einem Interview gefragt werden.

Möglich ist, dass so ein Telefoninterview überfallartig und ohne Ankündigung erfolgt. Sie haben dann das Recht, zu sagen, dass es derzeit nicht passt, und um einen Termin zu bitten. Häufig erlebe ich, dass Telefonanrufe dazu dienen, die in der Bewerbung offen gebliebene Frage nach dem Gehalt zu klären. Darauf sollten Sie immer vorbereitet sein und im Zweifel eine Zahl nennen können (oder diese, siehe Kapitel »Bewerben in der IT«, in die Bewerbung schreiben).

Aufgaben lösen

Machen Sie doch mal den Test! Manche Unternehmen halten sich nicht lange mit Fragen auf, sondern konfrontieren ihre Bewerber sofort mit Aufgaben. Da geht es dann darum, etwas zu programmieren oder sich den schriftlichen oder mündlichen Testfragen eines Fachmanns zu stellen. Oft ist dies ein künftiger Kollege.

Auf solche Situationen können Sie sich nur sehr begrenzt vorbereiten: Das Wissen ist entweder da oder nicht. Allerdings können Sie Situationen vordenken und so wahrscheinliche Fragen mit einbeziehen.

Beispiel:

Sie arbeiten derzeit in einem Konzern und sind dort für eine E-Learning-Plattform zuständig. Sie werden von einer Agentur für die Stelle des Multimedia-Projektleiters eingeladen. Nun lässt sich voraussagen, dass höchstwahrscheinlich bei ihren aktuellen Technologiekenntnissen besonders nachgehakt wird. Ist es doch meist so, dass agenturseitig oft eher sehr vielseitig, unternehmensseitig eher in die Tiefe eines Themas (und einer einzigen Softwarelösung) gehend gearbeitet wird. Bereiten Sie sich darauf vor, indem Sie sich über Bereiche informieren, mit denen Sie aktuell nichts zu tun hatten.

Nicht alle Aufgaben sollten Sie spontan lösen. So sind mir Fälle bekannt, wo durch Schnellschüsse viel kaputt gemacht worden ist. Wenn jemand Sie fragt, wie Sie das Online-Marketing-Budget eines Großkunden aufteilen würden, können Sie dazu unmöglich etwas Konkretes sagen, ohne weitere Informationen zu haben. Sie müssten vielmehr erst einmal das Marketingziel kennen und sich einen Überblick über aktuelle Maßnahmen und deren Erfolge verschafft haben. Mitunter wollen Gesprächsteilnehmer einfach nur hören, dass Sie Rückfragen stellen können und abwägen. Ein »Antwortomat«, der für jede Frage sofort eine Idee hat, kommt eher schlecht an.

Arrogantes Provozieren

»Sie können das nicht! So wenig Wissen überrascht mich jetzt« – solche und ähnliche Äußerungen kommen vor. Leider weiß man nie so genau, ob Sie einfach ernst gemeint sind oder lediglich dem Ziel dienen, Ihre Reaktion darauf zu testen. Wer das Gefühl hat, wenig zu wissen, wird auf eine Provokation hin leicht einknicken, die genau in Richtung des wunden Punkts zielt. Einknicken wird auch der Bewerber mit dem gering ausgeprägten Selbstbewusstsein, der ohnehin von sich denkt, nichts richtig zu können. Natürlich ist das die Absicht des Gesprächspartners. Durch provokante Fragen bekommt er heraus, was Sie selbst als »kritisch« empfinden. »Geben Sie doch zu, dass Sie mit Ihrem Chef Ärger hatten« – wenn das so ist, werden Sie vermutlich rot, Ihre Stimme zittert und

Sie werden unsicher. Leider passiert dies aber auch immer wieder, wenn das gar nicht so war. Und wirklich gefährlich ist das rein subjektive Empfinden, dass Sie in Wahrheit ein Nichtsnutz sind. Wenn ein Gesprächspartner Ihnen spiegelt, dass er das auch so sieht, sind Sie im Netz der Psychologie gefangen.

Was tun? Erst einmal: Ob eine Frage nun gewollt provokativ oder wirklich ernst gemeint ist – beziehen Sie sie nicht auf sich und wie Sie wirken. Antworten Sie sachlich, z. B.: »Zu meinem Chef hatte ich ein ganz normales Verhältnis«, oder: »Bisher habe ich den sicheren Eindruck, dass ich der Aufgabe gewachsen bin. Was lässt Sie zweifeln?«

Schließen Sie von der Frage auch nicht gleich auf Unternehmen oder Abteilung. Ganz sicher spiegelt sich die Kultur des Unternehmens auch im Vorstellungsgespräch. Es gibt aber auch oft einfach nur Fragen, die das Ziel haben, zur Persönlichkeit durchzustoßen, und nicht nur der Unterhaltung dienen. Die deuten dann nicht automatisch auf einen »schlechten« Arbeitgeber. Solche Fragen sind aus meiner Sicht legitim, solange Grenzen beachtet werden.

Eine solche Grenze ist ohne Frage überschritten, wenn ein Personalentscheider die Arbeitsproben eines Webdesigners zerreißt oder das Gegenüber beschimpft, laut wird oder zu private Fragen stellt. Auch das kommt vor. Stehen Sie dann auf und gehen Sie. Es ist nicht der passende Platz für Sie. Möglicherweise werden Sie dann zurückgebeten. Der SAP-Expertin Susanne ist so etwas bei einem Schifffahrtsunternehmen passiert. Nach der Provokation hat sich der Personaler entschuldigt: »Ich musste das tun.«

Kann sein, dass es nur darum gegangen ist, Ihre Schmerzgrenze zu testen. Wenn aber Ihre Grenze des guten Geschmacks überschritten ist, bleibt die Frage, ob Sie beim richtigen Arbeitgeber gelandet sind.

Frage	Gut
Sie können das nicht.	Ich bin überzeugt, dass ich die beschriebene Aufgabe sehr gut lösen kann. Aus welchem Grund sehen Sie das anders?
Sie haben doch nicht mal … studiert.	Ich war immer schon ein Praktiker, das ist meine Stärke. Theoretisches Wissen habe ich mir aber immer autodidaktisch angeeignet.
Sie haben viel zu wenig Erfahrung.	Ich blicke zurück auf zwei sehr erfahrungsreiche Jahre. Ich möchte Ihnen meine Praxis an zwei Projekten beispielhaft darlegen …

Seltsame Fragen

Was würden Sie mit 100.000 Euro machen? Ausgeben für eine Weltreise? Investieren? Sich an einem Unternehmen beteiligen? Die Antwort auf so eine Frage sagt eine Menge über Ihre Persönlichkeit aus. Deshalb wird sie gestellt. Falsch und richtig gibt es nicht. Es gibt auch nichts, was die Fragenden speziell hören wollen, wie oft vermutet wird. Es geht einfach darum, mehr über Sie persönlich zu erfahren.

»Ganz ohne« sind solche Fragen aber natürlich nicht: So ist der Luftikus, der das Geld sofort auf den Kopf haut, vielleicht eher nicht derjenige, dem man gern ein großes Budget in Zeiten des strikten Sparzwangs anvertraut. Interessant wäre vielleicht der Bewerber, der damit in ein Beerdigungsinstitut investieren würde – welche Branche ist schließlich so zukunftssicher? Man wüsste auch, dass er vermutlich eine Person mit spontanen Ideen und ohne Berührungsängste vor »heiklen« Themen ist.

Überhaupt gilt für solche und andere spontane Fragen: Manchmal ist es eine gute Idee, spontan und natürlich darauf zu antworten. Einfach unverstellt. Und wenn Ihnen wirklich nichts einfällt, sagen Sie das einfach. »Sorry, das ist eine ungewöhnliche Frage. Ich muss darüber erst einmal nachdenken.«

Duzen

»Hi, Svenja, du…« – da ich über mein Portal gruenderreports.de öfter mal Anfragen von jungen Gründern habe, bekomme ich das »wilde Duzen« hautnah mit. Dieselben Gründer sagen mir, dass sie aus Überzeugung auch im Vorstellungsgespräch duzen.

Das ist für einige Bewerber kein Problem, andere sind dann wie blockiert. Wenn sie sprechen, reden sie nur noch in der »man-Form« unter strikter Vermeidung direkter Ansprache, was erstens auffällig ist und zweitens die Wirkung des Auftretens verschlechtert. Besser also, Sie steigen direkt auf das Thema ein. Sollte Ihnen das »Du« unangenehm sein, sagen Sie, dass Sie ein »Sie« zumindest am Anfang präferieren. Indes wird es auch Firmen geben, die Sie dann als nicht passend empfinden – Pech für die anderen.

Dazu ein paar Fakten:

▸ Das Duzen kommt vor – vor allem bei kleineren Firmen, angloamerikanischen oder stark angloamerikanisierten Unternehmen (Internetbranche).

▸ Indiz ist eine bereits auf »Du« ausgerichtete deutsche Anzeige.

▸ Im Englischen gibt es keine Unterscheidung zwischen Du und Sie. Deshalb können Sie an der Anzeige selbst leider noch nichts merken. Das englische Du ist allerdings ein Halb-Du und hat nichts Kumpelhaftes!

Wie Sie reagieren sollten:

▸ Wenn Sie sich damit anfreunden können, dann duzen Sie auch.

▸ Klarheit punktet: Vermeiden Sie deshalb die sehr unklare Nicht-Ansprache mit »man«!

▸ Wenn Sie das Duzen »blöd« finden: Thematisieren Sie es und sagen Sie, dass Sie fürs Erste das »Sie« bevorzugen.

▸ Kompromiss ist »Sie« und Vorname – aber meist erst für die Zeit nach dem Vorstellungsgespräch.

Ich falle immer durch

Obwohl ITler sehr gesucht sind, gibt es viele, die in den Vorstellungsgesprächen einfach nicht weiterkommen. Das kann mehrere Gründe haben:

1. Die Bewerbungsunterlagen machen falsche Versprechungen.
2. Die Bewerbungsunterlagen werden fehlinterpretiert, da sie zu allgemein sind.
3. Es hakt beim persönlichen Auftreten.

Wenn Sie 1 und 2 ausschließen können, ist es Punkt 3. Oft sind es Gesprächsmuster, die die Gesprächspartner so abschrecken, dass sie lieber den Finger von diesem Bewerber lassen. So war ein Kandidat in meiner Beratung, der extrem selbstbewusst auftrat, ständig Witze machte und sehr viel redete. Die Situation des Vorstellungsgesprächs verstärkte das sogar.

Häufiger ist der andere Fall: IT-Bewerber sind derart introvertiert, dass es ihnen schwerfällt, mehrere Sätze am Stück zu formulieren. Ein weiteres Problem: Sie reden so abstrakt, wie sie denken. Vor allem bei den persönlichen Dingen ist dies augenfällig. Manche empfinden es auch als überflüssig, über Erfolge oder persönliche Stärken zu reden, und ziehen sich bei solchen Fragen innerlich vollkommen zurück.

Es mag auch sein, dass das gesprochene Wort gar keine Rolle spielt, sondern es nur am Auftritt hapert. So suchte ein Mediengestalter in brauner Kordhose und gelbem Karohemd sowie extrem konservativem Haarschnitt meine Beratung auf. Er hatte mehr als 100 Bewerbungen an Agenturen geschickt und nur Absagen erhalten. Sein Auftreten passte nicht zu einer Agentur, und so ließ sich das Problem schnell durch eine Outfitberatung lösen.

Oft wird das »schädigende« Verhalten selbst gar nicht wahrgenommen oder nur als »kleines Problem« eingeschätzt. Deshalb ist die wirksamste Methode, um herauszufinden, was die Absagen provoziert, die Analyse durch einen Karriereberater, der zusätzlich die Videokamera einsetzt. Ein Feedback durch die absagende Firma können Sie aufgrund des Allgemeinen Gleichbehandlungsgesetzes (AGG) und der damit verbundenen Angst vor Klagen nicht erwarten. Die Aussage, »ein anderer Bewerber passte von der Qualifikation her besser«, ist vorgeschobener Standard und sagt nicht aus, dass es auch wirklich so war.

Fall	Was passiert?	Wirkung auf den Gesprächspartner	Was tun?
Sie reden zu viel.	Der andere kann Ihnen gar nicht folgen.	Inhalte können nicht mehr wahrgenommen werden. Überforderung, innere Aggression.	Sprache strukturieren! Denken Sie sich für alles, was Sie sagen wollen, eine Überschrift aus und maximal drei Punkte, die darunter folgen. Mehr nicht.
Sie reden zu abstrakt (keine Beispiele, nichts Konkretes).	Es bleibt gar nichts hängen.	Langweilig. Am Ende wird er sich an nichts erinnern.	Beispiele nennen, konkrete Darstellungen üben. (Das habe ich gemacht, mich dafür begeistert etc.) Verben statt Substantive.
Sie reden stockend.	Wirkt seltsam.	Unvorbereitet, wenig redegewandt.	Üben, üben, üben. Schreiben Sie sich Stichpunkte auf Moderationskarten und wiederholen Sie Gespräche immer wieder vor dem Spiegel oder mit einem Partner. Fragen wiederholen sich, so wird es in jedem Gespräch darum gehen, etwas über sich selbst zu erzählen und den Lebensweg zu schildern.

Fall	Was passiert?	Wirkung auf den Gesprächspartner	Was tun?
Sie rutschen ins Negative.	Komischer Typ!	Den wollen wir nicht.	Wer immer sagt, was nicht geht, welche Schwierigkeiten es gab und was alles nicht funktioniert, spricht oft so, wie er denkt. Und da fängt das Problem an. Sie sollten prüfen, ob Sie wirklich so ein Pessimist sind, und sich deutlich machen, dass Ihnen das im Vorstellungsgespräch sicher nicht hilft.
Sie reden schlecht über andere.	Miesmacher	Den wollen wir nicht.	Auch wenn der Chef so war, wie Sie ihn gern beschreiben möchten, tun Sie es bitte nicht. Es setzt Urängste beim Gegenüber in Kraft. Wenn Sie über die Vergangenheit lästern, dann lästern Sie bald auch über uns.
Sie gehen immer auf Kontra.	Anstrengend	Aggression	Üben Sie das zustimmende Zuhören und schließen Sie Frieden mit der Einsicht, dass ein Vorstellungsgespräch nicht der Ort ist, an dem man alle Ecken und Kanten zeigt.
Sie wirken nervös (und sind es sicher auch).	Hat was zu verbergen?	Indifferent, warum so nervös?	Zeichen von Nervosität definieren (Video!). Ist es das Fingerknibbeln, das Fußtreten oder die zittrige Stimme? Versuchen Sie das zu kontrollieren. Stimme: Je öfter Sie wiederholen und üben, desto sicherer wird sie.
Sie können keinen Blickkontakt halten.	Irritation	Arrogant oder unsicher	Üben! Erst zuhause und mit Bekannten, dann im Arbeitsumfeld. Anschauen heißt wertschätzen, zumindest in unserem kulturellen Umfeld – muss also sein.

Assessment Center

AC – diese zwei Buchstaben stehen für etwas, das die meisten Bewerber als Vorhof zur Hölle empfinden. Der Ort aller Willkür, der Präsentierteller, das Grauen. – Nein, ganz so schlimm ist es nicht. Genau genommen ist es gar nicht schlimm. Es sei denn, Sie landen bei einem Unternehmen, das Sie nach einem durchgefallenen AC für 5 oder 10 Jahre für Stellen sperrt. Die gibt es. Im Allgemeinen gilt aber die Regel: Jedes Unternehmen hat ein anderes AC. Und der eine kommt hier durch und der nächste dort. Was schon mal andeutet, dass nicht überall die gleichen Regeln herrschen.

Assessment Center gehören ins Hoheitsgebiet der Personalabteilung. Da diese kein Fachwissen testet, sondern Soft Skills und das Beherrschen der Grundlagen, stehen diese Merkmale im Vordergrund. Manchmal sehr zum Bedauern der Fachverantwortlichen. So weiß ich von Fällen, in denen die Fachverantwortlichen sehr überzeugt von den Fähigkeiten eines Kandidaten waren, der Favorit der Fachabteilung aber im AC versagte, etwa aufgrund der schlechten Präsentationsfähigkeiten. Dabei gilt gerade bei großen Firmen die Regel, dass kein Weg am AC vorbeiführt.

Teilweise gilt das auch für berufserfahrene Bewerber, oft für Young Professionals mit zwei, drei Jahren im Beruf. Manche schicken auch Manager in ein AC, das teilweise gar nicht im Haus selbst veranstaltet wird, sondern von einem externen Dienstleister.

Je erfahrener der Bewerber ist, desto mehr spielen auch psychologische Tests eine Rolle, die überprüfen sollen, wie sich das Profil des Bewerbers mit den Anforderungen deckt. Kognitiven Tests, z.B. Intelligenztests, werden sich Manager eher selten stellen müssen. In der Regel durchlaufen Sie Ihr AC auch allein und ohne weitere Teilnehmer. Bei Absolventen-ACs sind es allerdings immer ganze Gruppen.

Einige Unternehmen machen sich Ihre ACs einfach selbst. Da kann es dann schon einmal vorkommen, dass ein Bewerber fachliche Aufgaben lösen oder einen Multiple-Choice-Test mit technischen Fragen beantworten muss. Dies ist dann aber ein eher untypisches AC. Wenn Sie eingeladen werden und keine weiteren Informationen zu Art und Tagesablauf erfahren, fragen Sie nach!

Was wird getestet?

Der Fokus liegt klar auf den Soft Skills. Deshalb ist das gesamte AC eine Testsituation, auch die Mittagspause. So veranstaltete eine bekannte Hotelkette ein AC in Köln und lud zum Mittag alle Teilnehmer zum Kölsch ein. Mehr als die Hälfte nahmen an. Diese Hälfte wurde nach der Pause sofort nach Hause geschickt. Solche Tricks gehören dazu. Man will damit auch Ihre Einstellung testen und prüfen, wie standfest Sie sind. Auch Benimm kann eine Rolle spielen. Wer beim Mittagessen nicht wartet, bis alle gemeinsam anfangen, oder mit der Gabel im Essen stochert, hat schlechte Karten.

Relevante Faktoren im AC sind unter anderem z.b.:

▸ Selbstvertrauen
▸ Eigenverantwortlichkeit
▸ Einfühlungsvermögen
▸ Kontaktfähigkeit
▸ Motivation
▸ Flexibilität
▸ Eigeninitiative
▸ Gruppenverhalten
▸ Misserfolgstoleranz
▸ Selbstpräsentation
▸ Kritikstabilität
▸ Gesundheitsbewusstsein

Je nach Stellenprofil werden auch unterschiedliche Persönlichkeiten gesucht. So muss ein Vertriebler kontaktstark sein und darf dem Kunden, um seine Position durchzusetzen, nicht in jedem Punkt entgegenkommen. Ein ausgeprägter Wille, Ziele zu erreichen, ist ebenfalls wichtig. Ein IT-Einkäufer muss auf den Pfennig schauen, genau sein und ein harter Verhandlungspartner. Außerdem braucht er ein Wertesystem und innere Überzeugungen.

Es sind also nicht immer die gleichen Soft Skills, die gefragt sind. Was in dem einen Bereich nützlich ist (etwa hohe Gewissenhaftigkeit im Controlling oder Einkauf), ist in anderen sogar kontraproduktiv (z.B. im Vertrieb).

Die Übungen

Ein Assessment Center besteht meist aus verschiedenen Bausteinen. Es dauert mindestens einen halben Tag, teilweise sogar zwei oder drei ganze Tage.

Die Bausteine:

▸ Psychologische Tests und Rollenspiele stellen die Persönlichkeit auf den Prüfstand
▸ Belastbarkeit/Stressresistenz wird in Stressinterviews geprüft
▸ Analyse- und Problemlösungsfähigkeit zeigt sich in Fallstudien und der Postkorbübung. Auch das Arbeitsverhalten offenbart sich hier.
▸ Sozialkompetenz zeigt sich in einer Gruppendiskussion.
▸ Die Teamfähigkeit belegen gemeinsam zu lösende Teamaufgaben.
▸ Eloquenz und Redefähigkeit bringt die Präsentation an den Tag.

Die Präsentation

Gerade bei technisch orientierten Menschen ist diese Fähigkeit oft weniger gut ausgeprägt. Aber, und das ist die gute Nachricht, Präsentieren ist ein Handwerk, das Sie lernen können, indem Sie es immer wieder üben. Eine Präsentation zeigt dem Unternehmen, wie gut Sie Inhalte strukturieren, vor Menschen sprechen und diese für sich gewinnen können. Sie offenbart Ihre Persönlichkeit!

Darauf wird geachtet:

▸ Klare Struktur aus Einleitung, Hauptteil, Schluss
▸ Fähigkeit zur Selbstvermarktung, wenn es darum geht, über sich selbst oder eigene Erfolge zu sprechen
▸ Sprachliche Fähigkeiten
▸ Persönlichkeit
▸ Medienkompetenz (Wie gut können Sie mit Flipchart und Metaplan umgehen?)

Tipps für eine gute Präsentation:

▸ Konkret darstellen: Sagen Sie in einfachen Worten, um was es geht
▸ Nur das Positive – nie Negatives
▸ Beispiele nennen, das prägt sich ein
▸ Bilder verwenden und im Kopf erzeugen erhöht die Merkfähigkeit.

Problemlösungskompetenz & Team: Fallstudie

Mit Hilfe einer Fallstudie möchte das Unternehmen herausfinden, wie Sie mit Problemen umgehen und diese lösen. Fälle werden einzeln oder in der Gruppe gelöst. Es gibt für die Fallstudien oft keine Musterlösung, sondern mehrere Wege führen zum Ziel. Wichtig ist, dass der Weg schlüssig aufgezeigt wird, es keine Widersprüche gibt und Sie das für die Lösung notwendige Wissen einfließen lassen.

Darauf wird geachtet:

- Wie schnell erfasst der Kandidat das Problem?
- Entscheidet er sich für eine plausible Lösung?
- Kann sich der Bewerber schnell in einen komplexen Sachverhalt einarbeiten?
- Bedenkt er Lösungsalternativen und berücksichtigt er alle Informationen aus den Vorgaben?
- Wie sieht es aus mit Belastbarkeit, Konzentrationsfähigkeit und analytischem Denkvermögen?
- Bei Fallstudien im Team: Wie werden Aufgaben verteilt und gemeinsam gelöst? Wer nimmt im Team welche Rolle ein?

Einzelinterviews

Im Rahmen eines AC steht hierbei in der Regel die Persönlichkeit auf dem Prüfstand. Wer sind Sie, was treibt Sie an, was möchten Sie erreichen? Dazu stehen oft auch Einzelgespräche an oder Gespräche zwischen Ihnen und zwei oder drei Unternehmensverantwortlichen.

Typische Fragen:

- Wo sehen Sie sich in drei oder fünf Jahren?
- Was sind Ihre Stärken? Wie sehen Sie sich selbst und wie sehen andere Sie?
- Was waren Erfolge in Ihrem Studium?
- Gab es Misserfolge?
- Was möchten Sie im Beruf verwirklichen?
- Was ist Ihnen wichtig?
- Fragen zu den kritischen Punkten in Ihrem Lebenslauf!

Tipps:

▸ Lenken Sie den Blick auf das Positive.

▸ Gestehen Sie Niederlagen ein, sagen Sie aber immer, was Sie daraus gelernt haben.

▸ Kurze Sätze, konkrete Aussagen, viele Beispiele – das sorgt für eine lebendige Sprache.

▸ Systematische Erzählweise (erst Hauptaussage, dann Unterpunkte, schließlich Fazit).

Persönlichkeits- und Potenzialanalyse

Wie sind Sie? Wie werden Sie sich in kritischen Situationen verhalten? Persönlichkeits- und Potenzialanalysetests sagen letztendlich Verhalten voraus, indem Sie Ihre Selbstsicht messen.

Dabei gibt es unterschiedliche Tests, zum Beispiel das Bochumer Inventar zur berufsbezogenen Persönlichkeitsbeschreibung BIP, den Big Five, den in der Schweiz oft genutzten Test Birkman (www.birkman.ch) und den DISG (www.disg.de). Natürlich gibt es noch zahlreiche weitere Tests, etwa den MBTI oder Golden Profiler. Sie alle ähneln sich, weil sie die gleichen Dinge messen, etwa die Kontaktfähigkeit oder Gewissenhaftigkeit oder auch die psychische Stabilität. Persönlichkeitstests werden sehr häufig eingesetzt.

Darauf wird geachtet:

▸ Was hat der Bewerber für eine Persönlichkeit?

▸ Passt die Persönlichkeit zum Stellenprofil?

Tipps Potenzial-/Persönlichkeitstests:

▸ Ehrlich antworten. Fragen sind so gestellt, dass Widersprüche meist auffallen.

▸ Aber natürlich können Sie extreme Antworten vermeiden, wenn Sie ahnen, dass eine Frage zum Beispiel darauf abzielen, Ihr Selbstbewusstsein zu testen (was möglicherweise weniger gut ausgeprägt ist).

Hier können Sie Tests üben:

▸ *HVB Profil* (www.hvbprofil.de): Kostenlose Potenzial-Analyse unter dem Menüpunkt Bewerber

▸ *Big Five Persönlichkeitstest* (http://de.outofservice.com/bigfive): Kostenloser Kurztest, es gibt ihn auch in einer Langversion

Über welchen Persoenlichkeitsbereich sagt das etwas aus?

Aus einer Fülle von Forschung aus dem Bereich, wie Menschen einander beschreiben, sind fünf grundlegende Dimensionen der Persönlichkeit entsprungen. Im Englischsprachigen bezeichnet man sie manchmal als das OCEAN-Modell, weil die Anfangsbuchstaben der englischen Dimensionsbezeichnungen O (Openness=Offenheit für Erfahrungen),C (Conscientiousness=Gewissenhaftigkeit),E (Extraversion),A (Agreeableness=Umgänglichkeit) und N (Neurotizismus) sind.

Offenheit für neue Erfahrungen/ Intellekt

Menschen mit hohen Punktzahlen sind meist originell, kreativ, wissbegierig, komplex; Menschen mit geringer Punktzahl eher konventionell, bodenständig, unkreativ und in Ihren Interessen auf einige wenige festgelegt.

⊢———◉⊣ **Sie machen gerne neue Erfahrungen und betrachten die Dinge gerne in einem neuen Licht.** (Ihr Perzentilwert: 93)

Gewissenhaftigkeit

Menschen mit hohen Punktzahlen sind meist zuverlässig, gut durchorganisiert, diszipliniert und sorgfältig; Menschen mit geringer Punktzahl eher unordentlich, unzuverlässig und nachlässig.

⊢—◉——⊣ **Sie sind weder besonders organisiert noch besonders unorganisiert.** (Ihr Perzentilwert: 41)

Extraversion

Menschen mit hohen Punktzahlen sind meist gesellig, freundlich, fröhlich, gesprächig; Menschen mit geringer Punktzahl eher introvertiert, reserviert, zurückhaltend und still.

⊢—◉——⊣ **Sie sind recht gesellig und gern in Gesellschaft anderer Menschen.** (Ihr Perzentilwert: 64)

Verträglichkeit

Menschen mit hohen Punktzahlen sind meist umgänglich, mitfühlend, höflich; Menschen mit geringer Punktzahl eher kritisch, grob und kaltschnäuzig.

⊢◉———⊣ **Es fällt Ihnen leicht, Ihre Veraergerung über andere auszudrücken.** (Ihr Perzentilwert: 22)

Neurotizismus

Menschen mit hohen Punktzahlen sind meist nervös, angespannt, unsicher, besorgt; Menschen mit geringer Punktzahl eher gelassen, entspannt, selbstsicher und widerstandsfähig.

⊢—◉——⊣ **Sie sind meistens entspannt.** (Ihr Perzentilwert: 27)

Quelle: www.de.ontofservice.com/bigfive

Dies ist ein Beispiel-Ergebnis des kostenlosen Tests Big Five. Meist bieten die kostenlosen Varianten nur einen Überblick wie hier. Was liest man nun aus solchen Tests, was mit dem Beruf zu tun hat? Die Testperson hat sehr hohe Werte im Bereich Offenheit für neue Erfahrungen/Intellekt. Sie wird sich wahrscheinlich nicht gut in Umfelder einfügen, in denen Sie dies nicht ausleben kann. Sie eignet sich vermutlich für vertriebliche Tätigkeit oder Beratung. Die Person ist nicht sehr verträglich, sondern kann sich auch mal streiten. Vielleicht ist sie undiplomatisch: Dieser Punkt könnte ein kritischer Faktor für die Einstellung sein.

Arbeitsstil

Wie effektiv arbeiten Sie? Sind Sie sehr genau oder manchmal etwas oberflächlich? Können Sie Wesentliches von Unwesentlichem unterscheiden? Die Postkorbübungen dienen der Einschätzung Ihres Arbeitsstils. Sie testen Ihre Entscheidungsfreude, die Fähigkeiten zu delegieren und unter Zeitdruck zu arbeiten. Bei den Postkorbübungen wird getestet, ob Sie in der Lage sind, sich schnell einen Überblick zu verschaffen und Wesentliches von Unwesentlichem zu trennen. Außerdem kommt es darauf an zu ermitteln, ob Sie die für Ihr – meist beschriebenes – Ziel notwendigen Prioritäten setzen können. Beispiel: Sie sollen eine Kick-off-Veranstaltung mit 250 Personen organisieren und haben dazu ein Team aus verschiedenen Mitgliedern, die Sie auch entlang Ihren Talenten richtig einsetzen sollen.

Ein Beispiel für eine Postkorbaufgabe finden Sie im kostenlosen Mitgliederbereich von www.staufenbiel.de, unter dem Menüpunkt Bewerbung und Karriere/ Assessment Center. Dort gibt es auch gleich eine Musterlösung.

Tipps für die Postkorbaufgabe:

1. Den Überblick gewinnen

▸ Alle Informationen in Ruhe durchlesen

▸ Vorfälle ordnen, Zusammenhänge erkennen (z.b. trennen nach »privat« und »geschäftlich«)

▸ Prioritäten festlegen. Was muss unbedingt zuerst erledigt werden, was hat Zeit?

▸ Zeitplan erstellen

▸ Aufgaben auswählen

▸ Vorfälle festlegen, die Sie selbst bearbeiten müssen

▸ Termine, die einzuhalten sind, besonders hervorheben

▸ Konsequenzen bedenken, wenn Fristen nicht eingehalten werden

▸ Planungsschema aufstellen (was, wann, wo, von wem, wie lange erledigt wird)

2. Delegieren

▸ Delegieren Sie Aufgaben, die auch von anderen erledigt werden können.

▸ Delegieren Sie Aufgaben den Kompetenzen Ihrer Mitarbeiter entsprechend.

▸ Seien Sie gewappnet für Kontrollfragen beim AC: Warum werden gerade diese Aufgaben delegiert?

▸ Denken Sie daran, dass Ergebnisse auch kontrolliert werden sollten.

3. Entscheidungen treffen

▸ Alle verfügbaren Informationen berücksichtigen

▸ Alternativen abwägen

▸ Zeitplan und Planungsschema kombinieren

▸ Konsequenzen einzelner Entscheidungen bedenken

▸ Motive für Ihre Entscheidungen müssen für AC-Beobachter plausibel sein. Notieren Sie sich Begründungen.

Rollenspiel

Im Rollenspiel soll Ihr Verhalten in einer bestimmten Situation getestet werden. Da geht es z.b. darum, dass fünf Werksleiter aushandeln sollen, wer den Zuschlag für die Produktion einer neuen Produktreihe bekommt oder wie ein Budget aufgeteilt werden soll.

Tipps:

▸ Verschaffen Sie sich möglichst schnell einen Überblick über die Interessenlage des oder der anderen Teilnehmer.
▸ Schmieden sie Allianzen und versuchen Sie, Kompromisslösungen zu finden.
▸ Halten Sie getroffene Vereinbarungen schriftlich fest.
▸ Nutzen Sie Visualisierungsmedien wie Flipcharts oder Karten.

Gruppendiskussion

»Da sprachen plötzlich alle durcheinander, es war schrecklich«, berichtete mir der Teilnehmer eines ACs. Leider eine typische Situation: Da alle denken, Sie müssten möglichst oft zu Wort kommen, entstehen regelrechte Krawalle. Das ist nicht im Sinn der Übung. Im Zweifel wird etwas Zurückhaltung und das Bestreben, die allzu extrovertiert auftretenden Diskutanten zu bändigen, viel höher bewertet. Ziel einer solchen Gruppendiskussion ist es, herauszufinden, wie Sie sich in einer Gruppe behaupten und mit Einwänden, kritischen Situationen oder auch Meinungen umgehen. Auch Ihr Sozialverhalten wird unter die Lupe genommen.

Getestet wird:

▸ Aktivität, Initiative: Der Teilnehmer beteiligt sich, er steuert den Verlauf mit neuen Gedanken, er beginnt als Erster nach längerem Schweigen.
▸ Kommunikation: Er ist sprachlich in der Lage, seine Beiträge klar und für alle verständlich auszudrücken, er ist sprachlich gewandt, die Redeweise flüssig,
▸ Kooperation, Aufmerksamkeit: Er spricht sein Gegenüber direkt an, hält Blickkontakt, nimmt die Beiträge der anderen ernst, greift sie auf, er behält genannte Argumente, kann gut zuhören.
▸ Sozialverhalten: Er kann den Diskussionsverlauf beobachten, die stillen Zuhörer zur Teilnahme auffordern, ist zugewandt.

▸ Offenheit, Kompromissfähigkeit: Der Teilnehmer ist aufgeschlossen für Argumente anderer, kann den eigenen Standpunkt aus Überzeugung verlassen, zeigt sich zu Einigung bereit.

▸ Durchsetzungsfähigkeit, Selbstbewusstsein: Das Auftreten ist sicher, die Gruppe hört aufmerksam zu, die Argumentation überzeugt, der eigene Standpunkt wird akzeptiert.

Tipps für das Verhalten in der Gruppe:

▸ Machen Sie sich bemerkbar!

▸ Verhalten Sie sich so, dass Sie sich authentisch fühlen – und nicht etwa in einer komplett anderen Rolle.

▸ Lassen Sie andere ausreden.

▸ Binden Sie stille Gesprächsteilnehmer ein.

▸ Signalisieren Sie aktives Zuhören (»habe ich richtig verstanden, dass...«).

▸ Ein Teilnehmer sollte Ergebnisse zusammenfassen: Vielleicht sind Sie das?

Wie sich vorbereiten?

Assessment Center können vorbereitet werden. Erst einmal analysieren Sie, wo Sie die vermutlich größten Schwierigkeiten haben werden. Ist es die Präsentation? Der Postkorb? Üben Sie Bereiche, in denen Sie sich unsicher fühlen. Das Präsentationsvermögen verbessert sich etwa durch die Wiederholung vor Publikum (das ehrlich Feedback gibt). Ihre Audience kann dabei auch die Familie oder der Bekanntenkreis sein. Auch die aktive Teilnahme an Diskussionen lässt sich üben, indem Sie solche Situationen suchen und bewusst Ihr eigenes Verhalten wahrnehmen. Seminare, wie sie etwa die Career Center der Hochschulen anbieten, helfen außerdem.

Nützliche Links:

▸ Wissenschaftlicher IQ-Test der *Welt* (http://appl.welt.de/iqtest): Ideal zum Üben

▸ Tipps bei Staufenbiel (www.staufenbiel.de, Menüpunkt Bewerbung und Karriere/Assessment Center)

▸ Tipps bei Hobsons (www.hobsons.de)

Online Assessment

Die »Mathetüftleraufgaben« meines Sohnes in der ersten Klasse haben mir ganz schön zugesetzt. In diesem Heft verbargen sich besonders knifflige Aufgaben für die Erstklässler, die sich mit dem normalen Stoff langweilten. Da sollte man zum Beispiel in Quadraten Rechenmuster erkennen. Oder vom Ergebnis her errechnen, ob sich die Zahlen vorher addierten, substrahierten, dividierten oder multiplizierten – oder am besten alles zusammen. Ich habe lange darüber gesessen, um mich da einzufinden. Aber einmal das Prinzip verstanden, geht der Rest wie von selbst.

Umso überraschter war ich, sehr ähnlichen Aufgaben bei der Lufthansa im Online-Assessment-Center wiederzubegegnen. Welche Fähigkeit will das Unternehmen damit bei einem Akademiker mit 20 oder 30 Berufsjahren testen? Das Beherrschen der Grundrechenarten? Man ist geneigt, diese Tests, die ihre Berechtigung bei der Auswahl für eine Lehrstelle haben mögen, als eine Art persönliche Beleidigung zu interpretieren.

Immer mehr Unternehmen testen vor der Bewerbung online Ihr Wissen ab. Bei der Lufthansa ist dies die Grundvoraussetzung dafür, dass Ihre Bewerbung überhaupt bearbeitet wird. Bei Unilever wird zuerst die Bewerbung durchgeschaut, und dann kommt es zu einer Einladung zum Online-Assessment-Center, das allerdings mehr auf den Managementnachwuchs ausgerichtet ist als das der Lufthansa.

Über den Sinn solcher Vorauswahlinstrumente lässt sich streiten. Zum einen: Sie sind ganz, ganz einfach manipulierbar. Wenn Sie möchten, setzen Sie sich gemeinsam mit fünf begabten Freunden hin (einem Mathegenie, einem logsichen Denker, einem Sprachallrounder und jemandem mit ganz viel Allgemeinwissen) und bearbeiten die Aufgaben über den Teamviewer (www.teamviewer.com/de) oder Netmeeting (Teil von Windows). Aber auch ohne diese Manipulationsfalle zweifle ich, ob erfolgreich abgeschlossene Tests wirklich eine Aussage über den beruflichen Erfolg haben. Zumal diese häufig für alle Bewerber ähnlich sind oder nur in sehr wenigen Punkten variieren.

Die Aufgaben stammen fast immer aus dem kognitiven Bereich. Sie sollen Zahlenfolgen ergänzen, rechnen oder gleiche Muster in Bildern erkennen. Solche Aufgaben kann man üben und sich in die »Systeme« hineindenken. Wer das Prinzip einmal erkannt hat, bewältigt sie leicht. Die größere Falle ist der Stress. Manch einer hat im entspannten Zustand keine Probleme, solche Tests zu bestehen, bei tickender Uhr hingegen schon. Allerding gehört genau das zum Verfahren: Es geht auch um die Stressresistenz und die Fähigkeit, konzentriert zu arbeiten.

Einige Tests fragen auch Wissen ab, allerdings selten wirklich beruflich Relevantes. So will die Lufthansa wissen, was ein Fries ist (eine Schmuckleiste aus der Baukunst). Ob dies nun zum Grundstock solider Allgemeinbildung gehört? Und ob der Oleander rosa Blüten hat, muss man aus meiner Sicht als Nicht-Biologe auch nicht wissen. Zudem sind solche Wissenstests im Internet schnell ad absurdum geführt. Ein Klick zu Wikipedia, und man hat die Antwort. Ein Indiz für Allgemeinbildung ist das wirklich nicht. Aber vielleicht wollen die Unternehmen ja auch nur wissen, ob Sie Wikipedia kennen?

Teilweise wird auch ein Postkorb integriert, eine Übung, die auch in Präsenz-Assessment-Centern eingesetzt wird. Sie sollen dabei Dokumente oder E-Mails zuordnen und bearbeiten. Die Tester wollen wissen, ob Sie Prioritäten setzen und Wesentliches von Unwesentlichem unterscheiden können. Es kann auch sein, dass man wissen will, ob Sie erkennen, wann Sie etwas mit dem Vorgesetzten besprechen müssen und was Sie an die Mitarbeiter delegieren sollten.

Das Online-Assessment-Center der Lufthansa zielt vor allem auf die Stressresistenz. Während der Bearbeitung des Online-Postkorbs beispielsweise schieben sich immer neue E-Mails ins Fach. Sie sehen, wie die Uhr tickt, und müssen dabei die neuen und die bereits vorhandenen Mails nach einem definierten System sortieren und bearbeiten.

Beispiel – Ausschnitt aus einem Online-Assessment-Center

Beispiel 1:

Aus den zwischen den Zahlen stehenden Buttons sollten Sie die richtigen Rechenoperationen auswählen, damit die Gleichung stimmt.

$$2 \ \square \ 1 \ \square \ 2 = 5$$

In diesem Beispiel ist die Lösung zweimal "+".

Haben Sie dieses Beispiel bearbeitet, gelangen Sie mit dem "weiter"-Button zum zweiten Beispiel.

Die richtige Lösung? Na klar: 2+1+2=5. Erste Klasse.

Überleben als ITler

Was muss ich als ITler beachten, um gut durchs Berufsleben zu kommen? Zum Abschluss dieses Buchs noch ein paar Tipps von A bis Z.

Abwechslung

Abwechslung ist das halbe Leben, sagt man. Und das stimmt. Mehrere berufliche Veränderungen im Leben beflügeln und befruchten. Aufgaben müssen sich verändern, müssen neue Herausforderungen bieten – gerade auch für Fachkräfte. Öfter mal was Neues wagen: Das macht den Lebenslauf interessant und hält Sie wach.

Dabei ist der Mensch ein Gewohnheitstier und neigt dazu, den Wechsel eher zu vermeiden. Ist doch so schön bequem hier. Meine Erfahrung: Wer Veränderung wagt, auch wenn diese – etwa durch eine Kündigung – erzwungen ist, sieht diese im Rückblick immer positiv. Jeder Bruch ist eine Chance, um die bisherige Situation zu reflektieren und ans andere Ufer des Berufslebens zu blicken. Was könnte da noch sein? Wie schwimme ich hin? Wagen Sie den Blick und trauen Sie sich zu schwimmen!

Ausgleich

Analytiker brauchen etwas fürs Herz. Ob Sie nun in der Freizeit angeln oder sich mit Buddhismus beschäftigen: Es ist gut, in der Freizeit etwas ganz anderes zu tun als im Beruf. Das erweitert den Horizont, schult die andere Gehirnhälfte, die Persönlichkeit und macht auf diese Weise noch fitter für den Beruf. Das gilt auch für Berufseinsteiger! Leider erlebe ich viele, die zehn Jahre auf Volltouren laufen, 12 Stunden arbeiten und am Wochenende auch. Der Kopf ist nie frei. Das führt sicher in das Burn-out. Vermeiden Sie das, indem Sie früh die Reißleine ziehen und sich mindestens einmal in der Woche einen Ausgleich verordnen.

Einsteigen

Reinkommen ist schwierig. Jeder sagt Ihnen, dass Sie ja noch keine Erfahrung hätten. Das ist nach einem Studium so, aber auch, nachdem Sie in einer Weiterbildung etwas Neues gelernt haben und nun darauf brennen, das auch anzuwenden. Sagen Sie beispielsweise, dass Sie es schon einmal geschafft haben, Wissen anzuwenden und von Anfang an erfolgreich waren.

Beim Einsteigen ist Ihre Überzeugungskraft gefragt. Sie müssen das Vertrauen wecken, dass Sie mit Ihrem (noch) theoretischen Wissen ein Problem lösen können. Da ist die Sicherheit im Auftritt ein ganz entscheidender Faktor. Arbeiten Sie also vor allem an Ihrem Auftritt, etwa mit Video-Feedback.

Karriere

Karriere machen – was heißt das eigentlich? Jedenfalls nicht unbedingt, ein Treppchen nach dem anderen bis ins Topmanagement zu steigen. So viele Führungspositionen gibt es gar nicht. Und längst nicht jeder hat überhaupt Lust darauf, Manager zu werden. Karriere heißt eigentlich nur Laufbahn, und Karriereplanung heißt Laufbahngestaltung.

Immer öfter heißt Karriere Fachkarriere. Sie entwickeln Ihre fachlichen und methodischen Skills, werden Experte in einem Themengebiet oder für eine Methode. Sie werden aber nicht unbedingt Manager.

Gestalten Sie Ihre Karriere so, wie es Ihrer Persönlichkeit entspricht, und lassen Sie sich nicht von außen in eine Richtung drängen. Hören Sie auf Ihr Gefühl, wenn es Ihnen sagt, dass Sie etwas *nicht* möchten. Fragen Sie sich aber auch stets, warum das so ist.

Sehen Sie das Streben nach oben nicht als »verdächtig« an. Der Wunsch, Einfluss zu haben – und der steckt hinter dem Streben nach oben –, ist legitim. Der Einfluss kann die Mitarbeiter weiterbringen, er kann positiv, energiespendend, nützlich sein. Menschen, die nach oben streben, brauchen kein Fachwissen. Das sollten Sie Ihnen nicht vorhalten. Ihre Kompetenz liegt darin, andere zu führen, Dinge schnell zu überblicken und Entscheidungen zu treffen.

Lauschen Sie Ihrer inneren Stimmen zur Karriere. Und klären Sie in einer Beratung, was Sie wirklich antreibt, wenn Sie sich nicht sicher sind.

Konflikt

ITler sind manchmal sehr von ihrer eigenen Wahrheit überzeugt. Das führt dazu, dass Sie intolerant gegenüber anderen Abteilungen, externen Mitarbeitern und konträren Meinungen sind – und zu Konflikten neigen. Gehen Sie dem Konflikt auf den Grund, bevor Sie ihn eskalieren lassen. Suchen Sie immer auch bei sich selbst: Jeder Konflikt hat zwei Seiten. Im Zweifel ist jede absolut überzeugt, im Recht zu sein. Denken Sie über Ihre Rolle im Konflikt nach und was Sie tun können, um ihn zu entschärfen. Oft hilft schon allein das Wissen um die unterschiedliche Wahrnehmung von Menschen. Der eine sieht Dinge so, der Nächste so. Typisch ist da der Konflikt zwischen Freelancer und angestelltem Mitarbeiter. Beide haben unterschiedliche Interessen. Der Freelancer will seinen Job machen und wenig mit internen Strömungen am Hut haben. Der Angestellte ist in die Interna verkettet und versteht nicht, wie der »Freie« so ignorant sein kann. Mit einem Gespräch darüber, wie man eine solche Situation empfindet, kommen Sie weiter. Überhaupt: Reden Sie drüber, wenn etwas Sie ärgert – aber bitte immer ohne Vorwürfe und mit der Betonung, dass das Ihre Sichtweise ist: »Ich empfinde die Situation so: ....«

In meiner Heimat Köln sagt man: »Jeder Jeck ist anders.« Genau. Und wenn man das akzeptiert, kann man prima miteinander feiern.

Persönlichkeit

Alter schärft die Erfahrung – und die Persönlichkeit. Sie wachsen an Ihren Erlebnissen und Erfahrungen und werden, oft, »kantiger«. Das ist auch gut so, solange Sie sich dessen bewusst sind und dabei scharf wahrnehmen, wie andere Sie sehen. Prüfen Sie immer wieder einmal die Sichtweise Ihrer Kollegen oder Bekannten. Welche persönlichen Eigenschaften nehmen diese an Ihnen wahr? Was schätzen sie? Wo könnten Sie sich entwickeln? Nur wer über solche Dinge spricht, bekommt eine Wahrnehmung, wie er eingeschätzt wird. Und diese ist sehr wichtig für die persönliche Weiterentwicklung. Gerade auch, weil Ihre Persönlichkeit Sie von »jungen Hüpfern« unterscheidet und zentral für die berufliche Karriere in den späteren Jahren ist bzw. sein wird. Menschen mit starker Persönlichkeit können führen und motivieren, sie können beraten und Kompetenz ausstrahlen. Arbeiten Sie daran!

Probezeit

Ein guter Einstand ist die halbe Miete. Stellen Sie sich deshalb am ersten Tag allen neuen Kollegen vor und bringen Sie auch eine Kleinigkeit mit (keinen Alkolhol, besser eine Süßigkeit oder auch Obst!). Lernen Sie die Aufgabenbereiche der anderen und die Abläufe kennen.

Wie ist Ihr Chef? Was erwartet er von Ihnen? Möchte er, dass Sie die Arbeit selbstständig erledigen? Wann will er in CC gesetzt werden, auf was reagiert er allergisch? Sie sollten sich darüber in den ersten Tagen klar werden und viele Fragen stellen, wenn Sie nicht von Ihrem Arbeitgeber selbst darüber aufgeklärt werden.

Vermeiden Sie auch, was Sie schon im Vorstellungsgespräch vermieden haben: über Ihren alten Arbeitgeber zu lästern. Überhaupt sollten Sie das Meckern gerade am Anfang vermeiden. Auch wenn andere Sie da ins Mecker-Boot holen wollen. Es ist nämlich eine alte Regel, dass in jedem Unternehmen die Unzufriedenen sich auf alle Neuen stürzen. Und sich da einfangen zu lassen ist schlecht für Ihre weitere Karriere.

Als Führungskraft steht am ersten Tag das Kennenlernen des Teams auf dem Plan. Sprechen Sie mit jedem und berufen Sie spätestens am zweiten Tag einen Termin ein, indem Sie gemeinsam besprechen, wie Ihre Teamarbeit sich demnächst gestalten wird. Dafür ist es sinnvoll, erst einmal die Wünsche, Erfahrungen und Bedenken der Mitarbeiter einzuholen und keine festen »Gerüste« über sie zu stülpen.

Sehen Sie die Probezeit als Chance für beide Seiten. Passen Sie in dieses Unternehmen? Auch Sie haben das Recht, dies zu hinterfragen.

Selbstmanagement

Ein wunder Punkt für viele! Wie organisiere ich meinen Tag so, dass ich am Ende nicht 16 Stunden in der Firma festsitze? Oft sind es die Perfektionisten, die über extrem lange Arbeitstage klagen. Prüfen Sie bei sich, ob Sie wirklich jede Aufgabe so genau lösen müssen – oder ob manchmal nicht auch die 80-Prozent-Lösung zu 100 Prozent zufriedenstellt.

Geben Sie Ihrem Tag Struktur, indem Sie immer schon am Abend den nächsten Tag planen, selbstverständlich mit Platz für unvorhergesehene Ereignisse. Das Clean-Desk-Prinzip, das in einigen Unternehmen verpflichtend ist, hat sich hier bewährt: Abends muss der Schreibtisch leer sein – so leer, dass sich auch ein anderer daransetzen könnte. Das sorgt auch für ein gutes Gefühl: Ich habe alles erledigt!

Immer noch zu viel Arbeit? Prüfen Sie, ob Sie Aufgaben abgeben können. Oder ob Sie einfach einmal das Gespräch mit dem Vorgesetzten suchen. Am besten gleich mit einer Idee, wie Ihnen Arbeit abgenommen werden könnte.

Heimarbeiter – Freelancer oder Mitarbeiter in virtuellen Teams – brauchen oft noch viel mehr Selbstdisziplin. Das nette Gespräch am Rande beschränkt sich maximal auf den telefonischen Austausch. Virtuelle Teammitglieder sollten ihren Tag deshalb am besten in Abschnitte zerlegen und für genügend Pausen sorgen. Manchmal ist es auch eine gute Idee, sich mit Leidensgenossen, gern auch aus anderen Unternehmen, in einer Bürogemeinschaft zusammenzuschließen. So kommen das Menschliche und der Austausch nicht zu kurz. Es ist auch besser für Ihre Persönlichkeitsentwicklung, die sonst allein vom Computer gesteuert würde...

Veränderung

Niemand muss sein gesamtes Berufsleben dasselbe machen. Radikale Veränderungen tun manchmal gut. Das kann ein Sabbatical sein, ein Jahr »frei« (Freelancer können sich das finanziell oft gut leisten!) oder eine Weiterbildung in einem komplett anderen Bereich. Warum nicht ein Hotel auf Santorini aufmachen oder ein Anglerbedarfsgeschäft? Nach vielen Jahren im Trott tut Veränderung gut. Und wenn es nur eine kleine Veränderung des eigenen Aufgabenbereichs ist.

Literatur

Assessment Center

Doris und Frank Brenner, Assessment Center. Gabal, Offenbach 2005
Silke Hell, Assessment Center. Souverän agieren, gekonnt überzeugen. Beck
Juristischer Verlag, München 2006
Jürgen Hesse/Hans-Christian Schrader, Testtraining 2000plus. Einstellungstests
erfolgreich bestehen. Eichborn, Frankfurt/Main 2004
Jürgen Hesse/Hans-Christian Schrader, Testtraining Technisches Verständnis:
Eignungs- und Einstellungstests sicher bestehen. Eichborn, Frankfurt/Main
2006.
Michael Hoi, Das Insider-Dossier. Brainteaser im Vorstellungsgespräch. squea-
ker.net 2007
Christian Püttjer, Uwe Schnierda: Assessment Center für Führungskräfte. Cam-
pus, Frankfurt/Main 2007

Berufsfindung

Richard Nelson Bolles, Durchstarten zum Traumjob. Campus, Frankfurt/Main
2007
Uta Glaubitz, Der Job, der zu mir passt. Campus, Frankfurt/Main 2003

Bewerbung

Jürgen Hesse/Hans-Christian Schrader, zahlreiche empfehlenswerte Titel zum
Thema
Svenja Hofert, Bewerben ohne Bewerbung. Eichborn, Frankfurt/Main 2005
Svenja Hofert, Praxismappe für die kreative Bewerbung. Eichborn, 2. Auflage,
Frankfurt/Main 2008
Svenja Hofert, Praxismappe für die perfekte Internet-Bewerbung. Eichborn,
Frankfurt/Main 2005

IT-Karriere

Alfred Brink/Ursula Ernst u.a., Berufs- und Karriereplaner IT und E-Business 2005/2006. Gabler, Wiesbaden 2006

Alfred Brink, Berufs- und Karriereplaner Technik 2008/2009. Gabler, Wiesbaden 2008

Horst G. Kaltenbach, Career Engineering. Wie Sie in IT und Ingenieurberufen Karriere machen. Vieweg, Wiesbaden 2001

Persönlichkeit

Vera F. Birkenbihl, Der persönliche Erfolg. Knaur, München 2007

Stefanie Eifler/Werner Melcher/Hans D. Mummendey, Psychologie der Selbstdarstellung. Hogrefe-Verlag, Göttingen 1995

Studienwahl/MBA

Nicolaus Heinen/Sebastian Horndarsch, Master nach Plan. Strategien für Auswahl, Bewerbung und Finanzierung des Masterstudiums. Bertelsmann, Bielefeld 2007

Katrin Alberts, Das MBA-Studium 2007. Der meistgelesene Ratgeber zum MBA und zu Master-Programmen für Manager. Staufenbiel, Köln 2007

Vorstellungsgespräch

Jürgen Hesse/Hans-Christian Schrader, Das perfekte Vorstellungsgespräch. Professionell vorbereiten und überzeugen. Eichborn, Frankfurt/Main 2006.

Svenja Hofert, 30 Minuten für das überzeugende Vorstellungsgespräch. Gabal, Offenbach 2008

Weitere praxisnahe Ratgeber aus dem Verlag mit der Fliege

Svenja Hofert, Jobsuche und Bewerbung im Web 2.0

Wie Sie das Internet als Karrieresprung nutzen
128 Seiten / gebunden
ISBN 978-3-8218-5951-4

»Ausgesuchten Zielgruppen vermittelt der Ratgeber detailliertes Spezialwissen mit hohem Informationsgehalt.« *Stiftung Warentest, »Spezial Karriere«, 12/2008*

Blogs, Videos, Podcasts, soziale Netzwerke und eine neue Generation von Jobbörsen: mit dem Internet kann man sich auf eine ganz neue Art präsentieren, unkompliziert Kontakte herstellen und alternative Bewerbungswege beschreiten. Svenja Hofert stellt die wichtigsten neuen Trends für Bewerbung und Jobsuche vor und zeigt anhand vieler Erfahrungsberichte, wo die Chancen und Risiken für das Bewerben im Web 2.0 liegen.

Daniel H. Pink, Die Abenteuer von Johnny Bunko

Der einzige Karriere-Guide, den Du wirklich brauchst
160 Seiten / durchgehend illustriert/ gebunden
ISBN 978-3-8218-5984-2

Sechs Karrieregeheimnisse, die Dir sonst niemand verrät

Hier kommt Johnny Bunko. Vielleicht ist er genau wie Du. Er hat immer die gut gemeinten Ratschläge seiner Eltern, Lehrer und von Berufsberatern befolgt. Und jetzt steckt er fest in einem Langweiler-Job. Es dämmert ihm, dass etwas falsch läuft. In einer bizarren Nacht trifft Johnny auf Diana, den wohl unglaublichsten Karriere-Coach, den Du Dir vorstellen kannst.

Die Abenteuer von Johnny Bunko ist der erste Karriere-Ratgeber als Manga. Und es ist einzige Karriere-Guide, den Du wirklich brauchen wirst.

www.eichborn.de